郑阿奇 主编

曹 弋 编著

高等院校程序设计规划教材

Visual Basic

教程（第3版）

清华大学出版社

北京

内容简介

本教程以 Visual Basic 6.0 中文版为平台，主要包括 Visual Basic 概述，Visual Basic 语言基础，窗体和常用控件，应用界面设计过程，数据库应用，图形、文本和多媒体应用，鼠标、键盘和 OLE 控件，以及文件操作等方面内容。本书体现了较强的应用特色，同时较好地兼顾了等级考试。通过本教程的学习和配套的实验、实习实训，使学习者基本具备用 Visual Basic 开发一个小的应用系统的能力。

本教程可作为普通高等院校、高职高专、软件职业技术学院等各类学校的教材，也可供 Visual Basic 培训和读者自学使用。

图书在版编目（CIP）数据

Visual Basic 教程/郑阿奇主编. —3 版. —北京：清华大学出版社，2016
高等院校程序设计规划教材
ISBN 978-7-302-43715-4

Ⅰ. ①V… Ⅱ. ①郑… Ⅲ. ①BASIC 语言 – 程序设计 – 高等学校 – 教材 Ⅳ. ①TP312

中国版本图书馆 CIP 数据核字（2016）第 084727 号

责任编辑：张瑞庆
封面设计：常雪影
责任校对：焦丽丽
责任印制：刘海龙

出版发行：清华大学出版社
　　　　　网　　　址：http://www.tup.com.cn，http://www.wqbook.com
　　　　　地　　　址：北京清华大学学研大厦 A 座　　　邮　　　编：100084
　　　　　社 总 机：010-62770175　　　　　　　　邮　　　购：010-62786544
　　　　　投稿与读者服务：010-62776969，c-service@tup.tsinghua.edu.cn
　　　　　质 量 反 馈：010-62772015，zhiliang@tup.tsinghua.edu.cn
印 刷 者：北京富博印刷有限公司
装 订 者：北京市密云县京文制本装订厂
经　　销：全国新华书店
开　　本：185mm×260mm　　　**印　张**：20.5　　　**字　数**：496 千字
版　　次：2005 年 6 月第 1 版　　2016 年 6 月第 3 版　　**印　次**：2016 年 6 月第 1 次印刷
印　　数：1～2000
定　　价：39.00 元

产品编号：069928-01

前 言

本系列教程首次提出"教程就是服务"的思想，总结近年来的教学和开发实践，以当前流行的 Visual Basic 6.0 中文版的内容进行组织，详略结合，突出基本。本套教程既吸取现有教材中合理的内容，又对主要内容的介绍有所创新。

为方便教学，本套丛书提供了丰富的教学资源，Visual Basic 课程包括以下配套内容。

（1）**Visual Basic 教程**：教程以"跟着学→模仿→自己应用"为思路，把问题简单化；翻开书，整篇体现较强的应用特色，把介绍内容和实际应用有机地结合起来。选用的实例既不太大，程序也不太长；同时实例又涉及一定的范围和具有一定的实际意义，通过实例能消化主要内容。

（2）**Visual Basic 实训**：内容包括实验和实习。实验内容是对教程内容的实训，同时又在此基础上进一步提高。实习从一个应用系统开始逐步设计和组装，并把教程的基本内容包含进来。教程的最后一章通过实习方式介绍解决问题的步骤和方法，通过实验和实习实训，一般能轻松自如地用 Visual Basic 开发一个小的应用系统。

（3）**Visual Basic 教程课件**：在网上同步免费提供该课件下载。教师可据此备课和教学，它包含了本教程的主要内容。同时附本教程所有实例源代码。

（4）**Visual Basic 应用系统**：在网上同步免费提供包含教程和实验中形成的学生成绩管理系统的所有源文件，以及实习形成的人员信息管理系统的所有源文件。教师可据此在课上演示，学生可据此上机模仿。

本教程不仅适合于教学，也非常适合于 Visual Basic 的各类培训和用户学习及参考。

本书在第 2 版基础上修订而成，增加了典型考题解析，并调整了部分习题结构和内容。

本书由曹弋（南京师范大学）编写，郑阿奇（南京师范大学）统编、定稿。本套书编写人员还有梁敬东、顾韵华、刘启芬、丁有和、刘金定、姜宁秋、刘怀、刘建、郑进、刘中等。

由于作者水平有限，书中有不当之处在所难免，恳请读者批评指正。

编　者
2016 年 3 月

高等院校程序设计规划教材

目 录

CHAPTER 1 第 1 章

Visual Basic 概述

Visual Basic（简称 VB）是由 Microsoft 公司推出的在 Windows 操作平台下最迅速、最简捷的应用开发工具之一，它简单易学，是初学者最理想的入门编程语言和开发工具。

Visual Basic 1.0 诞生于 1991 年，它的推出极大地改变了人们的编程方式，比尔·盖茨称它为"令人震惊的新奇迹"。Visual Basic 6.0 是一个集成开发环境，能够编辑、调试、运行程序并能生成可执行程序，采用面向对象的编程方法，并具有强大的数据库管理功能。虽然 VB.NET 是 VB 最新版本，但由于 Visual Basic 6.0 是当前使用较多和便于教学的应用程序开发工具，本书主要介绍 Visual Basic 6.0。

1.1 Visual Basic 6.0 集成开发环境

当启动了 Visual Basic 6.0 后，就出现了 Visual Basic 6.0 的集成开发环境（IDE），如图 1-1 所示。

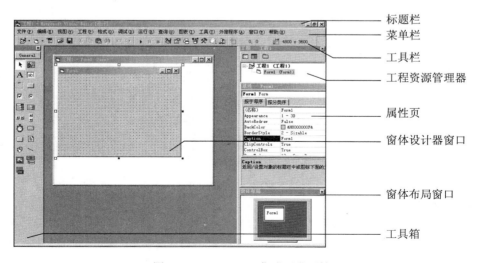

标题栏
菜单栏
工具栏
工程资源管理器
属性页
窗体设计器窗口
窗体布局窗口
工具箱

图 1-1   Visual Basic 集成开发环境

图 1-1 为默认的 VB 集成开发环境显示界面，除了标题栏、菜单栏、工具栏和工具箱

之外，主要由 5 个窗口组成，即窗体设计器窗口、工程管理器窗口、属性窗口、代码窗口和窗体布局窗口，其中在窗体设计器窗口中显示了空白的窗体 Form1。

1.1.1　标题栏

标题栏是位于集成开发环境最上面的水平条，用来显示打开的工程名和系统的工作状态。工作状态有"设计"、"运行"和"中断"3 种状态，分别在程序设计、运行和调试时显示。

例如，图 1-2 为启动 VB 时标题栏的显示，工程名为"工程 1"，工作状态为"设计"。

工程1 - Microsoft Visual Basic [设计]

图 1-2　Visual Basic 标题栏的"设计"状态

1.1.2　菜单栏

VB 的菜单栏提供了 13 个下拉菜单，除了标准的"文件"、"编辑"、"视图"、"工具"、"窗口"和"帮助"菜单之外，还提供了编程专用的菜单"工程"、"格式"、"运行"、"外接程序"和"调试"，另外还有用于数据库操作的"查询"和"图表"菜单，图 1-3 显示了菜单栏和下拉的"文件"菜单。

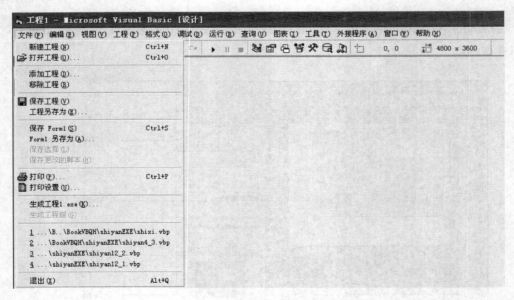

图 1-3　菜单

VB 除了主菜单及菜单项外，当在某个对象上单击鼠标右键还可显示快捷菜单，快捷菜单的菜单项表示能对该对象所做的操作和该对象的帮助信息。

1.1.3　工具栏

VB 有"标准"、"编辑"、"窗体编辑器"和"调试"4 组工具栏，工具栏是对常用命令的快速访问，上面的按钮与菜单中的常用命令相对应。在集成开发环境中启动 VB 之后显示的标准工具栏如图 1-4 所示，单击工具栏上的按钮则执行该按钮所代表的操作，当鼠标停留在工具栏按钮上时可显示出该按钮的功能（称为工具提示 Tooltip）。

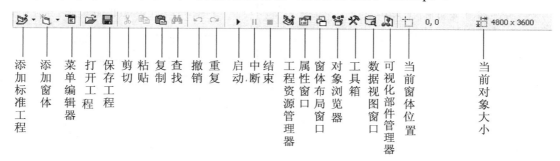

图 1-4　标准工具栏

另外，除了标准工具栏之外，还可以通过"视图"菜单的"工具栏"下拉菜单中的"编辑"、"窗体编辑器"和"调试"菜单项分别打开"编辑"、"窗体编辑器"和"调试窗口"，如图 1-5 所示。

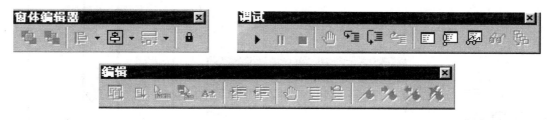

图 1-5　"窗体编辑器"和"调试"、"编辑"工具栏

1.1.4　工具箱

工具箱（Toolbox）也称为控件箱，提供了用于开发应用程序的各种控件，用户设计界面时可以从中选择所需的控件拖放到窗体中。若要不显示工具箱，可以关闭工具箱窗口；若要再显示，选择"视图"菜单的"工具箱"菜单项。在运行状态下，工具箱自动隐藏。图 1-6 为默认的工具箱。

除了默认的工具箱外，用户还可以创建自己的工具箱，使控件的查找更加快捷方便。创建用户自定义控件箱的步骤如图 1-7 所示。

① 用鼠标右键单击标准工具箱，在快捷菜单中选择"添加选项卡"菜单项。

② 在出现的对话框中输入新选项卡名，创建自定义的工具箱，如图 1-7 中输入的"用户工具箱"为新选项卡名。

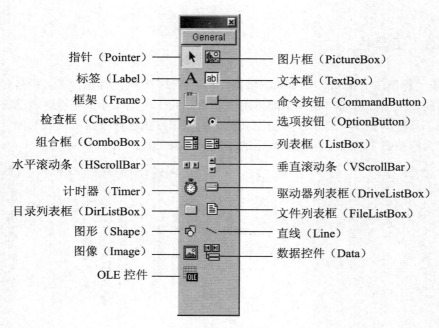

图 1-6　工具箱

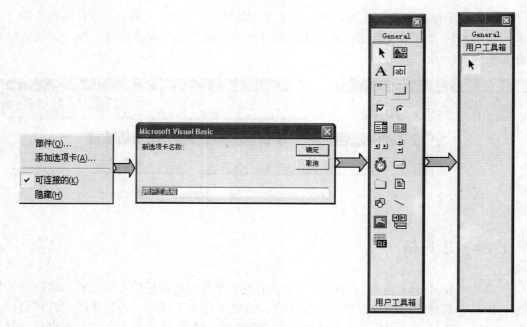

图 1-7　创建自定义工具箱

在标准工具箱中就出现了 General 和"用户工具箱"两个选项卡。用户就可以通过单击不同的选项卡名来切换不同的控件箱，快捷地选择控件。

图 1-7 中的"用户工具箱"选项卡中没有控件，如果需要添加控件，可以通过单击鼠标右键在快捷菜单中选择"部件"菜单项，然后在打开的部件选项卡中添加，添加控件的具体步骤将在第 4 章中详细介绍。

1.1.5　窗口

在默认的集成开发环境中，显示了 5 个窗口，包括窗体设计器窗口、工程资源管理器窗口、属性窗口、代码窗口和窗体布局窗口。

1．窗体设计器窗口

在图 1-1 中的窗体设计器窗口中显示的是一个空白的窗体，窗体是用户用来显示的程序界面，用户可以通过在窗体上放置控件来设计界面。如图 1-8 所示，当打开 VB 时，程序默认创建一个空白窗体名称为 Form1，编程人员可以修改它的名称，操作区中布满了小点，这些小点是用来对齐控件位置的。

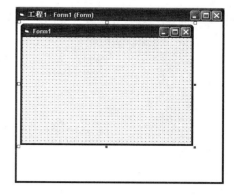

图 1-8　窗体设计器窗口

2．工程资源管理器窗口

工程资源管理器窗口以树状结构列出应用程序中所有的文件清单，包括窗体和模块等，3 个按钮分别是"查看代码"、"查看对象"和"切换文件夹"。图 1-9 为系统默认的工程资源管理器窗口，显示一个工程只有一个窗体，工程名为"工程 1"，括号中工程文件名为"工程 1.vbp"，窗体名为 Form1，括号中窗体文件名为 Form1.frm，这些名称编程时都可以修改。

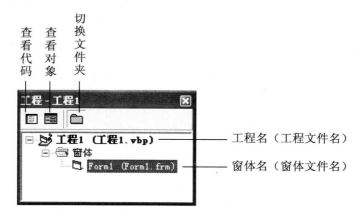

图 1-9　默认的工程资源管理器窗口

3．属性窗口

属性窗口用于列出当前选定窗体和控件的属性设置，每个对象都是用属性来表示其特征的。左侧为"属性名"，是显示属性的名称；右侧为"属性值"，是属性名对应的设置值，可以在此设置和修改属性值；下面的"属性说明"用于显示该属性的名称和功能说明。

图 1-10 显示了名称为 Form1 的窗体属性，"标题栏"用于显示对象名，属性窗口显示是"按字母序"排序的。

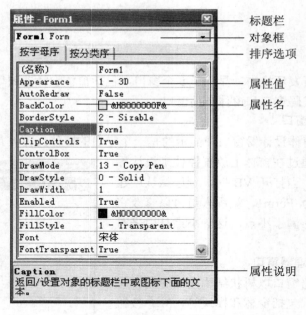

图 1-10　"按字母序"属性窗口

4．代码窗口

代码窗口又称为代码编辑器窗口，用于输入应用程序代码。有 4 种方法都可以打开代码窗口：双击窗体的任何地方；单击鼠标右键，选择快捷菜单中的"查看代码"菜单项；单击工程资源管理器窗口中的"查看代码"按钮；选择"视图"菜单中的"代码窗口"菜单项。

代码窗口中包含两个列表框，即"对象列表框"和"过程（事件）列表框"。"对象列表框"显示和该窗体有关的所有对象的清单，"过程列表框"列出对象列表框中所选对象的全部事件过程名。在代码编辑器窗口中编辑对应事件的程序代码，如图 1-11 所示。

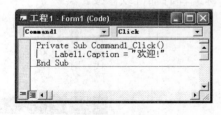

图 1-11　代码窗口

图 1-11 的代码窗口显示 Form1 窗体的 Command1 对象的 Click 事件程序代码。

5．窗体布局窗口

窗体布局窗口用于观察应用程序中各窗体在屏幕上的位置，有一个表示屏幕的小图像。在设计时，用鼠标拖动表示窗体的小图像，可以方便地调整程序运行时窗体显示的位置。

在窗体布局窗口中单击鼠标右键，出现快捷菜单如图 1-12 所示。选择"启动位置"菜单中的各菜单项可以确定窗体运行时在屏幕上出现的位置，显示位置的设置如表 1-1 所示。

图 1-12　窗体布局窗口

表 1-1 设置窗体显示位置

菜单项（中）	显示位置	菜单项（中）	显示位置
手工	出现在指定位置	屏幕中心	出现在屏幕中心
所有者中心	出现在当前的父窗口中心	Windows 默认（缺省）	出现位置由系统确定

6．其他窗口

其他窗口都可以使用"视图"菜单中的各菜单项来打开，窗口的名称如图 1-13 所示。

（1）对象浏览器窗口

对象浏览器窗口用来显示对象库中对象的属性和方法，可以浏览 VB 的对象和其他应用程序，并且可以显示模块和过程以及自己创建的对象，并可将代码过程粘贴进自己的应用程序。

对象浏览器窗口在默认的集成开发环境中不显示，可以通过"视图"菜单的"对象浏览器"菜单项打开，也可以在工具栏中单击"对象浏览器"按钮打开。

（2）调色板窗口

调色板窗口用于设置对象颜色，图 1-14 为调色板窗口。左侧的两个方框分别用来设置和显示颜色，单击上面方框的外框为设置背景色，内小方块为设置前景色，背景色和前景色分别由下面方块和字符（Aa）的颜色显示。

图 1-13 "视图"菜单

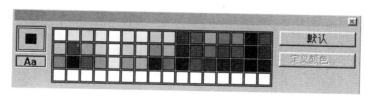

图 1-14 调色板窗口

1.2 简单程序实例

【例 1-1】 创建一个窗体，窗体界面上放置两个按钮（Command1、Command2）和一个标签（Label1）控件，单击按钮 Command1 在标签 Label1 上显示"你好！"，单击 Command2 则在左上角显示"再见！"，图 1-15 为单击 Command1 按钮时的运行界面。

1．创建应用程序界面

在 Windows 环境下，通过"开始"菜单选择"Microsoft Visual Basic 6.0 中文版"菜单项启动 VB；在出现的"新建工程"窗口的"新建"选项卡中选择"标准 EXE"图标，则会建立一个新工程。工程用于组织应用程序的各种文件，工程

图 1-15 单击 Command1 按钮时运行界面

文件中存放的是组织这些文件的信息。

（1）创建窗体

创建新工程时，系统就自动创建了一个空白的新窗体，窗体名默认为 Form1。窗体是组织用户交互信息的界面（窗口）。窗体中当然布置的是用于用户交互的控件。

（2）创建控件

在窗体界面中需要绘制两个按钮（CommandButton）控件和一个标签（Label）控件。

单击控件箱中 Label 控件，将鼠标指针移到窗体上。当鼠标指针变成十字线，拖动十字线画出合适大小的方框，方框的右下角显示所拖动点的位置，如图 1-16 所示。已经在窗体中放置了一个标签控件，名称默认为 Label1。

用同样的方法将两个按钮放置到窗体中，名称默认为 Command1 和 Command2。

（3）对齐控件

为了将控件在界面上布局得更整齐美观，将 3 个控件进行调整位置和大小。

① 单击 Command1 按钮，按 Shift 键的同时单击 Command2 按钮，则两个按钮都被选中。

② 选择"格式"菜单→"统一尺寸"菜单项→"两者都相同"菜单项，将两个按钮的大小调整相同。

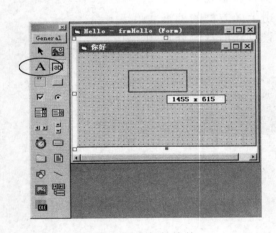

图 1-16 绘制标签控件

图 1-17 设置 Caption 属性

2．设置属性

通过属性窗口给创建的对象设置属性。各控件的设置顺序可以任意，步骤如下：

① 单击 Label1 在属性窗口中出现 Label1 的所有属性，在"属性窗口"中滚动属性列表，选定属性名 Caption，删除属性值使其为空白，属性窗口的设置如图 1-117 所示，选择 Font 属性，单击■按钮设置字体为 Bold，大小为 20。

② 单击 Command1 按钮，在"属性窗口"中选定属性名 Caption，修改属性值为"开始"。

③ 单击 Command2 按钮，在"属性窗口"中选定属性名 Caption，修改属性值为"结束"，则设计界面如图 1-18 所示。

3．编写程序代码

要实现当单击 Command1 按钮时在 Label1 标签显示"你好！"，单击 Command2 将标签移动到窗体左上角并显示"再见！"的功能，则需要在代码编辑器中编写程序代码。

步骤如下：

① 打开代码编辑器窗口。从工程资源管理器窗口中选定 Form1 窗体，然后单击"查看代码"按钮，就打开了代码编辑器窗口。

② 生成事件过程。代码窗口有对象列表框和过程列表框，要编写的代码是在鼠标单击 Command1 按钮时发生的事件，因此在对象列表框选择 Command1，在过程下拉列表中选择 Click（单击）事件，如图 1-19 所示。

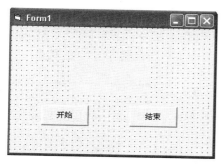

图 1-18　设计界面

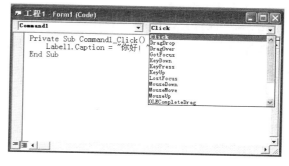

图 1-19　代码编辑器窗口

选择 Click 后，在代码窗口中会自动生成下列代码：

```
Private Sub Command1_Click( )
End Sub
```

其中，Command1 为对象名，Click 为事件名。单击 Command1 命令按钮时调用的事件过程为 Command1_Click。

③ 编写代码。

- 在 Sub 和 End Sub 语句之间输入下列代码，使单击 Command1 按钮时 Label1 文本框中显示"你好!"：

```
Label1.Caption= "你好！"
```

- 以同样的方法生成 Command2 按钮的单击事件过程，编写将 Label1 位置移到左上角并显示"再见！"的程序代码：

```
Private Sub Command2_Click( )
        Label1.Move 0, 0
        Label1.Caption= "再见！"
End Sub
```

4．保存工程

将设计的窗体和编写的代码保存，步骤如下：

① 选择"文件"菜单→"保存工程"菜单项，在打开的"文件另存为"对话框中，使用默认的窗体名文件名 Form1，单击"保存"按钮，则生成了 Form1.frm 窗体文件。

② 然后在弹出的"工程另存为"对话框中，使用默认的工程名"工程 1"，单击"保

存"按钮，则生成工程文件"工程1.vbp"。

5．调试并运行应用程序

在集成开发环境中可以方便地调试并运行程序，选择"运行"菜单→"启动"菜单项，显示运行界面。

运行程序，单击按钮"开始"（Command1），标签（Label1）就会显示"你好！"，如图 1-15 所示，标签（Label1）就会移到窗体的左上角并显示"再见！"，如图 1-20 所示。

6．生成 EXE 文件

为了使应用程序能脱离 VB 环境，需要生成 EXE 文件。

选择"文件"菜单→"生成工程 1.exe"菜单项，在打开的"生成工程"对话框中使用默认的"工程 1.exe"文件名，则工程就编译成可脱离 VB 环境的 EXE 文件，可以在 Windows 环境下双击运行"工程 1.exe"文件，可以运行该程序。

图 1-20　单击 Command2 按钮运行界面

1.3　简单程序实例分析

例 1-1 介绍了创建一个 VB 应用程序的详细过程，下面对照例 1-1 来分析 VB 面向对象的程序设计方法和事件驱动的编程机制。

1.3.1　面向对象的程序设计方法

传统的程序设计方法是面向数据和程序的方法，这种方法把数据和程序作为相互独立的实体，因此在编写程序时，使数据和程序保持一致是程序员的一个沉重的负担。面向对象的设计方法与传统的程序设计方法有本质的不同，是把数据和程序组合起来作为一个对象，每个对象除了传递消息之外，再没有其他联系。因此，使程序员摆脱了具体的数据格式和程序的束缚，可以集中精力去研究和设计要处理的对象。

1．对象

在 VB 中，对象是指程序和数据的组合，简单地说，就是把对象当作一个单元来处理。对象是动作的主体，一个复杂的对象可以由若干个简单的对象组成。

对应例 1-1 中的对象有以下几点说明：

- 在窗体中放置了两个按钮和一个标签，其中窗体、按钮和标签都是对象，它们相互之间没有什么联系，都是相互独立的。如图 1-21 所示，界面中有 4 个对象。
- 对象的创建是通过单击工具箱中的控件，然后在窗体上拖放就可以，不需要编写程序代码。
- 对象是程序和数据的组合，例如按钮 Command1 是一个对象，它的大小、位置等由数据构成，当鼠标放置在 Command1 上并单击时，按钮能识别鼠标并且按钮发生按下的形状变化以及响应 Click 事件的整个过程都是由 VB 自动生成的程序代码实现的。

- 在窗体上放置的两个命令按钮 Command1 和 Command2,它们是两个不同的独立对象，但都是命令按钮类，属于同一个对象类。

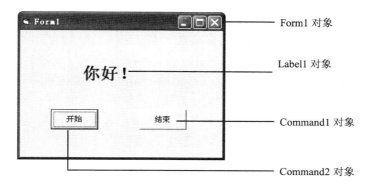

图 1-21　界面中的四个对象

对象具有属性、方法和事件。建立实体对象后，就可以通过设置其属性、方法和事件来进行具体的操作。

2. 对象的属性

日常生活中的对象，比如皮球可以看到它的形状为圆形，还有大小和颜色等特性。同样，VB 中的对象也具有特性，在 VB 中称为对象的属性。

属性是对象的数据，用来表示对象的特性。属性有属性值，改变对象的属性值就可以改变对象的特性。属性的设置可以在设计时在"属性"窗口中完成，也可以在运行时由代码来实现。

语法：

　　对象名.属性名=属性值

对应例 1-1 中对象的属性有以下几点说明：

- VB 为每一类对象都定义了若干属性，按钮 Command1 和 Command2 同属于一类对象，因此具有同样多的属性，但属性值不同决定了每个对象的特殊性。
- 属性的设置可以在设计时在属性窗口中完成，也可以在运行时由代码来实现。例如 Label1 的 Caption 属性，可以在属性窗口中删除为空白，也可以在 Command1_Click 事件过程代码中设置：

Label1.Caption= "你好！"

3. 对象的方法

在日常生活中的皮球具有上升和下降的动作。同样，VB 中的对象也具有动作，在 VB 中称为对象的方法。

对象的方法是指对象可以进行的动作或行为，方法中的代码是不可见的，由 VB 自动生成，使对象按指定的方式动作。

语法：

　　对象名.方法名

对应例 1-1 中对象的方法有以下几点说明：

- "Label1.Move 0，0"表示将标签 Label1 对象移到左上角(0,0)位置，Move 是标签 Lable1 的方法，是标签能够执行的动作，使 Label1 移动的代码由 VB 自动生成是不可见的。
- VB 中每一类对象能够执行的动作根据对象类的特点不一定相同，比如窗体 Form1 对象有 Show（显示）和 Hide（隐藏）方法，而标签 Label1 对象则没有这两种方法。

1.3.2　事件驱动的编程机制

在日常生活中的皮球能够响应人的拍动作，拍一下，皮球会弹起来。同样，VB 中的对象也能够响应外界的动作。能被对象识别的动作在 VB 中称为事件。事件能够触发对象进入活动状态。当对象被事件触发就可以执行对应的事件程序代码。

VB 是事件驱动的编程机制，应用程序是由事件驱动的，也就是说，只有当事件发生时，响应事件的程序代码才会运行。VB 程序的运行过程就是通过事件触发某个对象，随着该对象的活动又触发新的事件，新事件又触发另一个对象，对象就是以这种方式联系在一起的。如果没有事件发生，则整个程序就处于停滞状态。

VB 编程的核心就是为每个要处理的事件编写响应事件的过程代码，为不同的对象响应不同事件编写的事件过程就构成了应用程序。

对应例 1-1 中对象的事件有以下几点说明：

- 按钮 Command1 能够识别单击 Click 事件，当按钮 Command1 被鼠标单击时就触发 Click 事件执行以下程序代码：

```
Private Sub Command1_Click( )
      Label1.Caption= "你好！"
End Sub
```

- 当程序运行时，如果用户不用鼠标单击按钮，就不会触发单击 Click 事件，程序就处于停滞状态，如果用户先单击按钮 Command2，则触发 Command2 的 Click 事件执行对应的事件代码，程序执行的顺序由用户触发事件的顺序决定。
- 事件代码需要用户在代码编辑器窗口中编写，以便使用户或系统在触发相应的事件时执行指定的操作。

习　　题

一、选择题

1. VB 是一种面向_____的程序设计语言。
　　A. 过程　　　　　　　　B. 用户　　　　　C. 方法　　　　　　D. 对象
2. 一个对象可以执行的动作与可被对象识别的动作分别称为_____。

　　A．事件、方法　　　　　　B．方法、事件　　　C．属性、方法　　　　　D．过程、事件
3．一只白色的足球被踢进球门，则白色，足球，踢，进球门是＿＿＿＿＿＿＿。
　　A．属性，对象，方法，事件　　　　　　　B．属性，对象，事件，方法
　　C．对象，属性，方法，事件　　　　　　　D．对象，属性，事件，方法

二、填空题

1．VB 是面向＿＿＿＿＿＿＿的程序设计语言。
2．可以通过 VB"帮助菜单"的＿＿＿＿＿＿、＿＿＿＿＿＿和＿＿＿＿＿＿3 个下拉菜单项分别获得帮助信息。
3．VB 中＿＿＿＿＿＿用来表示对象的特性。
4．VB 是＿＿＿＿＿＿驱动的编程机制。
5．在 VB 中，若要生成一个不依赖于 VB 环境就可运行的文件，应生成 ＿＿＿＿＿＿。

三、上机题

1．练习在 VB 的集成开发环境中将例 1-1 中的文本框 Label1 的属性背景和字的颜色分别改成黄色和蓝色，将字体改成"粗体"和"小二"。
2．创建一个工程，在窗体中放置一个标签，并在下面放置两个按钮，第一个按钮上显示"第一"，第二个按钮上显示"第二"。单击第一个按钮在标签上显示"第一"，单击第一个按钮在文本框上显示"第二"，运行界面如图 1-22 所示。

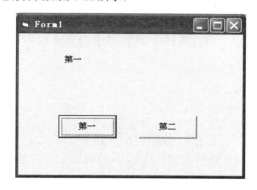

图 1-22　运行界面

3．在窗体的任意位置画一个命令按钮，然后在属性窗口中设置如表 1-2 所示的属性。

表 1-2　"工程"菜单的主要功能表

属 性 名	属 性 值	属 性 名	属 性 值
Caption	命令按钮	Style	1-Graphical
Font	宋体、粗体、二号		

Visual Basic 语言基础

Visual Basic 的应用程序是通过"界面+程序代码"构成的，界面是在窗体设计窗口中通过拖放控件设计的，程序代码则是在代码编辑器窗口中通过编写语句行，由语句经过有机组合构成的。

2.1 Visual Basic 语言的基本概念

Visual Basic 是在 BASIC 语言基础上发展起来的强大编程语言，与其他编程语言一样具有规范的语法。

2.1.1 标识符

标识符是编程时为变量、常量、数据类型、过程、函数、类等定义的名字。

关键字是 Visual Basic 保留下来的作为程序中有固定含义的标识符，不能被重新定义。例如，And、If、End 等都是关键字。

Visual Basic 中所有的标识符都有相同的命名规则，命名规则如下：

① 标识符由字母、数字或下划线（_）组成，不能包含标点符号、空格等。例如，a.b、a%b、a b 等都是不合法的。

② 标识符必须以字母开头，不能以数字或其他字符开头。例如，2a、1_1 等都是不合法的。

③ 标识符最长不能超过 255 个字符。

④ 自定义的变量、过程名等不能和 Visual Basic 中的关键字同名。例如，变量名不能是 False、If、End 等。

2.1.2 书写规范

1. Visual Basic 代码中字母的大小写

VB 代码中字母的大小写规范如下：

- VB 代码中不区分字母的大小写。
- VB 中的关键字首字母总被转换成大写，其余字母被转换成小写。若关键字由多个英文单词组成，自动将每个单词首字母转换成大写。例如，关键字 If、False、As 等首字母为大写。

- 对于用户自定义的变量、过程名等，VB 以第一次定义的大小写为准，以后每次输入的变量或过程名自动按第一次定义的格式转换。例如，第一次定义变量名为 Number1，则以后不论使用大小写，当该语句写完换行时就自动按 Number1 的大小写格式转换。

2．语句按行书写

- VB 的语句按行书写，每行最多允许 255 个字符。
- 可以将多个语句合并到同一行上，语句间用"："号分隔。

例如，在一行上写 3 个语句：

a=1：b=2：c=3

- 单行语句可以通过续行符 _（由一个空字符和一个下划线字符组成）将一行分成若干行书写。一行语句最多只能有 25 个续行。

例如，将一行语句分成两行书写：

```
Label1.Caption = _
"你好！"
```

3．注释语句

注释语句用于在代码中添加注释。代码段中的注释语句并不运行，只是提高程序的可读性，便于程序的维护和调试。VB 提供了两种方法来添加注释。

（1）Rem 语句

语法：

Rem 注释文本

例如，添加注释说明按钮 Command1 的 Click 事件的功能：

```
Private Sub Command1_Click()
Rem单击按钮在标签中显示"你好！"
```

或者在一行上写注释：

```
Private Sub Command1_Click()：Rem单击按钮在标签中显示"你好！"
```

（2）单引号"'"注释符

语法：

' 注释文本

使用"'"加注释更加灵活也更常用。

例如：

```
Private Sub Command1_Click()
' 单击按钮在标签中显示"你好！"
```

或者在一行上写注释：

Private Sub Command1_Click()   ' 单击按钮在标签中显示"你好！"

2.2　数据类型和常量、变量

Visual Basic 具有强大的数据处理能力。数据是程序处理的对象，也是运算产生的结果。数据通常使用常量和变量来存储，不同的数据存储时占据的空间大小用数据类型来限制。

2.2.1　数据类型

数据类型决定数据的存储空间大小。Visual Basic 具有丰富的数据类型，可以存储各种不同的数据。数据类型多达 12 种，包括 Integer、Long、Single、Double、Currency、Byte、String（包括变长和定长）、Boolean、Date、Object 和 Variant。

1. 数值型

数值型数据包含两类共 5 种数据类型。

（1）整数数据

存放整数数据的有 Integer（整型）和 Long（长整型）。

（2）小数数据

存放小数数据的有 Single（单精度浮点型）、Double（双精度浮点型）和 Currency（货币型）。Currency 型的数据小数点前面可以有 15 位，小数点后有 4 位。

2. 字节型（Byte）

Byte 型用于存储二进制数据，0～255 的整数可以用 Byte 型表示。

3. 字符型（String）

字符型用于存放字符串，字符串是用双引号（""）括起来的一串字符，字符型有变长和定长两种，分别表示固定长度和可变长度的字符串。变长字符串型是根据存放的字符串长度可增可减。

4. 布尔型（Boolean）

布尔型存储的只能是 True 或 False。如果数据的值只有 True 或 False、Yes 或 No、On 或 Off，则可以用 Boolean 型表示。

5. 日期型（Date）

日期型用于存储日期和时间，日期型数据必须以一对#号括起来。如果不含时间值，则自动将时间设置为午夜（00:00:00）；如果不含日期值，则自动将日期设置为公元 1899 年 12 月 30 日。

6. 变体型（Variant）

变体型能够存储系统定义的所有类型的数据，是一种可变的数据类型。当没有说明数据类型时，则变量自动为 Variant 型，但采用 Variant 型占用的内存比其他类型多。Variant 型还包含 3 种特定值：Empty、Null 和 Error。

7. 对象型（Object）

对象型用于表示任何类型的对象，可引用应用程序中或其他应用程序中的对象。必须使用 Set 语句先对对象引用赋值，然后才能引用对象。

表 2-1 显示了每种数据类型的存储空间大小和范围。

表 2-1　数据类型以及存储空间大小与范围

数据类型	存储空间/B	范　　围
Byte	1	0～255
Boolean	2	True 或 False
Integer	2	−32 768～32 767
Long	4	−2 147 483 648～2 147 483 647
Single	4	−3.402823E38～−1.401298E−45
		1.401298E−45～3.402823E38
Currency	8	−922 337 203 685 477.5808～922 337 203 685 477.5807
Date	8	100 年 1 月 1 日～9999 年 12 月 31 日
Double	8	−1.79769313486232E308～−4.94065645841247E−324
		4.94065645841247E−324～1.79769313486232E308
Object	4	任何 Object
String（变长）	10+串长	0～大约 20 亿
String（定长）	串长	1～大约 65 400
Variant（数字）	16	任何数字值，最大可达 Double 的范围
Variant（字符）	22+串长	与变长 String 有相同的范围

VB 使用多种数据类型的目的是为了合理使用内存空间，提高程序的运行效率。

2.2.2　常量

在 VB 中用常量表示在整个程序中事先设置的、不会改变数值的数据。在整个应用程序执行过程中，值保持不变的量就是常量。常量可分为一般常量和符号常量。

1．一般常量

一般常量包括数值常量、字符常量、逻辑常量和日期常量。

（1）数值常量

数值常量由正负号、数字和小数点等组成，其中小数可以用定点数和浮点数表示。

● 整数：由数字和正负号组成，例如，12、−123、1234567。

整数大多数都是以十进制表示的，也可以用十六进制数（基数为 16）或八进制数（基数为 8）表示。八进制数用前缀&O 引导，由数字 0～7 组成。十六进制数用前缀&H 引导，由数字 0～9、A～F 或 a～f 组成。

表 2-2 中为十进制数、八进制数和十六进制数的相互转换实例。

表 2-2　十进制数、八进制数和十六进制数的相互转换

十进制数	八进制数	十六进制数	十进制数	八进制数	十六进制数
7	&O7	&H7	16	&O20	&H10
8	&O10	&H8	255	&O377	&HFF
15	&O17	&HF			

- 定点数：带有小数点的正数或负数，表示数的范围比较小，例如，–75.32、3.1415926、0.0005。
- 浮点数分为单精度浮点数和双精度浮点数，分别表示为 mEn 和 mDn，m 为尾数，n 为指数，指数为 10 的幂次。例如，–93.2E5（单精度型）、–25.2E–3（单精度型）、2.35D–12（双精度型）。

（2）字符常量

字符常量是用双引号""括起来的一串字符。例如，"abc"、""、"李明"、"你好！"，其中""（双引号中无任何字符，也不含空格)为空字符串。

（3）逻辑常量

逻辑常量只有两个：True（真）、False（假）。

（4）日期常量

日期常量是用前后两个#把表示日期和时间的值括起来。

例如，以下几种都是表示 2016 年 3 月 15 日：

#2016-3-15#、#3/15/2016#、#2016/3/15#、#2016-3-15 7:30:00 #

2. 符号常量

符号常量是指在程序中用符号表示的常量。符号常量又分为系统内置常量和用户定义常量两种。

（1）用户定义常量

用户定义常量用具有含义的常量名来代替难记的一般常量，使用符号常量可增加程序代码的可读性。

在程序中使用用户定义常量，应该使用 Const 语句先行说明。

语法：

[Public | Private] Const 常量名 [As 数据类型]=表达式

说明：

- [ ] 表示可省略的参数，| 表示是可选择的参数。
- 表达式可以由数值、字符串等常量以及运算符组成，甚至可以用前面定义过的用户定义常量。
- 常量名的命名规则符合标识符的命名规则。

例如，以下都是将难记的常量π用用户定义常量表示：

```
Const PI = 3.1415926
Const PI As Single = 3.1415926
Private Const PI As Single = 3.1415926
```

例如，使用用户定义常量 PI 定义新用户定义常量：

```
Const PI2 = PI * 2
```

注意：在程序中不能对用户定义常量赋予新值，即对 PI 不能再赋新值。

（2）系统内置常量

系统内置常量与应用程序的对象、方法和属性一起使用，一般以 Vb 为前缀，如 VbCrlf 表示回车字符。

2.2.3　变量

变量是用来存储临时数据的，在程序执行过程中变量的内容可以改变。每个变量都有唯一的名字和相应的数据类型，通过变量名来引用其存储的数据。

1. 变量的声明

变量的声明就是定义变量的数据类型，从而事先将变量的类型通知程序。变量的声明分为显式声明和隐式声明。

（1）显式声明

显式声明是在变量使用之前，用 Dim、Static、Public、Private 语句声明一个变量或多个变量。

语法：

Dim 变量名[As 数据类型]

Dim 变量名[As 数据类型]，变量名[As 数据类型]…

说明：用 Dim 语句声明变量就是定义该变量应存储的数据类型；当省略数据类型时，则默认为 Variant 型；同时声明多个变量时，各变量用逗号分开。

例如，下面都是声明变量的语句：

Dim a As Integer   '定义a为 Integer型
Dim a As String * 5   '定义a为定长String 型
Dim a As Long, b As String '定义a,b两个不同类型的变量
Dim a   '定义a为 Variant型

在声明变量时有几点需要说明：

- 在用 Dim 语句声明一个变量后，VB 系统自动为该变量赋初值。若变量是数值型，则初值为 0；若变量为 String（字符串）型，则初值为空字符串；若变量是 Boolean（布尔）型，则初值为 False。
- 当没有声明字符型变量的长度时，则默认为变长字符串。声明定长字符型变量时，字符串的长度用*号连接。

  语法：

  Dim 变量名 As String *长度

- 如果没有声明变量的数据类型，则 VB 把它看作变体型（Variant）。然而，变体型可能会浪费内存空间，有时变体型还可能无效。所以，在使用变量前最好先声明变量类型。

另外，显式声明还有 Static、Public、Private 语句，声明变量的语法格式与 Dim 语句相似。

语法：

Public 变量名[As 数据类型]，[变量名[As 数据类型]…]

Private 变量名[As 数据类型]，[变量名[As 数据类型]…]

Static 变量名[As 数据类型]，[变量名[As 数据类型]…]

这几种变量声明语句将在第 6 章详细介绍。

（2）隐式声明

隐式声明是用一个特殊的类型符号加在变量名后面来声明数据类型，而在使用一个变量之前不需要声明这个变量。表 2-3 所示数据类型与类型声明符号的对应关系。

表 2-3   隐式声明类型符号

声明符号	数据类型	含　义	声明符号	数据类型	含　义
%	Integer	整型	!	Single	单精度浮点型
&	Long	长整型	#	Double	双精度浮点型
$	String	字符型	@	Currency	货币型

例如，用隐式声明变量：

```
Private Sub Command1_Click()
     '单击按钮在标签中显示"你好！"
     a$ = "你好！"
     Label1.Caption = a
End Sub
```

程序分析：变量 a 被隐式声明为字符型，并将"你好！"赋值给 a。

尽管隐式声明比较方便，但如果将变量名拼错的话，就会导致难以查找的错误。

（3）Option Explicit 语句

Option Explicit 语句可以使VB只要遇到一个未经显式声明的变量名，就发出错误警告，以提示用户避免写错变量名引起的麻烦。

Option Explicit 语句可以采用以下两种方法输入：

- 在代码窗口中各种模块的声明部分输入 Option Explicit 语句。在代码编辑器从对象下拉列表中选择"通用"，从过程下拉列表选择"声明"，然后输入代码 Option Explicit，如图 2-1 所示。
- 在"工具"菜单中选择"选项"菜单项，单击"编辑器"选项卡，选择"要求变量声明"复选框，如图 2-2 所示。当下次启动 VB 后，就在任何新模块中自动插入了 Option Explicit 语句。

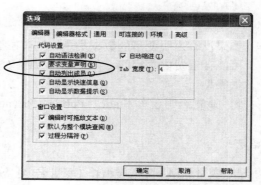

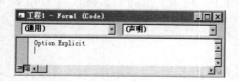

图 2-1   输入 Option Explicit 语句　　　　图 2-2   "选项"窗口

例如，在模块的声明部分输入了 Option Explicit 语句：

```
Option Explicit
Private Sub Command1_Click()
    a = "你好！"
    Label1.Caption = a
End Sub
```

图 2-3　编译错误

当单击"启动"按钮，运行该程序时，变量 a 没有声明，系统就会提示编译错误，如图 2-3 所示。

2．变量的赋值

在声明一个变量后，就可以给变量赋值。赋值语句用于将表达式的值赋予变量。

语法：

[Let]变量 = 表达式

说明： Let 可以省略；=是赋值符号。

例如，下面几种都是赋值语句：

```
Dim a, b As Integer
a = 5
Let a = 5
b = 5: a = b
```

变量的赋值有几点需要说明：

① 只有当=右边的表达式是与变量兼容的数据类型时，该值才可以赋予变量，否则会强制将该值转换为变量的数据类型。

- 变量为字符型，表达式为数值型。

```
Dim a As String
a = 5
```

　程序分析：a 为"5"，数值型转换为字符型。

- 变量为 Boolean 型，表达式为数值型。

```
Dim a As Boolean
a = 5
```

　程序分析：a 为 True，所有非零的数值都转换为 True，而 0 值则转换为 False。

- 变量为数值型，表达式为 Boolean 型。

```
Dim a As Integer
a = True
```

　程序分析：a 为-1，True 转换为-1，而 False 则转换为 0。

- 变量为字符型，表达式为 Boolean 型。

```
Dim a As String
a = True
```

程序分析：a 为 "True "，True 转换为"True "，而 False 则转换为"False"。

- 变量为 Date 型，表达式为数值型。

```
Dim a As Date
a = 5
```

程序分析：由于 a 为日期型数据，则 a 的值不是 5，而是转换为#1900-1-4#。如果数值有整数和小数，则整数为日期，小数为时间。

- 当数据类型不匹配时，系统会提示出错。
② 当数值型变量赋值超出其范围时，会提示溢出出错。
例如，对整型数据赋值超出其范围：

```
Dim a As Integer
a = 123456789
```

程序分析：由于 a 为整型数据，则其范围为-32 768～32 767，因此系统提示出错。
③ 当对定长字符型变量赋值时，如果字符串长度小于定长，则用空格将不足部分填满；如果字符串的长度太长，则截去超出部分的字符。
例如，当赋值的字符串长度超过定长时，截去超出部分：

```
Private Sub Form_Click()
    Dim a As String * 5
    a = "abcdefg"
    Label1.Caption = a
End Sub
```

程序分析：变量 a 为"abcde"。

2.3   运算符和表达式

VB 提供了丰富的运算符。运算符是代表 VB 某种运算功能的符号，包括算术运算符、关系运算符、连接运算符和逻辑运算符。表达式是由运算符、常量、变量、函数、对象等组成，可以构成多种表达式。

2.3.1   运算符和表达式简介

VB 的运算符包括算术运算符、关系运算符、连接运算符和逻辑运算符。
1. 算术运算符和表达式
算术运算符是用来进行数值运算的运算符，算术表达式是用算术运算符将常量、变量等连接起来的式子。
算术运算符包括+、−、*、/、\、^和 Mod。

- +、−、*、/：用于两个数的加、减、乘、除运算，为双目运算。其中−（减号）又可以为求负运算，为单目运算。

- \：用于两个数的除法运算并返回一个整数商，为双目运算。
- ^：用于求一个数的幂运算，即指数运算，为双目运算。
- Mod：用于两个数的除法运算并返回余数，为双目运算。

例如，以下都是算术表达式，其中 x=5，

2 * x	结果为10
2 ^ 3	结果为8
10 / 4	结果为2.5
10 \ 4	结果为2
10 Mod 4	结果为2
#3/15/2016# — #1/15/2016#	结果为60，两个日期的间隔天数

2. 关系运算符和表达式

关系运算符是用来进行比较的运算符。关系运算符与两个运算数构成关系表达式，关系表达式的值只能是 True、False 或 NULL。

关系运算符包括<、<=、>、>=、=、<>以及 Is 和 Like。

- =：等于符，与赋值符号=不同。
- <>：不等于符。
- Is：比较两个对象是否一致。
- Like：比较两个字符串的模式是否匹配。经常用于数据库字段的查询在 Like 表达式中可以使用通配符，如表 2-4 所示。

表 2-4　Like 匹配模式表

通配符	含　义	实例	可匹配字符串
*	可匹配多个字符	a*	a1,abc,…
?	可匹配单个字符	a?	a1,ab,…
#	可匹配单个数字	123#	1234,1238,…
[list]	可匹配列表中的单个字符	[a-e]	a,b,c,d,e
[!list]	可匹配列表以外的单个字符	[!a-e]	G,h,f,…

例如，以下都是关系表达式：

5 > 24	数值比较，结果为 False
"5" > "24"	字符串比较，结果为True
"aBBBa" Like "a*a"	判断字符串匹配，结果为True
Object1 Is Object2	判断对象是否一致

关系表达式有几点需要说明：

- 当关系表达式的两个运算数都是相同的数据类型时，可以进行比较；两个运算数都是数值型则可进行数值比较。
- 当关系表达式的两个运算数都是 String 时，可进行字符串比较。字符串是从前到后逐个字符按 ASCII 码比较，ASCII 码值大的字符串大；如果前面部分相等，则字符串长的大。字符的 ASCII 码大小顺序为

空格 <"0"～"9"<"A"～"Z"<"a"～"z"<"汉字"

3. 连接运算符和表达式

连接运算符是用来合并字符串的运算符，包括&和+。连接表达式是用连接运算符将两个运算数连接起来。

例如，以下都是连接表达式：

"Hello" & " World"	结果为"Hello World"
"2" & "4"	结果为"24"
"2" +"4"	结果为"24"
2 & 4	结果为24
2+4	结果为6

说明：&运算符与运算数之间应加一个空格。&运算符会自动将非字符串类型的数据转换成字符串后再进行连接，而+运算符则不行，在使用+运算符时有可能无法确定是做加法还是做字符串连接，为避免混淆，应尽量使用&运算符进行连接。

4. 逻辑运算符和表达式

逻辑运算符是用于判断运算数之间的逻辑关系，逻辑运算是对两个运算数中位置相同的位进行逐位比较。逻辑表达式是用逻辑运算符将逻辑变量连接起来。

逻辑运算符包括 And（与）、Or（或）、Not（非）、Eqv（等价）、Imp（包含）和 Xor（异或）。表 2-5 是 a 和 b 进行逻辑运算的结果。

表 2-5　逻辑运算

a	b	Not a （非）	a And b （与）	a Or b （或）	a Eqv b （等价）	a Imp b （包含）	a Xor b （异或）
False	False	True	False	False	True	True	False
False	True	True	False	True	False	True	True
True	False	False	False	True	False	False	True
True	True	False	True	True	True	True	False

说明：Not（逻辑非）为单目运算符。

2.3.2　各种运算的优先顺序

当在表达式中运算符不止一种时，系统会按预先确定的顺序进行计算，这个顺序称为运算符的优先顺序。

各种运算符的优先顺序有以下原则：

① 表达式的括号最优先，相同优先级的运算按从左到右顺序进行。

② 各种类型运算符的优先顺序（从高到低）如下：

算术运算符→字符串连接运算符（&）→关系运算符→逻辑运算符。

③ 同一类运算符的优先顺序也不同。

- 算术运算符的优先顺序（从高到低）如下：

  ^ → −（负号）→ *、/ → \（整数除法）→ Mod → +、−

例如，以下算术表达式按优先顺序运算：

−5^2　　　　　　　　　　　　结果为−25，^ → −
10\2*(5−2)　　　　　　　　　结果为1，() → * → \

- 逻辑运算符优先顺序如下：

Not → And → Or → Xor → Eqv → Imp

- 各个关系运算符的优先级是相同的。

例如，对 a、b、c 变量进行各种运算：

```
Dim a, b, c, d
a = 1: b = 2: c = 3
d = a > b And c > a        '结果为False
d = a + b < b * c          '结果为True
d = a >= 2 * b And c <> 5  '结果为False
```

程序分析：变量 a、b、c、d 都声明为变体型，则运算的结果为布尔型数值。

当不同数据类型的数据进行运算时，运算结果的数据类型按以下原则转换：

- 两个运算数中存储长度不同时，运算结果的类型为存储长度较长的。例如，Integer 型数和 Long 型数运算时，结果的类型就是 Long 型。
- Integer 型数和 Single 型数的运算结果类型为 Single 型；Long 型数和 Single 型数的运算结果类型为 Double 型。
- 除法运算不论运算数是什么类型，结果都是 Double 型。

【例 2-1】　判别某年是否是闰年，闰年的条件符合下面二者之一：①能被 4 整除，但不能被 100 整除；②能被 4 整除又能被 400 整除。要求：单击按钮 Command1 计算出 2016 年是否是闰年，并在窗体的标签 Label2 中显示结果。

运行界面如图 2-4 所示，图 2-4（a）图为运行界面，图 2-4（b）图为设计界面。

(a) 运行界面

(b) 设计界面

图 2-4　判断闰年程序界面

界面设计：窗体界面中放置了 2 个标签 Label1 和 Label2，以及 1 个按钮 Command1。分别设置其 Caption 属性，如表 2-6 所示。

表 2-6　属性设置

属　　　性	Form1	Label1	Label2	Command1
Caption	判断闰年	2016 年是否是闰年	空	判断

当单击按钮 Command1 时判断 2016 年是否是闰年，程序代码如下：

```
Private Sub Command1_Click()
'单击按钮计算闰年
    Dim x As Integer
    Dim y As Boolean
    x = 2016
    y = (((x Mod 4) = 0) And ((x Mod 100) <> 0)) Or (((x Mod 4) = 0) And ((x Mod 400) = 0))
    Label2.Caption = y
End Sub
```

程序分析：在 Command1 的 Click 事件中计算是否是闰年，并将结果显示在标签 Label 2 上；逻辑表达式 (((x Mod 4) = 0) And ((x Mod 100) <> 0)) Or (((x Mod 4) = 0) And ((x Mod 400) = 0)) 为判断闰年的表达式；运算的结果 y 为 Boolean 型，即 True 或 False。

2.4　常用内部函数

内部函数也称公共函数，是由 VB 系统提供的，VB 提供了大量的内部函数，包括算术函数、字符函数、日期与时间函数、类型转换函数和判断函数等。每个内部函数都有某个特定的功能，可在任何程序中直接调用。

语法：
函数名（参数 1,参数 2,…）

说明：
- 函数名是系统规定的函数名称，函数名一般具有一定的含义。例如，Sin(x)表示求 x 的正弦值。
- 参数 1，参数 2，…是函数的参数，参数的个数、排列次序和数据类型都应与系统规定的函数参数完全相同。在"代码编辑器窗口"中输入函数名和"（"后，会自动列出参数类型、个数等信息。

2.4.1　算术函数

算术函数是系统给用户提供进行算术运算的函数。
表 2-7 展示了常用的算术函数的功能、例子以及函数的运算结果。

表 2-7　算术函数及实例

函数名	返回类型	功　能	例　子	运　算　结　果
Abs(x)	与 x 同	x 的绝对值	Abs(−50.3)	50.3
Atn(x)	Double	角度 x 的反正切值	4 * Atn(1)	3.14159265358979
Cos(x)	Double	角度 x 的余弦值	Cos(60*3.14/180)	0.5
Exp(x)	Double	e（自然对数的底）的幂值	Exp(x)	e 的 x 次幂

续表

函数名	返回类型	功　能	例　子	运算结果
Fix(x)	Double	x 的整数部分	Fix(−99.8)	− 99
Int(x)	Double	x 的整数部分	Int(−99.8)	−100
Log(x)	Double	x 的自然对数值	Log(x)/Log(10)	以 10 为底的 x 对数
Rnd(x)	Single	一个小于 1 但大于等于 0 的随机数值	10 * Rnd	0~9 之间的随机数
Sgn(x)	Variant	x > 0　　　返回 1	Sgn(12)	1
	Integer	x = 0　　　返回 0	Sgn(0)	0
		x < 0　　　返回−1	Sgn(−2.4)	−1
Sin(x)	Double	x 的正弦值	Sin(30*3.14/180)	0.5
Sqr(x)	Double	x 的平方根	Sqr(4)	2
Tan(x)	Double	角度 x 的正切值	Tan(60*3.14/180)	1.73
Val(x)	Double	字符串的数值	Val("24 ")	24
Asc(x)	Integer	字符串首字母的 ASCII 代码	Asc("a")	97
Chr(x)	String	ASCII 代码指定的字符	Chr(65)	A
Str(x)	String	数值转换的字符串	Str(− 459.65)	"− 459.65"
Hex(x)	String	十六进制数值	Hex(10)	A
Oct(x)	String	八进制数值	Oct(8)	10

算术函数有几点说明：
- 函数具有返回值，应注意函数返回值的数据类型。
- 三角函数的运算都使用弧度。
- Fix(x)和 Int(x)函数都是对数值型变量取整，但对于正数和负数结果不同。

Fix(10.5)=10　　　　　　　　Int(10.5)=10
Fix(−10.5)= −10　　　　　　　Int(−10.5)= −11

- Rnd(x)函数用于产生随机数，当 x=0 时产生与前一次相同的随机数。如果不断地重复 Rnd 函数，会反复出现同一序列的随机数，可以用 Randomize 语句消除这种情况。

语法：

Randomize[(x)]

说明： x 是一个整型数，它是随机数发生器的"种子数"，可以省略。

在编程时，经常会用 Rnd 函数产生某个限定范围的随机整数，使用以下规则：

Int((上限−下限+1)*Rnd)+下限

例如，产生 11～99 范围的随机整数：

Int((99−11+1)*Rnd)+11

【例 2-2】 已知直角三角形的两条直角边，计算其斜边的长度。计算斜边公式为
$$c = \sqrt{a^2 + b^2}$$
界面设计：在窗体上放置 3 个文本框（Text1、Text2、Text3）、3 个标签（Label1、Label2、Label3）和 1 个按钮 Command1，Text1 和 Text2 用来输入两条直角边的长度，计算的斜边显示在文本框 Text3 中，单击按钮 Command1 计算斜边，运行界面如图 2-5 所示。

设置控件属性如表 2-8 所示。

图 2-5　运行界面

表 2-8　控制属性设置

对　　象	控件名	属性名	属性值
Form	Form1	Caption	计算三角形斜边
Label	Label1	Caption	a=
	Label2	Caption	b=
	Label3	Caption	c=
Text	Text1	Text	空
	Text2	Text	空
	Text3	Text	空
Command	Command1	Caption	计算

程序代码如下：

```
Private Sub Command1_Click()
'单击按钮计算斜边
    Dim a As Single, b As Single, c As Single
    a = Val(Text1.Text)
    b = Val(Text2.Text)
    c = Sqr(a ^ 2 + b ^ 2)              '计算斜边
    Text3.Text = c
End Sub
```

程序分析：

- 文本框的 Text 属性是字符型，而在计算中要使用的变量 a、b、c 是 Single 型，因此在计算中必须运用 Val() 函数对文本框的 Text 属性值进行转换。
- 计算平方根用 Sqr 函数。

2.4.2　字符函数

字符函数用于进行字符串处理，表 2-9 展示为常用的字符函数功能、实例以及运算结果。

表 2-9　字符串函数及实例

函　数　名	返回类型	功　　能	例　　子	运算结果
Ltrim(字符串)	String	去掉左面空格	Ltrim(" 20010201")	"20010201"
RTrim(字符串)	String	去掉右面空格	RTrim (" 20010201 ")	" 20010201"
Trim(字符串)	String	去掉前后空格	Trim(" 20010201 ")	"20010201"
Left(字符串，长度)	String	从左起取指定长度的字符	Left("20010201", 4)	"2001"
Right(字符串，长度)	String	从右起取指定长度的字符	Right(("20010201", 2)	"01"
Mid(字符串，开始位置[，长度])	String	从开始位置起取指定长度的字符	Mid("20010201",5, 2)	"02"
InStr([开始位置，]字符串 1，字符串 2[，字符串比较])	Integer Variant	串 2 在串 1 中最先出现的位置	InStr("20010201", "01")	3

续表

函 数 名	返回类型	功 能	例 子	运算结果
Len（字符串）	Integer Variant	字符串长度	Len("20010201")	8
String（长度，字符）	String	重复数个字符	String(5, "*")	"*****"
Space（长度）	String	插入数个空格	"2001" & Space(2) & "02"	"2001　02"
LCase（字符串）	String	转成小写	LCase ("Hello ")	"hello "
UCase（字符串）	String	转成大写	UCase ("Hello ")	"HELLO "
StrComp（字符串 1， 字符串 2[, 比较]）	Integer Variant	串 1<串 2　　　−1 串 1=串 2　　　 0 串 1>串 2　　　 1	StrComp("20010201", "20010202")	−1

【例 2-3】 从字符串中取字符，从界面输入字符串，并取任意位置的字符。

界面设计：界面包含 5 个标签（Label1～Label5），4 个文本框（Text1～Text4）和 1 个按钮（Command1），4 个文本框分别用于输入字符串和从第几个位置开始取几个字符，单击按钮 Command1 进行取字符运算。运行界面如图 2-6 所示。

属性设置：按照图 2-6 所示设置各标签和按钮的 Caption 属性，并将所有文本框的 Text 属性设置为空。

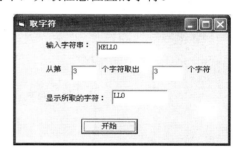

图 2-6　取字符运行界面

程序代码如下：

```
Private Sub Command1_Click()
'单击按钮取字符
    Dim s1 As String, s2 As String
    Dim a As Integer, b As Integer
    s1 = Text1.Text          '输入字符串
    a = Val(Text2.Text)      '输入起始个数
    b = Val(Text3.Text)      '输入字符个数
    s2 = Mid(s1, a, b)       '取字符
    Text4.Text = s2
End Sub
```

程序分析：使用 Mid 函数取字符串的任意位置字符。

2.4.3　日期与时间函数

日期时间函数提供日期和时间有关的函数。表 2-10 所示为常用的日期和时间函数的功能、例子以及运算结果。

表 2-10　日期与时间函数功能及实例

函　数　名	返回类型	功　　能	例　　子	运算结果
Day（日期）	Integer	返回日期，1～31 的整数	Day(#2004/3/15#)	15
Month（日期）	Integer	返回月份，1～12 的整数	Month(#2004/3/15#)	3
Year（日期）	Integer	返回年份	Year(#2004/3/15#)	2000
Weekday（日期）	Integer	返回星期几	Weekday(#2004/3/15#)	2
Time	Date	返回当前系统时间	Time	系统当前时间
Date	Date	返回系统日期	Date	系统当前日期
Now	Date	返回系统日期和时间	Now	系统当前日期与时间
Hour（时间）	Integer	返回钟点，0～23 的整数	Hour(#4:35:17 PM#)	16
Minute（时间）	Integer	返回分钟，0～59 的整数	Minute(#4:35:17 PM#)	35
Second（时间）	Integer	返回秒钟，0～59 的整数	Second(#4:35:17 PM#)	17

【例 2-4】　使用日期和时间函数在窗体上显示系统当前的日期和时间。

界面设计：界面包含 5 个（Label1～Label5）标签，4 个文本框（Text1～Text4）和 1 个按钮（Command1），4 个文本框分别用于显示年份、月份、日期和时间，单击按钮 Command1 在 4 个文本框中显示时间。运行界面如图 2-7 所示。

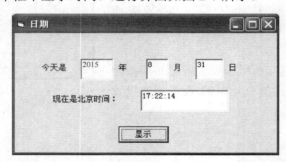

图 2-7　显示时间

属性设置：按照图 2-7 所示设置各标签和按钮的 Caption 属性，并将所有的文本框的 Text 属性设置为空。

程序代码如下：

```
Private Sub Command1_Click()
'单击按钮显示时间
    Text1.Text = Year(Date)                 '显示年份
    Text2.Text = Month(Date)                '显示月份
    Text3.Text = Day(Date)                  '显示日期
    '显示时间
    Text4.Text = Hour(Now) & ":" & Minute(Now) & ":" & Second(Now)
End Sub
```

程序分析：
- Date 函数返回系统日期，即计算机当前设置的日期。
- Now 返回系统时间，即计算机当前设置的日期和时间。

2.4.4　类型转换函数和判断函数

1. 类型转换函数

转换函数是用来将数据强制转换成某种特定的数据类型，表 2-11 展示了转换函数的功能、例子以及转换结果。

表 2-11　转换函数功能及实例

转换函数	转换结果类型	例　子	转换结果
CBool(x)	Boolean	CBool(0)	False
CByte(x)	Byte	CByte(125.5678)	126
CCur(x)	Currency	CCur(543.214588)	543.2146
CDate(x)	Date	cdate(5)	#1900-1-4#
CDbl(x)	Double	CDbl()	1922.54576
CInt(x)	Integer	CInt(123.5)	123
CLng(x)	Long	CLng(25427.45)	25427
CSng(x)	Single	CSng(75.3421115)	75.34211
CStr(x)	String	CStr(437.324)	"437.324"
CVar(x)	Variant	CVar(4534& "000")	"4534000"
CVErr(x)	Error	CVErr(2001)	自定义错误码
Str(x)	Variant String	Str(459)	"459"

说明：

- 转换函数的参数值必须对目标数据类型有效，否则会发生错误。例如，如果把 Long 型数转换成 Integer 型，Long 型数必须在 Integer 数据类型的有效范围之内。
- 所有数值型变量都可相互赋值，在将浮点数赋予整数之前，VB 要将浮点数的小数部分四舍五入，而不是将小数部分去掉。
- 当将其他的类型转换为 Boolean 型时，0 会转成 False，而其他非零的值则为 True。当将 Boolean 型转换为其他的数据类型时，False 会转成 0，而 True 会转成-1。
- 当其他的数值类型要转换为 Date 型时，小数点左边的值表示日期信息，而小数点右边的值则表示时间。

2. 判断函数

VB 还提供了一些判断函数用来判断数据的类型，表 2-12 展示了判断函数的功能、例子以及转换结果。

表 2-12　判断函数及实例

转换函数	转换结果类型	功　能	例　子	转换结果
TypeName	String	返回变量的类型	TypeName(2)	Integer
IsNumeric(x)	Boolean	判断是否是数值型	IsNumeric(123.4)	True
IsDate	Boolean	判断是否是日期型	Isdate(5)	False
IsObject	Boolean	判断是否是对象	IsObject(5)	False
IsNull	Boolean	判断是否是不包含任何有效数据	IsNull(5)	False
IsEmpty	Boolean	判断变量是否已被初始化	IsEmpty(a)	是否被初始化

2.5   输入、显示和打印

VB 可以很方便地通过控件设计界面与用户交互，也可以使用函数进行输入和输出，InputBox 函数和 MsgBox 函数分别使用对话框进行输入和输出，通过 Print 方法可以将信息输出到窗体上。

2.5.1   输入（InputBox）函数

InputBox 函数用于接受用户键盘输入的数据，也称为输入框。

语法：

变量=InputBox（对话框字符串[,标题] [,文本框字符串] [,横坐标值] [,纵坐标值] [,帮助文件，帮助主题号]）

说明：

- 对话框字符串：在输入对话框中显示的字符串最大长度是 1024 个字符。
- 标题：指对话框标题栏的字符串，如果省略，则标题栏中为当前工程名。
- 文本框字符串：指文本框中显示的字符串，如果省略则文本框为空。
- 横、纵坐标值：指对话框在屏幕上的位置，横、纵坐标值为输入框左上角的坐标。
- 帮助文件和帮助主题号：在输入框中增加一个帮助按钮，提供帮助文件和帮助主题号。

例如，使用 InputBox 函数输入学号，所显示的输入框如图 2-8 所示。

Number = InputBox("请输入学号", "输入学号", "2015010123")

程序分析：

- InputBox 函数出现的对话框中自动生成一个文本框和"确定"、"取消"两个按钮。
- 对话框中显示"请输入学号"，标题为"输入学号"，文本框中显示的默认值为 2015010123。

图 2-8   InputBox 对话框

- 对话框等待用户在文本框输入内容，可以在文本框中输入，也可以使用默认值。
- InputBox 函数返回值给变量 Number，如果用户单击"确定"按钮或按 Enter 键，则将文本框的内容返回给变量，如果单击"取消"按钮，则返回一零长度字符串。

2.5.2   显示（MsgBox）函数

MsgBox 函数用于向用户发布提示信息，要求用户作出必要的响应，称为消息框。

语法：

变量=MsgBox(消息文本[,显示按钮和图标] [,标题] [,帮助文件，帮助主题号])

说明：

- 消息文本：在对话框中作为消息显示的字符串，用于提示信息。如果消息的内容超过一行时，可以在每行之间插入回车符 Chr(13)或换行符 Chr(10)进行换行。
- 标题：在对话框标题栏中显示的标题，省略时为空白。
- 显示按钮和图标：是 c1+c2+c3+c4 的总和，用来指定显示按钮的数目、形式、使用的图标样式。设置值 c1、c2、c3、c4 如表 2-13～表 2-16 所示。

表 2-13　c1 显示按钮的类型

内置常量名	c1 取值	含　　义
vbOKOnly	0	显示 OK（确定）按钮
vbOKCancel	1	显示 OK（确定）及 Cancel（取消）按钮
vbAbortRetryIgnore	2	显示 Abort（终止）、Retry（重试）及 Ignore（忽略）按钮
vbYesNoCancel	3	显示 Yes、No 及 Cancel 按钮
vbYesNo	4	显示 Yes（是）及 No（否）按钮
vbRetryCancel	5	显示 Retry（重试）及 Cancel（取消）按钮

表 2-14　c2 显示图标的样式

内置常量名	c2 取值	含　　义
vbCritical	16	❌显示关键信息图标
vbQuestion	32	❓显示疑问图标
vbExclamation	48	⚠️显示警告图标
vbInformation	64	ℹ️显示通知图标

表 2-15　c3 显示哪一个按钮是默认值

内置常量名	c3 取值	默认值
vbDefaultButton1	0	第一个按钮
vbDefaultButton2	256	第二个按钮
vbDefaultButton3	512	第三个按钮
vbDefaultButton4	768	第四个按钮

表 2-16　c4 显示消息框的强制返回性

内置常量名	c4 取值	含　　义
vbApplicationModal	0	应用程序强制返回,当前应用程序直到用户对消息框作出响应才继续执行
vbSystemModal	4096	系统强制返回,全部应用程序直到用户对消息框作出响应才继续执行

MsgBox 函数等待用户单击按钮，返回一个 Integer 型值告诉用户单击哪一个按钮，返回值如表 2-17 所示。如果用户按下 Esc 键，则与单击 Cancel 按钮的效果相同。

表 2-17　MsgBox 返回值

按钮名	内置常量	返回值	按钮名	内置常量	返回值
OK（确定）	vbOK	1	Ignore（忽略）	vbIgnore	5
Cancel（取消）	vbCancel	2	Yes（是）	vbYes	6
Abort（终止）	vbAbort	3	No（否）	vbNo	7
Retry（重试）	vbRetry	4			

例如，使用消息框显示出错提示信息，消息框如图 2-9 所示。

```
Response = MsgBox("对不起,你的学号不正确!", vbOKOnly + vbExclamation, "出错")
```

程序分析：
- 显示的消息框中消息文本为"对不起,你的学号不正确!"，标题为"出错"，按钮只有一个"确定"按钮（vbOKOnly），图标为警告（vbExclamation）。
- 当单击"确定"按钮，则返回 1 给变量 Response。

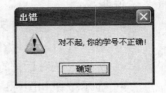

图 2-9　MsgBox 消息框

说明：
- 如果不需要返回值给变量，则可以将 MsgBox 函数当作方法来用，即不用括号，只显示消息框没有返回值：

  MsgBox"对不起,你的学号不正确!", vbOKOnly + vbExclamation, "出错"

- InputBox 和 MsgBox 函数出现的对话框要求用户在应用程序继续执行之前作出响应，即不允许在对话框未关闭就进入程序的其他部分。

2.5.3　打印（Print）方法

Print 方法用于在窗体、图片框控件（Picture）和打印机上输出文本。
语法：
[对象.]Print [表达式列表]

说明：
- 当对象省略，就将表达式列表显示在窗体屏幕上。
- 表达式列表是显示或打印的表达式列表内容。如果省略，则输出一空行。
- 多个表达式用";"隔开为紧凑格式；用","隔开则每个表达式间隔 14 个字符。

为了使信息按指定位置输出，Visual Basic 提供了几个与 Print 相配合的函数。
1. Format 格式函数
用格式函数 Format 可以使数值、日期或字符型数据按指定的格式输出。
语法：
Format（表达式[, 格式字符串]）

说明：
- 表达式可以是数值、日期型或字符型表达式。
- 格式字符串是一个字符串常量或变量，由专门的格式说明字符组成。当格式字符串为常量时，必须放在双引号中。

（1）"#"（数字占位符）
在格式字符串中"#"的位置上有数字存在，就显示出来；否则，该位置就什么都不显示。
（2）0（数字占位符）
与"#"功能相同，只是多余的位用 0 补齐。
（3）"."（小数点占位符）
小数点与"#"或"0"结合使用，根据格式字符串的位置，小数部分多余的数字按四舍五入处理。

（4）",""（千分位符号占位符）

从小数点左边一位开始，每 3 位用一个逗号分开。逗号可以放在小数点左边的任何位置，但不能放在头部，也不能紧靠小数点。

（5）其他符号

还可以使用百分号（%）、美元符号（$）、正号（+）、负号（−）、指数形式（E+或 E−）等来设置数值型数据的输出格式。

例如，使用 Format 函数在窗体中显示：

```
Dim a As Single
a = 12345.67
Print Format(a, "#####")
Print Format(a, "###,####.###")
Print Format(a, "000000.000")
Print Format(a, "####00.000")
Print Format(a, "#####.###%")
Print Format(a, "− #####.###")
Print Format(a, "0.00E+00")
```

则在窗体中显示如下：

```
12346
12,345.67
012345.670
12345.670
1234567.%
−12345.67
1.23E+04
```

（6）用指定格式显示日期和时间

例如，按指定格式显示当前日期和时间：

```
Print Format(Now, "mm-dd-yyyy")      '按指定格式显示日期
Print Format(Now, "dddddd")          '按完整格式显示日期
Print Format(Now, "h:m:s")           '按指定格式显示时间
```

则显示：

```
03-15-2004
2004年3月15
15:13:24
```

2．Spc 函数

Spc(n)函数是在显示下一个表达式之前插入 n 个空格。

例如：

```
Print "Hello";Spc(2); "World! "
```

则在窗体上显示：

Hello　　World!

3. Tab 函数

Tab[(n)] 函数是将光标移动到第 n 列。

例如：

Print "Hello";Tab(8); "World! "

则在窗体上显示：

Hello　　　　World!

【例 2-5】 根据华氏温度计算出摄氏温度。采用以下公式：

$$C = \frac{5}{9}(F - 32)$$

式中的 F 表示华氏温度，C 表示摄氏温度。使用输入框输入华氏温度，用 Print 方法显示结果。

界面设计：界面包含一个按钮（Command1），单击按钮通过输入框输入华氏温度，计算转换为摄氏温度，并用 Print 方法将结果显示在窗体上。运行界面如图 2-10（a）所示，输入框如图 2-10（b）所示。

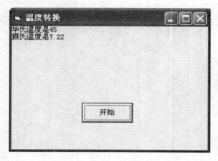 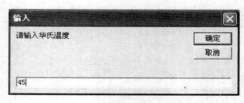

（a）运行界面　　　　　　　　　　（b）InputBox 输入框

图 2-10　温度转换

程序代码：

```
Private Sub Command1_Click()
'单击按钮
    Dim f As Single, c As Single
    f = Val(InputBox("请输入华氏温度", "输入", , 100, 100))
    c = 5 / 9 * (f - 32)
    Print "华氏温度是" & f
    Print "摄氏温度是" & Format(c, "#0.##")
End Sub
```

程序分析：

- 通过 InputBox 输入框输入的字符串赋值给变量 f，f 为 Single 型，在赋值时使用 Val 函数进行类型转换。
- 输入框显示在窗体屏幕（100,100）的位置。
- 在 Print 方法中用&符号将字符串连接，用 Format 显示两位小数的数据。

2.6　典型考题解析

1．以下变量命名正确的个数为＿＿＿＿＿＿＿。
　①1a　　②a_　　③rem　　④abc　　⑤vb#a　　⑥a_3　　⑦a！　　⑧byte
　A．1　　　　　　　B．2　　　　　　　C．3　　　　　　　D．4

解析：本题主要考 VB 的变量命名规则。

正确的变量名应该是 a_、abc、a_3，而 1a 是以数字开头错误，rem 和 byte 都是关键字，vb#a 和 a！都是包含除了字母、数字和下划线以外的字符。

正确答案是 C。

2．下列赋值语句中错误的是＿＿＿＿＿＿。
　A．Myv1& = 5 * x% \ 3 + x% Mod y%
　B．Myv2% = 5 * x% \ 3 + x% Mod y%
　C．Myv3& = "5 * X% \ 3 + X% Mod Y%"
　D．Myv4$ = 5 * x% \ 3 + x% Mod y%

解析：本题主要考变量的隐式声明。

%表示 Integer 型，&表示 Long 型，$表示 String。A、B 和 D 等式右边的运算结果是 Integer 型，Integer 型可以赋值给等式左边的 Integer 型、Long 型和 String 型，而 C 的等式右边是由""括起来的字符串，因此字符串不能赋值给左边的 Long 型。

正确答案是 C。

3．设 Mys1、Mys2 均为字符串型变量，Mys1 = "Visual Basic"、Mys2 = "b"，则下面关系表达式中结果为 True 的是＿＿＿＿＿＿。
　A．Mid (Mys1,8,1) > Mys2
　B．Len (Mys1) <> 2 * Instr (Mys1,"l")
　C．Chr (66) & Right (Mys1,4) = "Basic"
　D．Instr (Left (Mys1,6),"a") + 60 > Asc (Ucase (Mys2))

解析：本题主要考字符运算。

Mid(Mys1,8,1)函数是取字符，从 Mys1 的第 8 个开始取一个字符为"B"，字符"B"是小于"b"；Instr (Mys1,"l")函数是取 Mys1 字符串中字符"l"的位置是 6，Len (Mys1)是计算 Mys1 字符串的字符数为 12；Chr (66)对应字符"B"，字符"A"是 65，Right (Mys1,4)是取 Mys1 字符串右边 4 个字符为"asic"；Instr (Left (Mys1,6),"a")是取 Mys1 字符串左边 6 个字符"Visual"后再得出"a"的位置为 5，Asc(Ucase (Mys2))是得出"B"的 ASC 码为 66。

正确答案是 C。

4．在窗体单击事件中执行下面语句的正确结果是＿＿＿＿＿＿。

Print Format (1732.46,"+##,##0.0")

   A．+1,732.5   B．1,732.5   C．+1,732.0   D．+1,732.4

解析：本题主要考 Print 语句中 Format 的格式。Format 函数中"+"显示"+"号，"#"显示数字，","为分隔号，"0"表示数字位数。小数位数由"0"控制只有 1 位，2 位小数必须四舍五入。

正确答案是 A。

5. 调用 InputBox 函数后的界面如图 2-11 所示，具体 InputBox 函数的形式为_____。

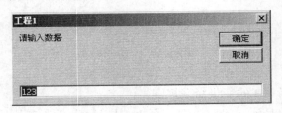

图 2-11 调用 InputBox 函数后界面

   A．InputBox("请输入数据","", "123")

   B．InputBox("请输入数据","123")

   C．InputBox("请输入数据", ,"123")

   D．InputBox("123","工程 1","请输入数据")

解析：本题主要考 InputBox 函数的使用。

格式为：InputBox(对话框字符串[,标题] [,文本框字符串])，参数如果不输入则必须用","分开；当标题不输入时则默认为"工程 1"。

正确答案是 C。

习   题

一、选择题

1. 下面所列 4 组数据中，全部是正确的 VB 常数的是_____。

   A．32768，1.34D2，"ABCDE"，&O1767

   B．276，123.56，1.2E-2，#True#

   C．&HABCE，02-03-2002，False，D-3

   D．ABCDE，#02-02-2002#，E-2

2. 变量 MyDate 为日期型，下面赋值语句中正确的是_____。

   A．MyDate=#"1/4/2004"#

   B．MyDate=#1/4/2004#

   C．MyDate=Date("1/4/2004")

   D．MyDate=Format("m/d/yyyy","1/4/2004")

3. 下列数据中_____是 Boolean 型常量。

   A．123   B．And   C．True   D．Or

4. 有变量定义语句 Dim a, b As Integer，变量 a 的类型和初值是_____。

A．Integer, 0　　　　B．Variant, 空值　　　　C．String, ""　　　　D．Long, 0.0

5．x 为 Integer 型，如果 Sgn(x)的值为-1，则 x 的值是_____。

　　A．等于 0　　　　B．小于 0　　　　C．大于 0　　　　D．任意整数

6．120+"50" 运算结果的数据类型是_____。

　　A．整型　　　　B．字符串型　　　　C．长整型　　　　D．双精度实型

7．I 被 j 整除的逻辑表达式_____。

　　A．I/j=0　　　　B．I\j=0　　　　C．I<>j　　　　D．I mod j=0

8．代数表达式 $\ln\left|\dfrac{e^{\pi}+\sin^{3}(x)}{x+y}\right|$ 对应的 Visual Basic 表达式是_____。

　　A．Log(abs((exp(3.14159)+sin(x)^3)/ (x+y)))

　　B．Ln(abs((exp(3.14159)+sin(x)^3)/ (x+y)))

　　C．Log(abs((exp(3.14159)+sin(x)^3)/x+y))

　　D．Log|exp(3.14159)+sin(x)^3)/ x+y|

9．在 Form_Click 事件中执行 Print Format(1236.54,"+##,##0.0%")语句的正确结果是_____。

　　A．123456　　　　B．+123,654.0%　　　　C．+123,654%　　　　D．123,654

10．表达式为 4+5\6*7/8 Mod 9 的值为_____。

　　A．4　　　　B．5　　　　C．6　　　　D　7

11．表达式 int(Mid("124356", 3, 2) + Right("34.56", 3))的结果是_____。

　　A．44　　　　B．34　　　　C．35　　　　D．43

12．a="Visual Basic"，下面使 b="Basic"的语句是_____。

　　A．b=left(a,8,12)　　B．b=Mid(a,8,5)　　C．b=Right(a,5)　　D．b=left(a,8,5)

13．可用于设置系统当前时间的语句是_____。

　　A．Date　　　　B．Date$　　　　C．Time　　　　D．Timer

14．下面的运算符中优先级最高的是_____。

　　A．Not　　　　B．\　　　　C．<　　　　D．*

15．在窗体上放置一个命令按钮 Command1 和一个文本框，把 Text1 的 Text 属性设置为空，运行下面的事件过程代码：

```
Private Sub Command1_Click()
    Dim a,b
    a = InputBox("输入一个整数")
    b = Text1.Text
    Text1.Text=a+b
End Sub
```

运行程序，在 Text1 文本框中输入 456，单击按钮 Command1，然后在出现的输入框中输入 123，单击“确定”按钮，在 Text1 中显示的内容是_____。

　　A．579　　　　B．123　　　　C．456123　　　　D．456

二、填空题

1．VB 中的注释语句采用_____；VB 的续行符采用_____；若要在一行书写多条语句，则各语句间应加分隔符，VB 的语句分隔符为_____。

2．在 VB 中，字符型常量应用_____符号将其括起来，整型常量应用_____符号将其括起来。

3．隐式声明字符型变量应使用_____符号，整型变量应使用_____符号。

4．可实现将字符串小写转换成大写的函数是_____。

5．代数表达式为(ln(1+d^2)-e^2)^(5/2)，则对应的 Visual Basic 表达式是_____。

6. 将下面的十进制数 75 用八进制表示为_____，用十六进制数表示为_____。

7. 变量 a 是 Single 型，a=-1.23456，

b=Int(a)
c=Sgn(a)
d=Abs(a)
e=Fix(a)

则：b=_____，c=_____，d=_____，e=_____。

8. x 是小于 100 的非负数，用 VB 的表达式表示：_____。

9. 使用 MsgBox 显示如图 2-12 所示，则写出语句_____。

图 2-12　消息框

10. 在窗体中放置一个命令按钮，运行下面的程序代码：

```
Private Sub Command1_Click()
    Dim a,b
    a = InputBox("输入一个数字")
    b = Len(a)
    Print "The Length of ";a;"=";b
End Sub
```

在出现的输入框中输入"12345"，单击"确定"按钮，运行结果是_____。

三、使用 VB 表达式来表示以下各题

1. 产生一个 11～99 的随机数。
2. 将一个 2 位数 x 的个位和十位数对换。
3. 将一个 Single 型变量 x 的值取 2 位小数。
4. 取字符串变量 String1 的右边 5 个字符。

CHAPTER 3 第 3 章

Visual Basic 语言基本结构

Visual Basic 支持结构化的程序设计方法，由结构组成程序，通过各种算法，VB 程序可以解决不同的具体问题。

3.1 基本控制结构

VB 是结构化的程序设计语言。结构化设计方法的特点是程序结构清晰，易读性强，也易于查错和排错。

结构化程序有 3 种基本控制结构：顺序结构、分支结构和循环结构。这 3 种基本结构都具有单入口、单出口的特点，各种复杂的程序就是由若干个这 3 种基本结构组成的。结构化程序可以使用流程图来表示。

3.1.1 顺序结构

顺序结构就是整个程序按书写顺序依次自上而下执行。前面两章设计和编写的程序都是顺序结构的。

顺序结构如图 3-1 所示，先执行 A，再执行 B，即自上而下依次运行。图 3-1（a）为框式流程图，图 3-1（b）为 N-S 流程图，又称为盒图。

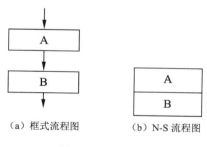

（a）框式流程图　　　（b）N-S 流程图

图 3-1　顺序结构

3.1.2 分支结构

分支结构用于判断并分支，又称为选择结构。如图 3-2 所示，根据判断的结果决定程序的流向。

如图 3-2 所示，E 代表条件，当 E 条件成立（True）时执行 A，否则（False）执行 B，两条分支汇合在一起为一个出口。

分支结构有几种形式：If…Then…Else 结构、Select Case 结构和 IIf 函数。

1．If…Then…Else 结构

If…Then…Else 结构表示"如果……就……否则"。

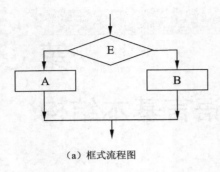

（a）框式流程图   （b）N-S 流程图

图 3-2   分支结构

语法：

If 条件 Then 语句

或者

If 条件 1 Then
　　语句块 1
[ElseIf 条件 2 Then
　　语句块 2]…
　…
[Else
　　语句块 n]
End If

说明：

- 条件可以为各种表达式，都要转换为 Boolean 型，即所有非零的数值、字符等都要转换为 True，而 0、"0"值则转换为 False。
- 当 If…Then…Else 结构只有单独的 If 语句时，可以没有 End If 语句；否则 If 语句和 End If 语句必须成对出现。
- 首先测试条件 1，如果为 False，就测试条件 2，依此类推，直至找到一个为 True 的条件就执行 Then 后面的语句块。如果条件都不是 True，则执行 Else 后面的语句块。
- 当只有一个条件而且执行的是单个语句时，If…Then…Else 结构可以简化成 If…Then 语句。

【例 3-1】 使用 If…Then 语句查询学生的成绩，大于等于 60 分的为及格，其余为不及格。

界面设计：在窗体界面中创建 2 个文本框（Text1、Text2）、2 个标签（Label1、Label2）和 1 个按钮（Command1）。文本框 Text1 输入分数，单击按钮 Command1 则在文本框 Text2 中显示成绩。

运行界面如图 3-3（a）所示，流程图如图 3-3（b）所示。

程序代码如下：

```
Private Sub Command1_Click()
```

```
'单击按钮显示成绩
    Dim x As Single
    Dim y As String
    x = Val(Text1.Text)
    y = "不及格"
    If x >= 60 Then y = "及格"
    Text2.Text = y
End Sub
```

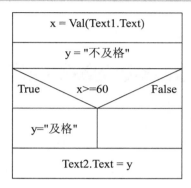

（a）运行界面　　　　　　　　　　　　　（b）流程图

图 3-3　成绩查询

程序分析：使用 If…Then 语句，当满足条件 x>=60 就执行 Then 后面的语句 y = "及格"，否则就执行 If…Then 语句后面的语句。

【例 3-2】　使用 If…Then…Else 结构查询学生的成绩，大于等于 60 分的为及格，其余为不及格。

界面设计和功能要求与例 3-1 相同，程序流程图如图 3-4 所示。

程序代码如下：

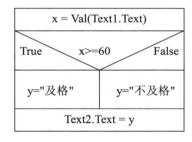

图 3-4　流程图

```
Private Sub Command1_Click()
'单击按钮显示成绩
    Dim x As Single
    Dim y As String
    x = Val(Text1.Text)
    If x >= 60 Then
        y = "及格"
    Else
        y = "不及格"
    End If
    Text2.Text = y
End Sub
```

【例 3-3】 使用多个条件的 If…Then…Else 结构查询学生的成绩，将成绩分成优、良、中、及格和不及格，90～100 为优，80～90 为良，70～80 为中，60～70 为及格，60 以下为不及格。

界面设计与例 3-1 相同，运行界面如图 3-5（a）所示，程序流程图如图 3-5（b）所示。

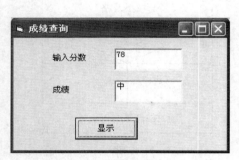

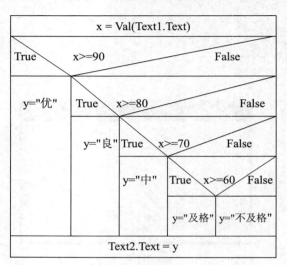

（a）运行界面　　　　　　　　　　（b）流程图

图 3-5　成绩查询

程序代码如下：

```
Private Sub Command1_Click()
'单击按钮显示成绩
    Dim x As Single
    Dim y As String
    x = Val(Text1.Text)
    If x >= 90 Then
        y = "优"
    ElseIf x >= 80 Then
        y = "良"
    ElseIf x >= 70 Then
        y = "中"
    ElseIf x >= 60 Then
        y = "及格"
    Else
        y = "不及格"
    End If
    Text2.Text = y
End Sub
```

程序分析：使用有多个条件的 If…Then…Else 结构，判断的顺序是 x>=90→x>=80→x>=70→x>=60→剩下的就是 x<60。

2．Select Case 结构

Select Case 结构与 If…Then…Else 结构类似，但对多条件选择时，有时用 Select Case 语句代码效率更高，更易读。

语法：

```
Select Case 变量 | 表达式
Case 值 1
    语句块 1
[Case 值 2
    语句块 2]
    ⋮
[Case Else
    语句块 n]
End Select
```

说明：

- 变量或表达式是用来测试的条件。
- Select Case 只计算一次变量或表达式的值，然后与每个 Case 的值 1、值 2 等进行比较：如果相等就执行该 Case 后对应的语句块；如果没有相匹配的，则执行 Case Else 中的语句块。程序流程图如图 3-6 所示。

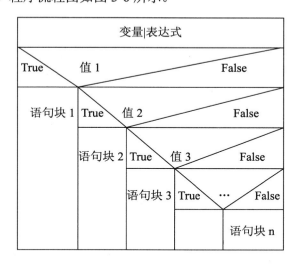

图 3-6　流程图

- 值 1、值 2……可以取以下几种形式。
  - ➢ 具体常数。例如，1、2、"A"等。
  - ➢ 连续的数据范围。例如，1 To 100、A To Z 等。
  - ➢ 满足某个条件的表达式。例如，I >0 等。
  - ➢ 也可以是几种不同形式的组合，用逗号（,）将它们分隔开。例如，−10，1 To 100。
- Select 和 End Select 必须成对出现。

【**例 3-4**】　使用 Select Case 结构实现学生成绩的查询，将成绩分成优、良、中、及格和不及格，90～100 为优，80～90 为良，70～80 为中，60～70 为及格，60 以下为不及格。

界面设计和功能要求与例 3-3 相同。程序代码如下：

```
Private Sub Command1_Click()
'单击按钮显示成绩
    Dim x As Single
    Dim y As String
    x = Int(Text1.Text)
    Select Case x
    Case 90 To 100
        y = "优"
    Case 80 To 89
        y = "良"
    Case 70 To 79
        y = "中"
    Case 60 To 69
        y = "及格"
    Case Else
        y = "不及格"
    End Select
    Text2.Text = y
End Sub
```

程序分析：

- x = Int(Text1.Text)用来将分数取整，因为分数可能是小数。
- Case 90 To 100 后面的值使用连续的范围表示 90～100。

3. IIf 函数

If…Then…Else 结构当只有一个条件时还可以使用 IIf 函数来实现，用 IIf 函数语句可以说是 If…Then…Else 结构的简写版本。

语法：

IIf（条件，真部分，假部分）

说明：

- IIf 函数的步骤是先判断条件，当条件为 True 时执行真部分，否则就执行假部分。
- 真部分和假部分是 IIf 函数的返回值，它们可以是任何表达式，但只能返回其中一个。

在例 3-2 中当分数>=60 为及格，否则为不及格的关系可以用 IIf 函数表示为：

```
y = IIf( x >= 60,"及格","不及格")
```

程序分析：

- IIf 函数有返回值，返回值是"及格"与"不及格"中的一个，当 x >= 60 就返回"及格"，否则返回"不及格"。

- 返回值赋值给变量 y。

例如，下面都是使用 IIf 函数的语句：

y=IIf(x>=0,1,0)　　　　　　　　　　　'当x>=0，y=1，否则为0
y=IIf(Hour(Now) > 12, "PM", "AM")　　'当小时>12，y="PM"，否则为 "AM"

4．嵌套

嵌套是指把一个结构嵌入另一个结构之内。例如可以在 If 结构中嵌套 If 结构或 Select Case 结构等，在 VB 中控制结构的嵌套层数没有限制。

嵌套必须是一个完整的控制结构全部嵌入另一个结构中，即 If 和 End If、Select Case 和 End Select 对都可以嵌入，但不能有交叉，因此在读程序时，与 If 或 Select Case 匹配的是最近的 End If 或 End Select。

如图 3-7 所示为 3 层 If 嵌套的结构，If 与最近的 End If 匹配成对，而且，在书写时应养成每层缩进的习惯，便于程序的阅读。

【例 3-5】　求 $ax^2 + bx + c = 0$ 的方程的解。

求方程的解公式如下：

$$x_{1,2} = \frac{-b \pm \sqrt{b^2 - 4ac}}{2a}$$

方程的根有以下几种可能：

- $a = 0$，一个实根。
- $b^2 - 4ac = 0$，有两个相等的实根。
- $b^2 - 4ac > 0$，有两个不等的实根。
- $b^2 - 4ac < 0$，有两个复根。

界面设计：界面由 5 个文本框 Text1～Text5、5 个标签 Label1～Label5 和 1 个按钮 Command1 组成，界面控件属性如表 3-1 所示。程序流程图如图 3-8（a）所示，运行界面如图 3-8（b）所示。

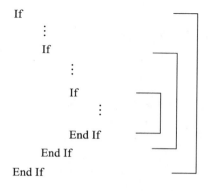

图 3-7　嵌套

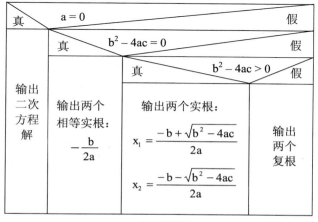

（a）流程图

（b）运行界面

图 3-8　计算方程的根

表 3-1　控制属性表

对　象	控件名	属性名	属性值
Form	Form1	Caption	计算方程根
Label	Label1	Caption	a =
	Label2	Caption	b =
	Label3	Caption	c =
	Label4	Caption	x1 =
	Label5	Caption	x2 =
TextBox	Text1	Text	空
	Text2	Text	空
	Text3	Text	空
	Text4	Text	空
	Text5	Text	空
CommandButton	Command1	Caption	计算

功能要求：在文本框 Text1～Text3 中输入 a、b、c，单击按钮 Command1，计算方程根并将运行结果显示在文本框 Text4 和 Text5 中。

程序代码如下：

```
Private Sub Command1_Click()
    Dim a As Single, b As Single, c As Single
    Dim Disc As Single, x1 As Single, x2 As Single
    Dim RPart As Single, IPart As Single
    a = Val(Text1.Text)                              '取数据a
    b = Val(Text2.Text)                              '取数据b
    c = Val(Text3.Text)                              '取数据c
    If Abs（a） <= 0.000001 Then                     '当a=0时
        Text4.Text = "无解"
        Text5.Text = "无解"
    Else
        Disc = b * b - 4 * a * c
        RPart = -b / (2 * a)
        If Abs(Disc) <= 0.000001 Then                '当Disc=0时
            Text4.Text = RPart
            Text5.Text = RPart
        ElseIf Disc > 0.000001 Then                  '当Disc>0时
            x1 = (- b + Sqr(Disc)) / (2 * a)
            x2 = (- b - Sqr(Disc)) / (2 * a)
            Text4.Text = x1
            Text5.Text = x2
        Else                                         '当Disc<0时
            IPart = Sqr(-Disc) / (2 * a)
            Text4.Text = RPart & "+" & IPart & "i"
            Text5.Text = RPart & "-" & IPart & "i"
        End If
```

```
        End If
    End Sub
```

程序分析：

- 此程序为双重 If 结构嵌套。
- 对于判断 $b^2 - 4ac$ 是否等于 0 时，要注意一个问题，由于变量 Disc（即 $b^2 - 4ac$）是实数型，而实数在计算和存储时会有一些微小的误差，因此不能直接用如下语句判断 "If Disc = 0 Then…"，因为这样会出现本来是 0 的量由于上述误差而被判别为不等于 0，导致结果出错。通常采用的办法是判别 Disc 的绝对值（Abs（Disc））是否小于一个很小的数（0.000001），如果小于此数则认为 Disc = 0。
- 当计算的根为两个复数时，将实部和虚部用 "&" 组合成字符串显示在文本框中。

3.1.3　循环结构

循环结构就是用于执行重复操作的结构。在程序中如果遇到需要反复多次处理的问题，就可以使用循环来实现。Visual Basic 提供了多种不同风格的循环结构语句，包括 Do…Loop、For…Next、While…Wend 和 For Each…Next 等。下面主要介绍 Do…Loop 和 For…Next 结构。

1. Do…Loop 结构

Do 循环有两种形式，即"当型"循环（While 结构）和"直到型"（Do While 结构）循环。"当型"循环结构的程序流程图如图 3-9（a）所示，"直到型"循环结构的程序流程图如图 3-9（b）所示。

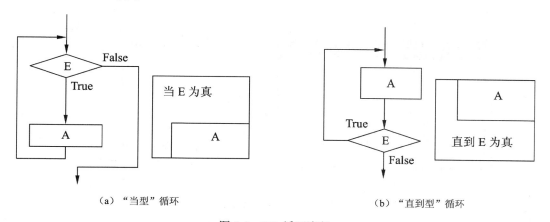

（a）"当型"循环　　　　　　　　　　　　（b）"直到型"循环

图 3-9　DO 循环流程

"当型"循环的语法：

```
Do While|Until  条件
    语句块
    [Exit Do]
    [语句块]
Loop
```

说明：

- 条件可以是任意的条件表达式，为循环条件。
- "当型"循环首先测试条件，当条件为 True 就执行语句块，然后循环执行测试条件；如果条件为 False，则跳过所有语句到循环体外。

"直到型"循环的语法：

Do

      语句块

      [Exit Do]

      [语句块]

Loop While|Until 条件

说明：

- "直到型"循环与"当型"循环所不同的是先执行语句块，然后测试条件，只要条件为 True 就执行循环语句块；如果条件为 False，则跳过循环体。
- 这种"直到型"循环保证语句块至少被执行一次。

注意：在 Do…Loop 结构中 Until 和 While 不同，判断条件正好相反。Until 结构是只要条件为 False（而不是 True），就执行循环的语句块，否则跳出循环体。

【例 3-6】 用"当型"循环计算 1～100 的和。

界面设计：在窗体界面中放置一个文本框 Text1、一个标签和一个按钮 Command1，单击按钮 Command1 开始计算 1～100 的和。运行界面如图 3-10（a）所示，程序流程图如图 3-10（b）所示。

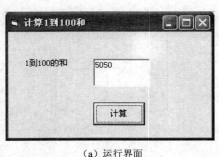

（a）运行界面

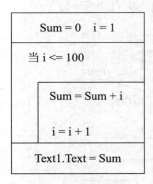

（b）流程图

图 3-10 计算 1～100 的和

程序代码如下：

```
Private Sub Command1_Click()
'单击按钮开始计算
    Dim i As Integer, Sum As Integer
    Sum = 0: i = 1
    Do While i <= 100
        Sum = Sum + i
```

```
        i = i + 1
    Loop
    Text1.Text = Sum
End Sub
```

【例 3-7】 用"直到型"循环 While 计算 1～100 的和。

界面设计与图 3-10（a）相同，程序流程图如图 3-11 所示，程序代码如下：

```
Private Sub Command1_Click()
'单击按钮开始计算
    Dim i As Integer, Sum As Integer
    Sum = 0: i = 1
    Do
        Sum = Sum + i
        i = i + 1
    Loop While i <= 100
    Text1.Text = Sum
End Sub
```

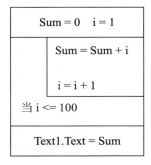

图 3-11　流程图

如果将循环体外的设置初始值语句由 i = 1 改为 i = 101，则两
种不同的 Do…Loop 结构结果就不同了：

例 3-6 判断条件后直接跳出循环，Sum 的结果是 0。

例 3-7 进入循环体一次后判断条件跳出循环，Sum 的结果是 101。

2．For…Next 结构

如果已经知道了循环的次数，使用 For…Next 循环比 Do…Loop 循环更方便。

语法：

For 计数器=初始值 To 终止值 [Step 步长]

　　语句块

　　[Exit For]

Next [计数器]

For…Next 循环的步骤如下：

① 设置计数器等于初始值。

② 如果步长为正值，则判断计数器是否大于终止值，如果大于则跳出循环；如果步长为负数则判断计数器是否小于终止值。

③ 执行语句块。

④ 计数器=计数器±步长。

⑤ 循环执行步骤②～⑤。

For…Next 循环步长为正值的程序流程图如图 3-12 所示。

说明：

● 如果 Step 省略，则步长默认值为 1。步长可正可负：

图 3-12　For…Next 流程图

如果为正，则初始值必须小于等于终止值，否则不能执行循环内的语句；如果为负，则初始值必须大于等于终止值，否则不能执行循环内的语句。

- For 循环需要使用一个计数器，每循环一次，计数器变量的值就会增加或者减少。

【例 3-8】 用 For…Next 循环结构来计算 1~100 的和，步长为 1。

```vb
Private Sub Command1_Click()
'单击按钮开始计算
    Dim i As Integer, Sum As Integer
    Sum = 0
    For i = 1 To 100                    '步长默认为1
        Sum = Sum + i
    Next i
    Text1.Text = Sum
End Sub
```

【例 3-9】 用 For…Next 循环结构来计算 1~100 的和，步长为-1。

```vb
Private Sub Command1_Click()
'单击按钮开始计算
    Dim i As Integer, Sum As Integer
    Sum = 0
    For i = 100 To 1 Step – 1           '步长为-1
        Sum = Sum + i
    Next i
    Text1.Text = Sum
End Sub
```

3．退出循环结构

用 Exit 语句可以直接退出 For…Next 循环和 Do…Loop 循环。Exit For 为退出 For…Next 循环，Exit Do 为退出 Do…Loop 循环。

程序执行时遇到 Exit 语句，就不再执行循环结构中的任何语句，立即跳出循环，跳转到循环结构的下一句执行。Exit 语句几乎总是出现在循环体内嵌套的 If 语句或 Select Case 语句中。

注意：当运行程序进入死循环时，按 Ctrl+Break 组合键可以终止程序的运行。

【例 3-10】 用 For…Next 循环结构来计算 1~100 的和，当和大于等于 3000 时终止循环。运行界面如图 3-13 所示。

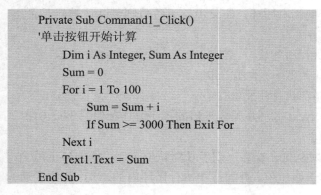

```vb
Private Sub Command1_Click()
'单击按钮开始计算
    Dim i As Integer, Sum As Integer
    Sum = 0
    For i = 1 To 100
        Sum = Sum + i
        If Sum >= 3000 Then Exit For
    Next i
    Text1.Text = Sum
End Sub
```

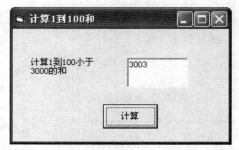

图 3-13 运行界面

4. 嵌套

各种循环结构中都可以嵌套其他任何循环结构，也可以嵌套分支结构。各种结构在嵌套时必须是完整、成对地嵌入，不能交叉。

【例 3-11】 计算九九乘法表。

创建一个空白的窗体，在单击窗体时计算并显示九九乘法表。运行界面如图 3-14 所示，程序流程图如图 3-15 所示。

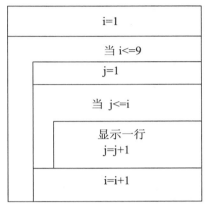

图 3-14　运行界面　　　　　　图 3-15　双重循环流程图

程序代码如下：

```
Private Sub Form_Click()
'单击窗体显示乘法表
    Dim i As Integer, j As Integer
    For i = 1 To 9
        For j = 1 To i
            Print Tab((j - 1) * 10 + 1); i & "×" & j & "=" & i * j;
        Next j
    Next i
End Sub
```

程序分析：
- 由于九九乘法表有 9 行，每行不同列，因此必须使用双重循环来实现。外循环为九九乘法表的行循环，内循环为每行的列循环。
- 内循环的次数每次都不同，为 1～i。
- 使用 Print 语句在窗体上显示，使用 Tab 格式每列间隔 10 个字符。

3.2　数组

在编程时，当需要大量的数据类型都相同的数据时，就需要使用数组。

3.2.1　声明数组

1．数组的概念

（1）数组

数组是同类变量的一个有序集合。数组名的命名规则与变量相同，但数组名代表的是一组变量，而不是一个变量。

（2）数组元素

数组中的元素称为数组元素，数组元素具有相同名字和数据类型，通过下标来识别它们。数组元素的表示：

数组名(下标 1[,下标 2,…])

说明：

- 下标表示数组元素在数组中的位置。
- 下标 1 为一维数组下标，下标 2 为二维数组下标……VB 规定的数组维数不超过 60。

数组的运算是对数组中的元素进行运算，所有可以使用变量的地方都可以使用数组，数组元素可以进行赋值、运算等操作。

2．声明数组

在使用数组前必须声明数组，是用来指明数组的数据类型和每一维的上下界。

语法：

[Private|Public|Dim] 数组名（第一维上下界，…）As 数据类型

说明：

- 数组元素每一维的上下界表示为"上界 To 下界"，上下界不得超过 Long 数据类型的范围，省略下界时取值为 0，下界≤上界，当上下界为小数时会自动进行四舍五入。
- 数组元素的个数为（第一维上界–下界+1）*（第二维上界–下界+1）* ……。
- 数组中所有元素具有相同的数据类型。但当数据类型为 Variant 型时，各元素能够包含不同类型的数据，例如数值型、字符串型等。

例如，下面都是声明数组的语句：

```
Dim a(14) As Integer              '从a(0)到a(14)共15 个元素
Dim a(1 To 15) As Integer         '从a(1)到a(15) 共15 个元素
Dim a(-1 To 5) As Integer         '从a(-1)到a(5) 共7 个元素
Dim a(-1.5 To 5) As Integer       '从a(-2)到a(5) 共8 个元素
Dim b(2,3) As Integer             '从b(0,0)到b(2,3)共3*4为12个元素
Dim b(2,-1 To 3) As Integer       '从b(0,-1)到b(2,3)共3*5为15个元素
```

程序分析：

- 数组 a(14)的下界省略，表示为从 a(0)开始。
- 数组的上下界可以是正数或负数，也可以是小数。

3．Option Base 语句

当声明数组时下界省略，则表示从 0 开始，如果用户希望数组下标从 1 开始，就可以使用 Option Base 语句来声明数组下标的默认下界。

语法：

Option Base 0 | 1

说明：

- Option Base 语句必须在代码编辑器窗口的"通用"部分声明，表示本模块的所有数组的默认下界。
- 可以声明数组的默认下界为 0 或 1。

例如，在模块中使用 Option Base 语句：

```
Option Base 1                          '将数组的下标默认设为1
Private Sub Command1_Click()
    Dim a(5) As Integer                '从a(1)到a(5)共 5个元素
    Dim b(-1 to 5) As Integer          '从b(-1)到b(5)共 7个元素
    Dim c(2, 3) As Integer             '从c(1,1)到c(2,3)共2*3为 6个元素
        ⋮
End Sub
```

一个模块中只能出现一次 Option Base 语句，而且必须位于本模块的"通用"部分。

3.2.2　数组的操作

声明数组后就可以对数组进行赋值、引用和运算，对数组的操作就是对数组中的元素进行操作。

1. 数组元素的赋值

由于数组是由一组有序的元素组成，因此赋值时有 3 种方法：像变量一样一个一个地赋值，通过循环赋值和使用 Array 函数赋值。

（1）用赋值语句对每个元素赋值

用赋值语句对每个元素赋值，就是用赋值语句对数组中的每个元素分别赋值。

【**例 3-12**】　对数组 a(5)的 6 个元素赋值为 1、2、3、4、5、6，并用 Print 语句显示，运行界面如图 3-16 所示。

在单击按钮 Command1 时运行程序：

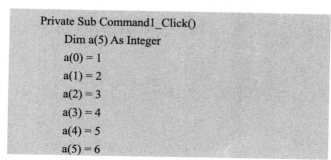

```
Private Sub Command1_Click()
    Dim a(5) As Integer
    a(0) = 1
    a(1) = 2
    a(2) = 3
    a(3) = 4
    a(4) = 5
    a(5) = 6
```

图 3-16　运行界面

```
    Print a(0); a(1); a(2); a(3); a(4); a(5)
End Sub
```

（2）通过循环赋值

当数组的元素个数较多时，单独对每个元素赋值工作量就很大，可以使用循环结构进行赋值。由于数组的元素个数是已知的，因此经常使用 For…Next 结构赋值。

【例 3-13】 使用循环结构对 a(5)的 6 个元素赋值为 1、2、3、4、5、6，并用 Print 语句显示。

```
Private Sub Command1_Click()
    Dim a(5) As Integer
    Dim i As Integer
    For i = 0 To 5              '使用循环赋值
        a(i) = i + 1
    Next i
    For i = 0 To 5              '使用循环显示
        Print a(i);
    Next i
End Sub
```

（3）使用 Array 函数赋值

使用 Array 函数可以把数据集一次赋值给一个 Variant 型一维数组变量。

语法：

变量名=Array(数据列表)

说明：

- 变量名只能是 Variant 型。
- 数据列表是用逗号分隔的一系列数据。如果不提供数据列表，则创建一个长度为 0 的数组。
- 数组的下界默认为 0，使用 Option Base 语句指定下界也可以。
- 数组的上界由数据列表的元素个数决定。

【例 3-14】 使用 Array 函数对数组 a(5)的 6 个元素赋值为 1、2、3、4、5、6，并用 Print 语句显示。

```
Private Sub Command1_Click()
    Dim a
    a = Array(1, 2, 3, 4, 5, 6)
    For i = 0 To 5
        Print a(i);
    Next i
End Sub
```

程序分析：

- 声明变量 a 时，不说明数组的上下界。

- Dim a 语句表示 a 为 Variant 型变量。
- 数组 a 用 Array 函数赋值后，上界为 5，下界为 0。

2．数组函数

（1）LBound 和 UBound 函数

LBound 函数用于指定的数组某维可用的最小下标（下界），UBound 函数则用于指定的数组某维可用的最大下标（上界）。LBound 函数与 UBound 函数一起使用，可以确定一个数组的大小。

语法：

UBound（数组名[, 维]）

LBound（数组名[, 维]）

说明： 维是指定某一维，省略时为 1 表示第一维，2 表示第二维，依此类推。

例如，返回数组的上下界：

```
Dim a(1 To 10, 5 To 15) As Integer
Dim L As Integer, U As Integer
L = LBound(a, 1)        '返回1
U = UBound(a, 2)        '返回15
```

（2）IsArray 函数

IsArray 函数用来判断是否为数组。

语法：

IsArray(变量名)

说明： 变量如果是数组，则返回 True，否则就返回 False。

例如，使用 IsArray 函数判断变量是否为数组：

```
Dim a
a = 1
Print IsArray（a）
a = Array(1, 2, 3, 4, 5)
Print IsArray（a）
```

程序分析： 当变量 a=1 时，IsArray（a）得出为 False；用 Array 函数赋值后，IsArray（a）得出为 True。

3．For Each…Next 语句

For Each…Next 语句类似于循环结构 For…Next，都是重复执行语句块直到循环结束。但 For Each…Next 语句是专门针对数组或对象集合而设置的。

语法：

```
For Each 成员 In 数组|集合
    语句块
    [Exit For]
Next [成员]
```

说明：

- 对于数组成员只能是 Variant 型变量，代表数组中每个元素。对于集合，成员可以是 Variant 变量、Object 变量或对象。成员类似于 For…Next 循环中的循环控制变量，但不需要为其提供初值和终值。
- 循环的次数由数组的元素个数或集合的成员个数决定。也就是说，数组中有多少个元素，就自动重复执行多少次。
- 语句块就是循环体。

【例 3-15】 使用 For Each…Next 语句对数组 a(5)的 6 个元素赋值为 1、2、3、4、5、6，并用 Print 语句显示。

```
Private Sub Command1_Click()
    Dim x
    Dim i As Integer
    Dim a(5) As Integer
    For i = 0 To 5                    '给数组赋值
        a(i) = i + 1
    Next i
    For Each x In a                   '显示数组
        Print x;
    Next x
End Sub
```

程序分析：

- x 必须是 Variant 变量。
- x 的值是处于不断的变化之中，开始执行时，x 是数组第 1 个元素的值，执行完一次循环体后，x 变为数组第 2 个元素的值……当 x 为最后一个元素的值时结束循环。

3.2.3 静态数组和动态数组

静态数组是固定大小的数组，维数和大小都不能改变，前面介绍的数组都是静态数组。动态数组是在运行时大小可以改变的数组。

1. 定义动态数组

在编程时，如果需要一个在运行过程中能够改变元素个数的数组，使用静态数组只能定义一个足够大的数组，当元素个数较少时就使用较少的元素，而元素个数较多时，就使用较多的元素，这种方法会导致占用大量内存，使操作速度变慢。

使用动态数组可以在运行时根据需要改变数组的大小，使用动态数组灵活、方便，并有助于有效管理内存。

定义动态数组的**语法**：

Dim 数组名( ) [As 数据类型]

ReDim 数组名(第一维上下界,…)

说明：

- 先定义一个不指明大小的数组，然后用 ReDim 语句来动态地定义数组的大小和维数，重新分配存储空间。如果事先没有用 Dim 语句定义数组，则用 ReDim 语句会创建一个数组并分配内存空间。
- 与 Dim 语句不同，ReDim 语句是一个可执行语句，应用程序在运行时执行该语句，ReDim 语句只能出现在过程中。ReDim 语句是可执行语句，可以反复执行，从而反复地改变数组的大小和维数。
- 可以使用 ReDim 语句反复改变数组大小，但是不能改变数组的数据类型。
- 每次执行 ReDim 语句，当前数组中的值会全部丢失。VB 重新将数组元素的值初始化，对 Variant 型数据初值置为 Empty，数值型初值置为 0，String 型初值置为零长度字符串，Object 型初值置为 Nothing。

例如，下面为声明动态数组的语句：

```
Dim a () As Integer
ReDim a ( 5,9)                  '分配 6×10 个元素
```

例如，直接用 ReDim 语句创建动态数组：

```
ReDim a ( 5,9)                  '创建数组并分配 6×10 个元素
```

例如，使用变量定义动态数组：

```
Dim a () As Integer
Dim x As Integer,y As Integer
x = 5 : y = 9
ReDim a (x, y)
x=10
ReDim a (x)
```

【例 3-16】 求 Fibonacci 数列：1,1,2,3,5,8…Fibonacci 数列满足以下关系：

$$F_1=1$$
$$F_2=1$$
$$F_n = F_{n-1} + F_{n-2}$$

功能要求：单击窗体 Form 时，用 InputBox 输入框输入要计算 Fibonacci 数列的个数，并用 Print 语句在窗体上显示。输入框界面如图 3-17（a）所示，运行界面如图 3-17（b）所示。

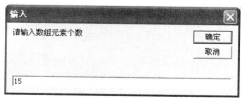

（a）输入框

（b）运行界面

图 3-17　计算 Fibonacci 数列

程序代码如下：

```
Private Sub Form_Click()
'单击窗体计算Fibonacci数列
    Dim i As Integer, f() As Integer
    Dim n As Integer
    n = Val(InputBox("请输入数组元素个数", "输入"))
    If n <> 0 Then
        ReDim f(n)
        f(0) = 1: f(1) = 1                          '置F1,F2初值
        For i = 2 To n - 1                          '计算Fn
            f(i) = f(i - 2) + f(i - 1)
        Next
        For i = 0 To n - 1
            If i Mod 5 = 0 And i <> 0 Then
                Print                               '打印5个数换一行
            ElseIf i Mod 5 <> 0 Then
                Print Tab(8 * (i Mod 5));           '在每隔8字符的位置打印一个数
            End If
            Print f(i);
        Next i
        Print
    End If
End Sub
```

程序分析：

- 数组元素个数由 InputBox 输入，由于不知道数组的大小，必须采用动态数组，在数组元素个数输入后用 ReDim 语句重新确定数组的大小。
- 当从 InputBox 输入数据时返回值为字符型，必须用 Val 函数将字符串转换为数值。

2. 保留数组元素值

在使用 ReDim 语句定义动态数组时，当前数组的元素值会全部丢失。使用具有 Preserve 关键字的 ReDim 语句既可以改变数组大小，又不丢失数组中的数据。

语法：

ReDim Preserve 数组名（第一维上下界,…）

说明：

- 当改变原有数组最末维的大小时，使用Preserve关键字可以保留数组中原来的数据。
- 如果改变数组的维数或其他维界则会产生错误。
- 当重新定义的数组大小比原来小，则释放多余的存储单元，如果重新定义的数组大小比原来大，则将新增的元素单元赋予数据类型对应的初始值。

例如，使用 ReDim 语句定义动态数组并保留元素值：

Private Sub Command1_Click()

```
        Dim a() As Integer, i As Integer
        ReDim a(5)
        For i = 0 To 5
            a(i) = i
        Next i
        ReDim Preserve a(6)              '重新定义数组并保留元素值
        a(6) = 6
        For i = 0 To 6
            Print a(i);
        Next i
    End Sub
```

程序分析：在窗体上用 **Print** 语句显示出"１ ２ ３ ４ ５ ６"。

如果改变数组的维数，就不能使用 Preserve 关键字：

```
Private Sub Command1_Click()
    Dim a() As Integer, i As Integer
    ReDim a(5)
    For i = 0 To 5
        a(i) = i
    Next i
    ReDim Preserve a(1, 2)
    …
End Sub
```

程序分析：当将一维数组重新定义为二维数组时，加了 **Preserve** 关键字就会出错，出现如图 3-18 所示的出错提示。

图 3-18　出错提示对话框

3. Erase 语句

Erase 语句用于重新初始化静态数组的元素，或者释放动态数组的存储空间。

语法：

Erase 数组 1，数组 2，…

说明：

- 数组 1，数组 2…可以是静态数组名或动态数组名。
- Erase 语句对静态数组设置初始值，对动态数组则释放存储空间，使其成为没有存储单元的空数组。

例如，使用 Erase 语句释放动态数组的内存空间：

```
Private Sub Command1_Click()
    Dim a() As Integer, i As Integer
    ReDim a(5)
    For i = 0 To 5
        a(i) = i
    Next i
    Erase a                    '释放动态数组的内存空间
    …
End Sub
```

程序分析：Erase 语句将数组 a 的 6 个元素的存储单元都释放，成为一个没有存储单元的空数组。

3.2.4 多维数组

在编程过程中往往会遇到需要行和列来表示的数据，例如屏幕的像素需要（x,y）两个坐标，因此需要二维数组；或者需要行、列、页来表示的数据就需要三维数组，二维、三维数组都称为多维数组，多维数组要用多个下标表示。

1. 二维数组

二维数组要用两个下标表示，例如，a(2,3)中的第一个下标表示行，第二个下标表示列，表示为三行四列的数组。

二维数组中元素的存储顺序是按行存储的，即下标先变列后变行。例如，a(2,3)的存储顺序如图 3-19 所示。

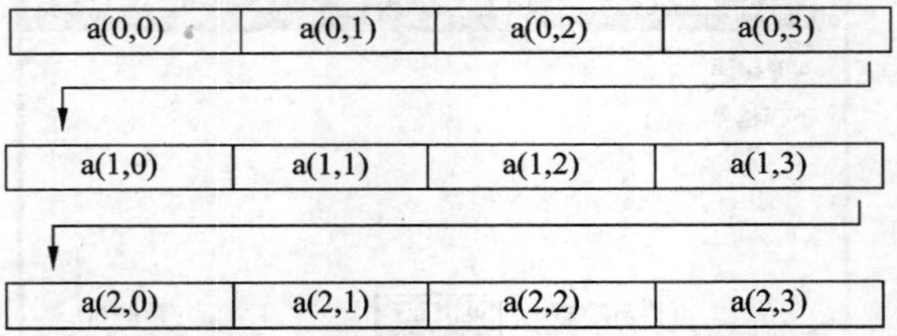

图 3-19　二维数组存储数据

可以使用 For 循环嵌套来处理二维数组，外循环对应于行的变化，内循环对应于列的变化。例如，二维数组 a(2,3)，可以使用两个变量 i 和 j 来循环计数，程序代码如下：

```
Dim i, j As Integer
For i = 0 To 2
    For j = 0 To 3
        a(i,j)=…
    Next j
Next i
```

【例 3-17】 根据 4 名学生的语文、数学和英语成绩，计算并显示每人的平均成绩和每门课程的平均成绩。学生的信息如表 3-2 所示。

表 3-2　学生信息表

姓　名	语　文	数　学	英　语	平均成绩
李小明	98	84	89	
王强	82	86	79	
赵雷	76	79	72	
陈敏	66	72	69	
平均成绩				

功能要求：单击窗体，输入学生分数并计算每人平均成绩和每门课程的平均成绩，并用 Print 语句显示在窗体上。运行界面如图 3-20 所示。

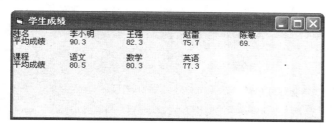

图 3-20　运行界面

程序代码如下：

```
Option Base 1
Private Sub Form_Click()
'单击窗体计算并显示学生成绩
    Dim student
    Dim score(5, 4) As Single
    Dim i As Integer, j As Integer
    student = Array("李小明", "王强", "赵雷", "陈敏")          '输入学生姓名
    '输入分数
    score(1, 1) = 98: score(1, 2) = 84: score(1, 3) = 89
    score(2, 1) = 82: score(2, 2) = 86: score(2, 3) = 79
    score(3, 1) = 76: score(3, 2) = 79: score(3, 3) = 72
    score(4, 1) = 66: score(4, 2) = 72: score(4, 3) = 69
    '计算每人的平均成绩
    For i = 1 To 4
        For j = 1 To 3
            score(i, 4) = score(i, j) + score(i, 4)
        Next j
        score(i, 4) = score(i, 4) / 3
    Next i
    '计算每门课程的平均成绩
    For i = 1 To 3
```

```
            For j = 1 To 4
                score(5, i) = score(j, i) + score(5, i)
            Next j
            score(5, i) = score(5, i) / 4
        Next i
        '显示每人成绩
        Print "姓名",
        For i = 1 To 4
            Print student(i),
        Next i
        Print
        Print "平均成绩",
        For i = 1 To 4
            Print Format(score(i, 4), "##.#"),
        Next i
        Print
        Print
        '显示每门成绩
        Print "课程", "语文", "数学", "英语"
        Print "平均成绩",
        For i = 1 To 3
            Print Format(score(5, i), "##.#"),
        Next i
End Sub
```

程序分析：

- Option Base 1 语句将数组的下界定义为 1。
- 学生姓名 Student 数组使用 Array 函数赋值，变量 Student 定义为 Variant 型。
- 成绩数组 Score 的元素个数为 5*4 个，每行为各学生的成绩，最后一行为每门课平均成绩；每列为各门课程的成绩，最后一列为每人的平均成绩。
- 计算平均成绩使用双重循环，计算每人的平均成绩的内循环按列循环，计算每门课的平均成绩的内循环按行循环。

2. 三维数组

三维数组要用 3 个下标表示。例如，a(2,3,4)中的第一个下标表示行，第二个下标表示列，第三个下标表示页，元素总数为 3 个维数的乘积 3×4×5 为 60 个。

3.3　用户定义类型

数组提供了处理大量数据的途径，但数组元素的数据类型都是相同的，如果需要处理不同数据类型的大量数据，则需要使用用户定义类型。用户定义类型将不同的数据类型按需要组合起来，创建自定义的数据类型，也称为记录类型。

例如，在例 3-17 中学生的姓名为字符型，而成绩则为数值型，必须使用 Student 和 Score

两个数组来表示，如果再增加学号和性别，就又必须增加数组。但是，可以使用用户定义类型根据需要创建用户自定义类型。

创建用户定义类型的**格式**：

[Private|Public] Type 用户定义类型名
　　用户定义类型元素 As 数据类型
　　[用户定义类型元素 As 数据类型
　　　　…　　　　]

End Type

说明：

- 必须在"代码编辑器"窗口的"通用"部分创建用户定义类型。
- 用户定义类型名是用户定义的数据类型名，其命名规则与变量名的命名规则相同，但不是变量。
- 用户类型元素可以是任何数据类型，也可以是用户定义数据类型。如果为字符型，则必须是定长字符型。
- 用户定义类型也可以作为数组元素的数据类型。

用户定义类型被创建后，可以用 Dim 和 ReDim 建立一个具有这种数据类型的变量或数组。创建的变量包含多个元素，每个元素都可以分别赋值、运算和引用。

元素的表示形式为：

用户类型变量名.用户类型元素

【**例 3-18**】　建立一个学生成绩处理程序，每个学生的记录由姓名、语文成绩、数学成绩、英语成绩和平均成绩组成。学生的信息如表 3-3 所示。

表 3-3　学生信息表

姓　名	语　文	数　学	英　语	平　均　成　绩
李小明	98	84	89	
王强	82	86	79	
赵雷	76	79	72	
陈敏	66	72	69	

功能要求：单击窗体时运算并显示每个学生的平均成绩。运行界面如图 3-21 所示。

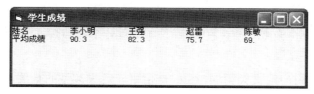

图 3-21　运行界面

程序代码如下：

```
'定义用户类型
Private Type Student
```

```
        Name As String * 8
        Score(1 To 3) As Single
        Average As Single
    End Type
    Private Sub Form_Click()
    '单击窗体计算并显示学生成绩
        Dim Stu(3) As Student
        '声明用户定义类型数组
        Dim i As Integer, j As Integer
        '输入学生姓名
         Stu(0).Name = "李小明"
        Stu(1).Name = "王强"
        Stu(2).Name = "赵雷"
        Stu(3).Name = "陈敏"
        '输入分数
        Stu(0).Score(1) = 98: Stu(0).Score(2) = 84: Stu(0).Score(3) = 89
        Stu(1).Score(1) = 82: Stu(1).Score(2) = 86: Stu(1).Score(3) = 79
        Stu(2).Score(1) = 76: Stu(2).Score(2) = 79: Stu(2).Score(3) = 72
        Stu(3).Score(1) = 66: Stu(3).Score(2) = 72: Stu(3).Score(3) = 69
        '计算每人的平均分
        For i = 0 To 3
            For j = 1 To 3
                    Stu(i).Average = Stu(i).Average + Stu(i).Score(j)
            Next j
            Stu(i).Average = Stu(i).Average / 3
        Next i
        '显示每人成绩
        Print "姓名",
        For i = 0 To 3
            Print Stu(i).Name,
        Next i
        Print
        Print "平均成绩",
        For i = 0 To 3
            Print Format(Stu(i).Average, "##.#"),
        Next i
    End Sub
```

程序分析：

- Student 是指用户定义类型名，Stu 是指用户定义类型的数组名，Stu(0)是指用户定义类型的数组的第一个元素，即第一个学生的记录，Stu(0).Name 是指第一个学生记录的姓名元素，Stu(0).Score(1)是指第一个学生记录的成绩元素数组的第一个成绩，即学生名"李小明"的"语文"成绩。
- 在模块的最前面，即"通用"部分，创建用户定义类型。
- 用户定义类型中，Name 为字符型，必须是定长字符型。

- 用户定义类型中，Score(1 To 3) As Single 为数组。
- Dim Stu(3) As Student 语句为声明数组 Stu，为用户定义类型。

3.4　基本算法及举例

VB 的应用程序是由界面和程序代码组成的，在前面的一些例题中可以看到，解决一个实际问题就是合理地安排界面与程序的关系，以及使用合理的算法编程和进行算法的设计。算法设计就是要解决特定的问题，保证程序的正确性和可行性。

3.4.1　算法分析

算法就是解决某个特定问题的方法和步骤。

计算机解决问题必须按照一定的算法"循序渐进"，对于求解同一问题，往往可以设计出多种不同的算法，它们的运行效率、占用内存量可能有较大的差异。因此如何将复杂的运算简单化是算法分析需要研究的问题。一般而言，评价一个算法的好坏是看运算结果的正确性、运行效率的高效性和占用系统资源的多少等。合理的算法可以使编程更高效、更简洁。

1. 算法的特点

作为算法应具有以下特点。

（1）确定性

算法的确定性是指每个步骤都应准确无误，没有歧义性。

（2）可行性

算法的可行性是指算法都是计算机能够有效执行的、可以实现的，并能够得到确定的结果的。针对 VB 的算法应是 VB 的语言功能可以实现的算法。

（3）有穷性

一个算法的步骤必须是有限的，是计算机能够在合理的时间内完成的。程序的循环不会进入死循环，有循环的结束条件。

（4）输入性

算法可以有多个输入，也可以没有输入，算法的输入必须是计算机可以执行的。如果由计算机自己产生数据输入则表示没有输入。

（5）输出性

算法必须有一个或多个输出，因为算法是计算机用于解题的方法，必须将结果输出，否则没有意义，因此算法必须具有输出的功能。

VB 是结构化设计的程序设计语言，VB 的 3 种基本结构：顺序结构、分支结构和循环结构都支持算法的这些特点，为实现算法提供语言基础。

2. 算法的分类

计算机算法可以分为数值算法和非数值算法两大类。

（1）数值算法

数值算法主要用于解决一般数学解析方法难以处理的一些数学问题，如解方程的根、求定积分、解微分方程等。

（2）非数值算法

非数值算法解决某些非数值问题的特定方法，如对数据的排序、查找等。

3.4.2   算法举例

1. 用牛顿迭代法解方程

算法说明：

牛顿迭代法是求解一元超越方程根的常用算法，已知精确解在初始解 x_0 附近，则根据牛顿迭代公式：

$$x_{n+1} = x_n - \frac{f(x_n)}{f'(x_n)} \qquad n = 0, 1, 2, 3, \cdots$$

当 $|x_{n+1} - x_n| \leq \varepsilon$ 时，得出精确解 x_{n+1}。其中：$f'(x_n)$ 为 $f(x_n)$ 的导数。

循环结束条件：$|x_{n+1} - x_n| \leq \varepsilon$。

输入：初始解 x_0。

输出：精确解 x_{n+1}。

【例 3-19】 用牛顿迭代法求方程 $2x^3 - 4x^2 + 3x - 6 = 0$ 在 $x_0 = 3$ 的准确解 x，误差 ε 小于等于 0.0001。

计算步骤：

① 先计算 $f(x_0) = 2x^3 - 4x^2 + 3x - 6$ 和 $f'(x_0) = 6x^2 - 8x + 3$。

② 再根据迭代公式计算出 x_1。

③ 当 $|x_{n+1} - x_n| \leq 0.0001$ 时，x_{n+1} 为所求的方程根；否则继续计算 $x_2, x_3, \cdots, x_n$。

方程曲线如图 3-22 所示。

功能要求：单击窗体时，用牛顿迭代法计算方程的根，并用 Print 方法显示。

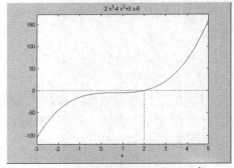

图 3-22 $2x^3 - 4x^2 + 3x - 6$ 的曲线

程序流程图如图 3-23（a），运行结果如图 3-23（b）所示，计算出方程的根为 2。

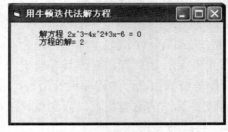

| x0=3 |
| 计算 f(x0)和 f1(x0) |
| x=x0−f(x0)/f1(x0) |
| 直到|x−x0| =0 |
| 输出 x |

（a）流程图   （b）运行界面

图 3-23   用牛顿迭代法解方程

程序代码如下：

```
Private Sub Form_Click()
'用牛顿迭代法解方程
    Dim x As Single, x0 As Single, f As Single, f1 As Single
    x0 = 3
    Do
        x0 = x
        f = ((2 * x0 − 4) * x0 + 3) * x0 − 6
        f1 = (6 * x0 − 8) * x0 + 3
        x = x0 − f / f1
    Loop While Abs(x − x0) >= 0.00001
    Print
    Print Tab(8); "解方程  2x^3-4x^2+3x-6 = 0"
    Print Tab(8); "方程的解= " & x
End Sub
```

程序分析：采用 Do 循环，当“Abs(x − x0) >= 0.00001”为 True 时执行循环。

2. 矩阵相乘

算法说明：

矩阵 $A(m,k)$ 为 m 行 k 列的矩阵，矩阵 $B(k,n)$ 为 k 行 n 列的矩阵才能相乘，得出乘积 $C(m,n)$ 为 m 行 n 列的矩阵。则矩阵 C 的元素为：

$$C_{ij} = A_{i1} \cdot B_{1j} + A_{i2} \cdot B_{2j} + \cdots + A_{ik} \cdot B_{kj}$$

输入：矩阵 A 和 B。

输出：矩阵 C。

循环结束条件：循环次数为矩阵的行列数。

【例 3-20】　计算矩阵 a 和矩阵 b 的乘积。

$$a = \begin{bmatrix} 0 & 3 \\ 1 & 4 \\ 2 & 5 \end{bmatrix} \qquad b = \begin{bmatrix} 6 & 8 \\ 7 & 9 \end{bmatrix}$$

功能要求：单击窗体计算矩阵的乘积，并用 Print 语句将矩阵 a、矩阵 b 和矩阵 c 显示出来。运行结果如图 3-24（a）所示。

计算过程采用三重循环，程序流程图如图 3-24（b）所示。

程序代码如下：

```
Option Base 1
Private Sub Form_Click()
    Const M = 3, N = 2, K = 2
    Dim a(M, K) As Integer, b(K, N) As Integer, c(M, N) As Integer
    Dim i As Integer, j As Integer, h As Integer, Sum As Integer
    ' 数组置初值
    a(1, 1) = 0: a(2, 1) = 1: a(3, 1) = 2: a(1, 2) = 3: a(2, 2) = 4: a(3, 2) = 5
    b(1, 1) = 6: b(2, 1) = 7: b(1, 2) = 8: b(2, 2) = 9
```

```
'显示矩阵a
Print Tab(3); "数组a="
For i = 1 To M
    For j = 1 To K
        Print Tab(8 * j); a(i, j);
    Next j
    Print
Next i
Print
'显示矩阵b
Print Tab(3); "数组b="
For i = 1 To K
    For j = 1 To N
        Print Tab(8 * j); b(i, j);
    Next j
    Print
Next i
Print
'计算矩阵相乘
For i = 1 To M
    For j = 1 To N
        Sum = 0
        For h = 1 To K
            Sum = Sum + a(i, h) * b(h, j)
            c(i, j) = Sum
        Next h
    Next j
Next i
'显示矩阵c
Print Tab(3); "数组c="
For i = 1 To M
    For j = 1 To N
        Print Tab(8 * j); c(i, j);
    Next j
    Print
Next i
End Sub
```

程序分析：

- 使用 Option Base 1 语句，将数组的下界设置为 1。
- 使用符号常数定义矩阵的上下界 M、N、K。
- 矩阵有行和列，必须使用双重循环显示。
- 计算 a 和 b 的乘积必须用三重循环嵌套来实现：最内层循环是计算 a 矩阵的列与 b 矩阵的行乘积的和，第二层循环按 b 矩阵的列数计算，最外层循环是按 a 矩阵的行数计算。

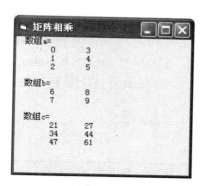

（a）运行界面

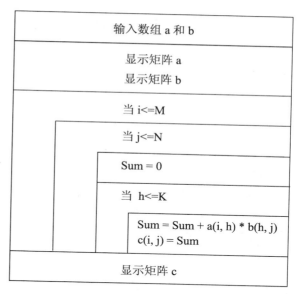

（b）流程图

图 3-24　矩阵相乘

3．折半查找法

算法说明：

折半查找法是在已经排序的数组中查找一个数。例如，数组已经从小到大排序，每次将需要查找的数与中间值比较，如果中间值小则放弃前一半，再与后一半的中间值比较，直到找到为止，如果中间值大则相反。每一步缩小一半查找范围，一步一步缩小范围直至查到为止，这是一种效率较高的查找方法。

查找数用 Num 表示，排序数组用 a 表示，最小值位置用 Min 表示，最大值位置用 Max 表示，中间值位置用 Mid 表示。查找步骤如下：

① 判断 Num 是否在要查找的数组范围内。

② 计算得出 Mid=(Min+Max)/2。

③ 判断 a(Mid)与 Num 的大小；

　　如果相等，则找到；

　　如果 a(Mid)<Num，则 Min=Mid+1；

　　如果 a(Mid)>Num，则 Max=Mid–1。

④ 循环执行②～③步骤。

⑤ 当 Min>Max，则没有该数。

输入：查找数据 Num 和排序数组 a。

输出：数据 Num 在数组 a 的位置。

循环结束条件：找到数据或 Min>Max。

例如，查找"3"的过程如图 3-25 所示，阴影部分为折半后数组。

【例 3-21】 已经排序的数组为 10 个数：0、3、15、28、32、53、74、84、145、268，输入要查找的数据，显示其在数组中的位置。

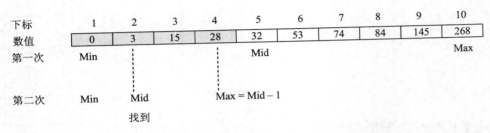

图 3-25　查找"3"

界面设计：在窗体中放置 2 个文本框 Text1 和 Text2、2 个标签 Label1 和 Label2 和 1 个按钮 Command1。在标签 Label1 中显示数组元素，在文本框 Text1 中输入要查找的数据，在文本框 Text2 中显示查找的结果。

属性设置如表 3-4 所示，运行界面如图 3-26 所示。

表 3-4　例 3-21 的属性设置表

对象	控件名	属性名	属 性 值
Form	Form1	Caption	折半查找
Label	Label1	Caption	数组：0、3、15、28、32、53、74、84、145、268
	Label2	Caption	输入要找的数：
Text	Text1	Text	空
	Text2	Text	空
Command	Command1	Caption	查找

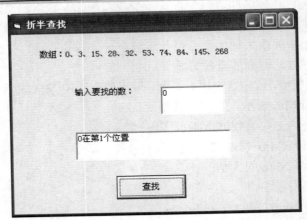

图 3-26　运行界面

功能要求：单击按钮 Command1 开始折半查找，如果不在则输出"查无此数"，如果在数组中则显示该数在数组中的位置。

折半查找程序流程图如图 3-27 所示。

程序代码如下：

```
Option Base 1
Private Sub Command1_Click()
'单击按钮折半查找
```

```
    Dim a
    Dim Num As Integer, Mid As Integer, Min As Integer, Max As Integer
    Dim i, j As Integer, Loca As Integer
    '数组赋值
    a = Array(0, 3, 15, 28, 32, 53, 74, 84, 145, 268)
    Num = Val(Text1.Text)
    Min = 1: Max = 10
    If Num < a(Min) Or Num > a(Max) Then          '不在数组范围内
        Text2.Text = "查无此数"
    Else
        Do While Min <= Max
            Mid = Int((Min + Max) / 2)            '置中间数值
            If a(Mid) = Num Then
                Loca = Mid
                Text2.Text = Num & "在第" & Loca & "个位置"
                Exit Do
            ElseIf a(Mid) > Num Then
                Max = Mid − 1
            Else
                Min = Mid + 1
            End If
            Text2.Text = "查无此数"
        Loop
    End If
End Sub
```

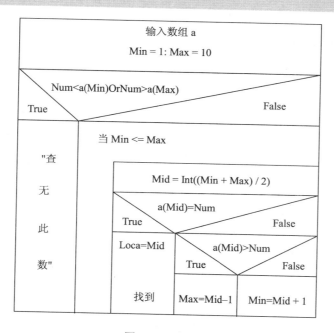

图 3-27　流程图

程序分析：

- 使用 Option Base 1 语句，将数组的下界设置为 1。
- 数组 a 用 Array 函数赋值，必须是 Variant 型。

4．起泡法排序

算法说明：

起泡法排序就是每次将两两相邻的数进行比较，如果从小到大排列，就将小的调换到前面，大的放在后面，就像气泡重的沉在下面。

数组用 a 表示，起泡法排序的步骤如下：

① 第一轮将数据两两比较，将较大的调换到后面，a(1)与 a(2)比较后调换，a(2)与 a(3)比较后调换，……，直到最后一个数 a(N)，这样就将最大的调换到最后面。

② 第二轮再将数据两两比较，将较大的调换到后面，a(1)与 a(2)比较后调换，a(2)与 a(3)比较后调换，……，直到倒数第二个数 a(N–1)，这样就将第二个大的调换到倒数第二位置。

⋮

第 N–1 轮比较并调换，只剩下 a(1)与 a(2)两个数需要比较后调换。

输入：未排序的数组。

输出：排好序的数组。

循环结束条件：外循环为 N–1 次。

例如，有 4 个数的顺序是：5，4，2，0，排序的过程如图 3-28（a）所示。可以看到需要使用双重循环实现排序，外循环为 N–1 次，内循环的次数每次在减少。

【例 3-22】 用起泡法对 10 个数进行从小到大排序。

功能要求：单击窗体时产生 10 个随机的整数，进行排序并在窗体上用 Print 语句显示出来。

程序流程图如图 3-28（b）所示。

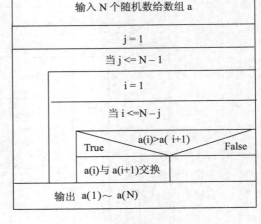

（a）排序过程　　　　　　　　　　　　（b）流程图

图 3-28　起泡法排序

程序代码如下：

```
Option Base 1
Private Sub Form_Click()
'起泡法排序
    Const N = 10
    Dim a(N) As Integer
    Dim i As Integer, j As Integer, t As Integer
    Randomize
    Print
    Print "显示排序前的A元素:"
    '产生1~100间的随机整数
    For i = 1 To N
        a(i) = Int(Rnd * 100) + 1
        Print a(i);
    Next i
    For j = 1 To N − 1
        For i = 1 To N − j
            If a(i) > a(i + 1) Then          '相邻的数比较并调换顺序
                t = a(i)                      't为中间变量
                a(i) = a(i + 1)
                a(i + 1) = t
            End If
        Next i
    Next j
    Print
    Print "显示排序后的A元素:"
    For i = 1 To N
        Print a(i);                           '在窗口显示排序后的A元素
    Next i
End Sub
```

程序分析：

- Int(Rnd*100)+1 产生 1~100 之间的整数。用 Rnd 函数来产生 0~1 之间的随机数列作为需要排序的数据。在产生随机数之前，可以用 Randomize 语句来初始化随机数生成器，使每次产生的随机数都不同。

- 对 a(i)和 a(i+1)进行数据交换，需要通过第 3 个变量 t 才能实现。将 a(i)→t，a(i+1)→a(i)，t→a(i+1)。

- 使用双重循环实现排序，外循环的次数为 N−1，内循环的次数每次都在减少，循环次数为 N−j 次。

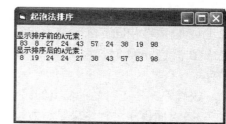

排序结果如图 3-29 所示。

图 3-29   运行界面

3.5 典型考题解析

1．下列循环重复_____次。

```
Dim a() As Integer
For i = 1 To 2
    ReDim a(3 To 7)
    For j = 1 To UBound(a)
        Print "*"
    Next j
Next i
```

A．6   B．8   C．12   D．14

解析：本题主要考 For 循环嵌套和数组元素的个数。

a(3 To 7)的上限是 7，因此内循环次数从 j=1 到 7，外循环 2 次。所以打印 14 行"*"。正确答案是 D。

2．运行下面的程序，在窗体上输出的第一行是_____，第二行是_____，第三行是_____。

```
Private Sub Form_Click()
    Dim s As String, t As String, k As Integer, m As Integer
    s = "ASDFGHJY"
    k = 1: m = k
    Do Until Mid(s, m, 1) = "Y"
        t = t & Chr(Asc(Mid(s, m, 1)) + k)
        k = k + 2
        If k > 3 Then k = 1
        m = m + k
        Print t
    Loop
End Sub
```

解析：本题主要考循环 Do Until 循环和字符串函数。

Do Until 循环是当满足条件时，循环结束；当 Mid(s, m, 1)= "Y"时跳出循环。各次循环中变量依次为 k=1→k=3→k=1…，变量 m=1，m=m+k→m=4→m=5→m=8；Chr(Asc(Mid(s, m, 1)) + k)是将 Mid(s, m, 1)所取字符的 ASC 码加 k 再转换成字符，当 m=1 时由"A"字符转换成"B"，当 m=4 时，由"F"转换为"I"，当 m=5 时，由"G"字符转换为"H"，当 m=8 时循环结束。

正确答案是在窗体上输出的第一行是___B___，第二行是___BI___，第三行是___BIH___。

3．下面程序运行结果显示为_____。

```
Dim X As Integer
```

```
X = -6
X = X * X * X * X / 2.34
Select Case X
Case Is > 0:    Print "X>0"
Case Is < 0:    Print "X<0"
Case Else:      Print "X=0"
End Select
```

A．X>0　　　B．X<0　　　C．X=0　　　D．X<>0

解析：本题主要考 Select Case 结构。

Case Is > 0 判断条件是 X 大于 0 则执行 Print "X>0"。当 X=−6 时，X = X * X * X * X / 2.34 大于 0。

正确答案是 A。

4．运行下面程序，单击窗体后在窗体上显示的第一行结果是_____；第三行结果是_____。

```
Private Sub Form_Click()
    Dim mst As String, mst1 As String, mst2 As String
    Dim i As Integer
    mst1 = "CeBbAa"
    For i = Len(mst1) To 1 Step -2
        mst2 = Mid(mst1, i - 1, 2)
        mst = mst & mst2
        Print mst
    Next i
End Sub
```

解析：本题主要考 For 循环和字符串函数。

语句 For i = Len(mst1) To 1 Step -2 的循环次数为从 6 到 1 每次减 2，因此是 3 次；Mid 函数是取字符，每次取两个字符；"&"表示字符串连接。

正确答案是第一行结果是 Aa，第三行结果是 AaBbCc。

5．设为 A 数组顺序赋值为：1，2，3，3，2，1，2，1，3；写出程序的执行结果：_____。

```
Private Sub Form_Click()
    Dim a(3, 3) As Integer
    For i = 1 To 3
        For j = 1 To 3
            a(i, j) = InputBox("aij=")
        Next
    Next
    For i = 1 To 3
        For j = 1 To 3
            a(i, j) = a((a(i, j) + 1) Mod 3 + 1, ((a(j, i) + 2) Mod 3 + 1))
        Next
```

```
        Next
        Print a(1, 1); a(2, 2); a(3, 3)
    End Sub
```

解析： 本题主要考循环嵌套。

第一个循环嵌套内循环为 j 次数为从 1 到 3，因此下标从 a(1,1)到 a(1,3)，则数组

$a = \begin{bmatrix} 1 & 2 & 3 \\ 3 & 2 & 1 \\ 2 & 1 & 3 \end{bmatrix}$；第二个循环嵌套中也是内循环也从 j 开始；数组元素 a((a(i, j) + 1) Mod 3 + 1,

((a(j, i) + 2) Mod 3 + 1))的下标需要运算，则 a 数组变成 $a = \begin{bmatrix} 3 & 3 & 2 \\ 1 & 3 & 2 \\ 3 & 1 & 2 \end{bmatrix}$。因为只要显示 3 个数，

则 a(1,1)变成 a(3,3)，a(2,2)变成 a(1,2)，a(3,3)变成 a(2,3)。

正确答案是程序运行结果是 2 3 2。

习　　题

一、选择题

1. 下面程序的数学模型为_____。

A. $\sum_{K=1}^{N} \frac{1}{K}$　　　　B. $\frac{1}{1!+2!+3!+\cdots+N}$　　　　C. $\sum_{K=1}^{N} \frac{1}{K!}$　　　　D. $\frac{1}{1\times2\times3\times\cdots\times N}$

```
Private Sub Form_Click()
    Dim n As Double, a As Double, k As Integer, sum As Double
    t = 1 : n = InputBox("n=")
    For k = 1 To n
        t = t / k : sum = sum + t
    Next k
    Print "sum="; sum
End Sub
```

2. 在窗体上画一个名称为 Command1 的命令按钮，然后编写如下事件过程：

```
Private Sub Command1_Click()
    Dim a As Integer, s As Integer
    a = 8
    s = 1
    Do
        s = s + a
        a = a - 1
    Loop While a <= 0
    Print s; a
End Sub
```

程序运行后，单击命令按钮，则窗体上显示的内容是_____。

    A．7　9　　　　　　　　　　B．34　0　　　　　　　C．9　7　　　　　　　D．死循环

3．设有如下程序：

```
Private Sub Command1_Click()
    Dim sum As Double, x As Double
    sum = 0
    n = 0
    For i = 1 To 5
        x = n / i
        n = n + 1
        sum = sum + x
    Next
    Print sum
End Sub
```

该程序通过 For 循环计算一个表达式的值，这个表达式是_____。

    A．1+1/2+ 2/3+3/4+4/5　　　　　　　　　B．1+1/2+2/3+3/4

    C．1/2+2/3+3/4+4/5　　　　　　　　　　D．1+1/2+1/3+1/4+1/5

4．执行下面的程序，单击窗体后在窗体上最后一行显示结果是_____。

```
Private Sub Form_Click()
    Dim str1 As String, str2 As String, I As Integer
    str1 = "ab"
    For I = Len(str1) To 1 Step -1
        str1 = str1 & Chr(Asc(Mid(str1, I, 1)) + I)
        Print str1
    Next I
    Print str1
End Sub
```

    A．abce　　　　　　　　B．abcd　　　　　　　C．abfd　　　　　　　D．abdb

5．下列数组说明语句中，正确的是_____。

    A．DIM A(N)　　　　　　　　　　　　　　B．DIM A()
　　　　　　　　　　　　　　　　　　　　　　　　N=3
　　　　　　　　　　　　　　　　　　　　　　　　REDIM A(N)

    C．REDIM　A()　　　　　　　　　　　　　D．N=3
　　　　　　N=3　　　　　　　　　　　　　　　　DIM A(N)
　　　　　　DIM A(N)

6．在窗体放置一个命令按钮 Command1，并编写如下程序：

```
Private Sub Command1_Click()
    For i=1 To 20
        x=x+i
    Next i
    Print x
End Sub
```

单击按钮后，窗体显示的结果是_____。

    A．34   B．50   C．150   D．210

7．在窗体放置一个命令按钮 Command1 和一个文本框 Text1，并编写如下程序：

```
Private Sub Command1_Click()
    x="A" : y="B" : z="C"
    For i=1 To 2
        x = y : y = z :z = x
    Next i
    Text1.Text =x+y+z
End Sub
```

单击按钮后，文本框显示的结果是_____。

    A．CBA   B．BCA   C．BCB   D．CBC

8．以下叙述正确的是_____。

    A．Select Case 语句中的测试表达式可以是任何形式的表达式

    B．Select Case 语句中的测试表达式只能是数值表达式或字符表达式

    C．在执行 Select Case 语句时，所有的 Case 子句都按出现的次序被顺序执行

    D．Select Case 的测试表达式会多次计算

9．在窗体放置一个命令按钮 Command1 和一个文本框 Text1，并编写如下程序：

```
Private Sub Command1_Click()
    Dim i As Integer ,n As Integer
    For i=0 To 50
        i =i+3
        n=n+1
        If i>10 Then Exit For
    Next i
    Text1.Text =Str(n)
End Sub
```

单击按钮后，文本框显示的结果是_____。

    A．2   B．3   C．4   D．5

10．要创建一个用户自定义类型，由学生的学号、姓名和三门课程的成绩组成，则下面定义正确的是_____。

A.
```
Type Student
    No As Integer
    Name As String
    Score(1 To 3) As Single
End Type
```
B.
```
Type Student
    No As Integer
    Name As String *10
    Score() As Single
End Type
```
C.
```
Type Student
    No As Integer
    Name As String *10
    Score(1 To 3) As Single
End Type
```
D.
```
Type Student
    No As Integer
    Name As String
    Score() As Single
End Type
```

二、填空题

1. 当程序进入循环结构时，出现死循环按_____键可以终止程序运行。

2. 下面程序执行结果的第一行是_____，第二行是_____，若将 C 的值改为 2.5，则结果分别是_____、_____。

```
Private Sub Form_Click()
    Dim a As Integer, b As Single
    b = 10.5: c = 2.6
    For a = 1.5 To b Step c
        Print a;
    Next
    Print
    Print a
End Sub
```

3. 写出程序的执行结果_____。

```
Private Sub Form_Click()
    Dim b%, k%
    b = 1
    For k = 1 To 5
        b = b * k
        If b >= 15 Then Exit For Else k = k + 1
    Next
    Print k, b
End Sub
```

4. 执行下面的程序，单击窗体后在窗体上显示的第一行结果是_____；第三行结果是_____。

```
Private Sub Form_Click( )
    Dim Mystr As String,Mystr1 As String,Mystr2 As String
    Mystr1="B"
    For I=1 To 3
        Mystr2=Lcase(Mystr1)
        Mystr1=Mystr1+Mystr2
        Mystr=Mystr+Mystr1
        Print Mystr
        Mystr1=Chr(Asc(Mystr1)+I)
    Next I
End Sub
```

5. 下列程序运行的结果为_____，执行完程序循环了_____次。

```
Dim i As Integer,j As Integer
Dim Sum As Integer
For i=1 To 17 Step 2
    For j=1 To 3 Step 2
```

```
            Sum=Sum+j
        Next j
    Next I
Print Sum
```

6. 窗体输出第一行是_____，窗体输出第二行是_____，窗体输出第三行是_____。

```
Private Sub Form_click()
        Dim a As String, b As String, t As Integer
        t = Int(Sqr(2 + 2 * Rnd(2)))
        Print t
        t = Sin(t) ^ 2 + Cos(t) ^ 2 : a = Chr(Asc("G") + t)
        Print a
        t = Log(Exp(t)) : b = Hex(10 + t)
        Select Case b
            Case 11 : Print 11
            Case "B" : Print b
            Case Else
            Print "Nothing"
        End Select
End Sub
```

7. 窗体输出第一行是_____，窗体输出第二行是_____，窗体输出第三行_____。

```
Private Sub Form_click()
    Dim x() As Integer, y(10, 10) As Integer，i As Integer, j As Integer, k As Integer
    i = 6: j = 1: k = 1
    Do While i > 2
        ReDim Preserve x(j) As Integer
        x(k) = I : y(i, j) = x(k) : i = i – 1 : j = j + 1
        Print x(k),
        k = k + 1
    Loop
    Print
    For i = 4 To 6 Step 2
        For j = 1 To 3
            Print y(i, j),
        Next j
        Print
    Next i
End Sub
```

8. 以下程序为找出 50 以内所有能构成直角三角形的整数数组。

```
Private Sub Command1_Click()
    For a=1 To 50
        For b=a To 50
            c = Sqr(a^2+b^2)
```

```
            If _____Then Print a;b;c
        Next b
    Next a
End Sub
```

9. 下面的程序运行的结果为_____。

```
Private Sub Command1_Click()
    x=1
    For k=1 To 3
        If k <=1 Then a = x * x
        If k <=2 Then a = x * x + 1
        If k >=3 Then a = x * x + 2
        Print a;
    Next k
End Sub
```

10. 运行下面的程序，单击窗体后在窗体上显示的内容是_____；若将程序中的 A 语句与 B 语句的位置互换，再次执行程序，单击窗体后在窗体上显示的内容是_____。

```
Private Sub Form_Click( )
    Dim x As Integer,y As Integer
    x=1:y=0
    Do while x<3
        y=y+x                        'A语句
        x=x+1                        'B语句
    Loop
    Print x,y
End Sub
```

11. 窗体输出第一行是_____，窗体输出第二行是_____，窗体输出第三行是_____。

```
Private Sub Form_click()
    Dim a As String, b As String, t As Integer
    b = "GHSTDW"
    For t = 1 To Len(b) Step 2
        a = a & Chr(Asc(Mid(b, t, 1)) - 2)
    Next t
    Print a
    Print Asc(Mid(a, 1, 1)) - Asc("A")
    Print LCase(Mid(a, 2, 2))
End Sub
```

12. 下面程序运行结果是_____。

```
Private Sub Form_Click()
    Dim b As String, a As String, i As Integer
    b = "GgFfXxNnHh"
```

```
        For i = 1 To Len(b) Step   2
            a = a & Chr(Asc(Mid(b, i, 1)) - 5)
        Next i
        Print a
End Sub
```

13．执行下面程序，单击命令按钮 Command1，则在窗体上显示的第一行是_____，第二行是_____，第三行是_____。

```
Private Sub Command1_Click()
        Dim s As Integer, d As String, k As Integer, p As String
        s = 29
        Do Until s <= 5
            p = s Mod 5 : d = d & p : s = s \ 5
        Loop
        d = d & s : Print s : Print d
        p = ""
        For k = Len(d) To 1 Step -1
            p = p & Mid(d, k, 1)
        Next k
        Print p
End Sub
```

三、上机题

1．使用 For 循环，实现以下算式：

$$S = 1^1+2^2+3^3+4^4+5^5+\cdots$$

使用 InputBox 输入需要计算的次数。

2．机票优惠，某航空公司规定在 7～9 月份，如果订票数超过 20 张，则票价优惠 15%；如果超过 10 张，则票价优惠 5%；在 1～5 月份、10 月份和 11 月份，如果订票数超过 20 张，则票价优惠 25%；如果超过 10 张，则票价优惠 15%。从窗体文本框中输入票价、月份以及订票数，并显示出所需金额。

3．单击窗体产生 10 个 2 位的随机正整数，计算并显示出最大的数据和其在数组中的位置。

4．求出所有的水仙花数。水仙花数是指 3 位的正整数，其各位数字的立方和等于该正整数本身。例如，407=4*4*4+0*0*0+7*7*7。

5．计算并在窗体中显示出如图 3-30 所示的杨辉三角形，要求显示出 8 行。
杨辉三角形的第一列和对角线元素为 1，其他元素为上一行相邻两元素的和。

6．从窗体界面的文本框输入三角形的 3 条边的长，计算三角形的面积。

```
1
1   1
1   2   1
1   3   3   1
1   4   6   4   1
1   5   10  10  5   1
…
```

图 3-30   杨辉三角形

CHAPTER 4 第4章

窗体和常用控件

Visual Basic 是面向对象的程序设计语言，其中最主要的对象就是窗体和控件。窗体和控件是用户界面的最基本组成，用户界面不仅需要从视觉上看起来美观，而且要求方便用户的操作。

对象都具有属性、方法和事件。下面介绍窗体和控件的属性、方法和事件。

4.1 窗体的设计

窗体是应用程序界面的最基本组成，是所有控件的容器。在程序运行时，窗体的功能是进行用户与应用程序之间的交互。

新建工程时，系统会自动创建一个空白窗体，这个窗体就像一块空白的画布，用户可以在上面创建自己美观的用户界面。

4.1.1 窗体的属性

窗体的属性决定了窗体的外观和操作。在新建工程时系统自动为空白的窗体设置了默认属性，如图 4-1（a）所示。

（a）空白窗体

（b）属性窗口

图 4-1 窗体的属性

设置属性有两种方法：通过属性窗口设置和在程序代码中设置。大部分属性既可以通过属性窗口设置，也可以通过程序代码设置，而有些属性只能由程序代码或属性窗口设置。

窗体的属性窗口如图 4-1（b）所示。打开属性窗口有以下 3 种方法：

- 选择"视图"菜单→"属性窗口"菜单项。
- 单击 F4 键或工具栏的 按钮。
- 在窗体的任意位置单击鼠标右键，在快捷菜单中选择"属性窗口"。

窗体的属性有很多，可分为杂项、外观、位置、行为、字体、缩放和 DDE。

1．常用的杂项属性

（1）名称（Name）

名称用于设置窗体名称，该名称是在程序代码中使用的。窗体在工程中首次创建时默认为 Form1，以后创建的窗体名默认为 Form2…名称属性可以在属性窗口中根据自己的要求改变，但在程序运行时是只读的，不能改变。

（2）MaxButton 和 MinButton

MaxButton 和 MinButton 属性用于设置窗体显示时是否有最大化和最小化按钮。这两个属性默认都为 True，窗体如图 4-1（a）所示有最大化和最小化按钮。

（3）Icon 属性

Icon 属性用于设置窗体最小化时显示的图标。通过单击▦按钮，可以选择一个合适的 *.ico 或*.cur 图形文件作为窗体最小化的图标。如果不指定图标，窗体会使用 VB 的默认图标。

（4）ControlBox 属性

ControlBox 属性用来设置窗口控制框的状态。默认为 True 时窗口左上角显示一个控制框。如果 BorderStyle 属性设置为 0-None，ControlBox 属性将不起作用。

2．常用的外观属性（Appearance）

（1）Caption

Caption 属性用于设置窗体显示的标题，默认时为窗体名称即 Form1，Form2…。该属性既可以通过属性窗口设置，也可以通过程序代码设置。窗体和很多控件都有 Caption 属性。

语法：

对象.Caption =字符串

例如，在程序中设置 Caption 属性：

Form1.Caption = "第一个窗体"

（2）Appearance

Appearance 属性设置窗体的外观。在属性窗口中是个下拉列表，提供两个属性值。默认值为 1-3D，表示以三维立体效果描绘出外观，也可设置为 0-Flat 平面形式。

（3）BackColor 和 ForeColor

BackColor 和 ForeColor 属性用于设置对象中文本和图形的背景色和前景色，默认为"按钮表面"颜色。通过单击按钮 ▾ 打开调色板选项卡，设置颜色属性。如图 4-2 所示为设置 BackColor 选项卡所显示的"调色板"和"系统"颜色。

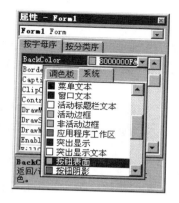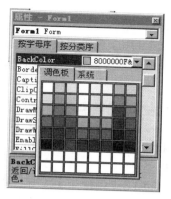

图 4-2　设置 BackColor 选项卡

（4）Picture

Picture 属性用于设置在窗体中显示的图片。通过单击██按钮，选择一个合适的图形文件，可以选择*.jpg、*.gif、*.bmp、*.ico 等格式的图形文件。

（5）BorderStyle

BorderStyle 属性用于设置窗体的边框风格。BorderStyle 属性的设置值如表 4-1 所示。

表 4-1　BorderStyle 属性

设定值	常　量	定　义
0	None	没有边框
1	FixedSingle	有固定单边框，运行时窗体大小不能变，可以包含控制框、标题栏、"最大化"和"最小化"按钮
2	Sizable	有可调整的双边框（默认）
3	FixedDouble	固定对话框，运行时窗口大小不能变，可以包含控制框和标题栏
4	FixedToolWindow	固定工具窗口，大小不能改变，显示关闭按钮
5	SizableToolWindow	可变大小工具窗口，显示关闭按钮

该属性只能在设计阶段在属性窗口中设置，不能在程序代码中设置。

3. 常用的位置属性（Position）

（1）Left 和 Top

Left 和 Top 属性用于设置窗体的左上角在屏幕上的横、纵坐标，即窗体在屏幕上的位置。在 VB 的集成开发环境中，工具栏的右侧显示了各当前对象的 Left 和 Top 值，以及 Width 和 Height 值，如图 4-3 所示。

1200, 795　　4800 x 3600

图 4-3　Left 和 Top 值，
　　　　　 Width 和 Height 值

（2）Width 和 Height

Width 和 Height 属性用于设置窗体的初始宽度和高度，即窗体的大小。

位置属性将在第 8 章中详细介绍。

4. 常用的行为属性（Behavior）

（1）Visible

Visible 属性用于设置窗体可见（True）或隐藏（False）。

（2）AutoRedraw

AutoRedraw 属性用于设置窗体显示的信息是否重画。当设置为 True，在运行时调整窗体大小或被另一对象遮住后重新显现时窗体会自动重画，默认为 False。

（3）Enabled

Enabled 属性用来设置窗体或控件是否对用户生成的事件响应。Enabled 属性也可以通过程序代码来设置。若设置为 False，运行时会呈灰色显示，表明处于不活动状态，用户不能访问。窗体的 Enabled 属性默认为 True。

5．字体属性（Font）

字体属性中只有 Font 属性用于字体、样式、大小和效果等，单击▬按钮出现字体对话框，可以选择字体、大小等。Font 属性其实是一个属性组合，包含了字体、大小、字体样式等属性成员，如果要在程序运行时改变这些属性值，则必须对各个属性成员分别进行设置。Font 属性也在第 8 章中详细介绍。

6．缩放属性（Scale）

缩放属性用于设置窗体的坐标系，缩放属性有 ScaleWidth、ScaleHeight、ScaleTop、ScaleLeft 和 ScaleMode，都将在第 8 章中详细介绍。

4.1.2   窗体的事件

VB 是事件驱动的编程机制，窗体的事件很多，常用的事件有以下几种。

1．Load 事件

Load 事件是当装载窗体时触发的。当程序运行时，对第一个启动窗体来说，在窗体画面未显示之前，会先触发该事件。而对于未被加载的窗体，如果使用 Load 语句，或未装载之前使用 Show 方法时都可触发 Load 事件。

例如，在窗体的 Load 事件中设置窗体和标签的属性：

```
Private Sub Form_Load()
'装载窗体
    Move 100, 100, 5000, 3000
    Caption = "第一个窗体"
    Label1.Caption = "你好！"
End Sub
```

说明：

- 一般将变量的初始化代码或控件的默认值放在其中。
- 由于 Load 事件是在窗体显示之前就运行，因此要在窗体上显示的动作则不起作用。
  如在 Load 事件中用 Print 方法显示文本则不起作用。

2．UnLoad 事件

UnLoad 事件是当卸载窗体时触发，当单击窗体上的"关闭"按钮⊠或使用 UnLoad 语句时也可以触发该事件。

UnLoad 事件过程可以用来当窗体被卸载时确认窗体是否应被卸载，或者指定卸载后要发生的操作。UnLoad 事件的参数 Cancel 是一个整型数据，用来确定窗体是否从屏幕删除。

如果 Cancel 为 0，则窗体被删除。将 Cancel 设置为任何一个非零的值可防止窗体被删除。

例如，在窗体被卸载时提示用户确认，消息框如图 4-4 所示：

```
Private Sub Form_Unload(Cancel As Integer)
'卸载窗体
    MsgBox "窗体正在被卸载", vbOKOnly, "Unload事件"
End Sub
```

图 4-4 消息框

3. Click 事件

Click 事件是当鼠标单击窗体时触发。在前面几章中 Form 的 Click 事件都已使用过。

4. Resize 事件

Resize 事件是当调整窗体的大小时触发。当窗体第一次显示或当窗体大小改变时触发该事件。例如窗体被最大化、最小化或被还原时。

Resize 事件过程一般用来当窗体改变大小时，调整窗体中控件的位置或调整其大小。

5. Activate 和 DeActivate 事件

Activate 事件是当一个窗体变成活动窗体时触发的。例如单击窗体或在程序中执行 Show 方法等可以使一个窗体变为活动窗体。

DeActivate 事件是当另一个窗体或应用程序被激活，窗体不再是活动窗口时触发的。

6. Initialize 事件

Initialize 事件是当窗体第一次创建时触发，一般将窗体的初始化代码放在其中。Initialize 事件是窗体创建状态开始的标志，在 Load 事件之前触发的。

注意：窗体的事件过程在本窗体模块中，因此不使用窗体名，而是使用 "Form_事件名" 为事件过程名。例如 Form_Load、Form_Click…

【例 4-1】 使用窗体查看窗体事件的触发时刻。

程序代码如下：

```
Private Sub Form_Activate()
'激活窗体
    MsgBox "正在激活窗体"
End Sub
```

```
Private Sub Form_Click()
'单击窗体
    MsgBox "正在单击窗体"
End Sub
```

```
Private Sub Form_Initialize()
'初始化窗体
    MsgBox "正在初始化窗体"
End Sub
```

```
Private Sub Form_Load()
'装载窗体
    MsgBox "正在装载窗体"
End Sub
```

当运行程序时，单击窗体依次出现如下 4 个消息框图，如图 4-5 所示。

图 4-5　依次出现的消息框

程序分析：窗体的事件触发的先后顺序为 Initialize → Load → Activate → Click。

4.1.3　窗体的方法

对象的方法代码是 VB 自动生成的，通过在代码中调用来执行。

窗体有很多方法，较常用的有 Show、Hide、Move 和 Print 方法，其中 Print 方法在第 2 章中介绍过。

1．Show 方法

Show 方法用于显示窗体，如果窗体被遮住可移到屏幕的最顶端。如果窗体没有装载，VB 将自动装载该窗体。调用 Show 方法与设置窗体 Visible 属性为 True 具有相同的效果。

语法：

对象.Show [风格 n]

说明：风格用于决定窗体是有模式还是无模式。当风格=0（vbModeless）或不带风格参数，窗体是无模式的，无模式的窗体允许在其他窗体之间转移焦点而不用关闭窗体；当风格=1（vbModel），则窗体是有模式的，模式窗体是指在继续应用程序的其他部分之前，必须被关闭。

2．Hide 方法

Hide 方法用于隐藏窗体，使窗体不可见，但未从内存中清除。如果用户希望隐藏一个窗体而在内存中保留它，以便仍能使用，应该使用 Hide 方法。

3．Move 方法

Move 方法用于移动窗体或控件。Move 方法可以将窗体向水平、垂直方向移动，也可以改变窗体的宽度和高度。

语法：

[对象].Move left[, top, width, height]

说明：

- 对象可以省略，省略时指当前窗体。
- left、top、width、height 为 Single 型，单位是缇（1 缇=1/567 厘米）。参数 top、width、height 可以省略。要指定其他的参数，必须先指定该参数前面的全部参数。left 和 top 是指窗体的左上角离屏幕左上角的距离，width 和 height 是窗体的宽度和高度。

例如，移动窗体到屏幕上（100,100）的位置，大小设置为 5000×3000，

Form1.Move 100, 100, 5000, 3000

或者

Move 100, 100, 5000, 3000

4.1.4 窗体的装载、卸载和关闭

1．装载窗体语句

装载窗体语句是把窗体（或其他对象）装入内存。

语法：

Load 对象

说明：当装载窗体时，先把窗体属性设置为属性窗口中设置的初始值，再执行 Load 事件。一旦窗体被装载，不管它是否可见，它的属性及控件就可以被应用程序所改变。

由于 VB 程序在运行时会自动装载第一个启动窗体，所以对于启动窗体可以不使用 Load 语句装载。

2．卸载窗体语句

卸载窗体语句是把窗体或其他对象从内存中卸载。

语法：

Unload 对象

说明：窗体在卸载前将触发对象的 Unload 事件。如果卸载的对象是程序唯一的窗体，则将终止程序的执行。

例如，在窗体上可以用 Command1 按钮退出程序，则单击 Command1 按钮的事件过程代码如下：

```
Private Sub Command1_Click ()
    Unload Me              ' 卸载窗体
End Sub
```

注意：

- Me 是系统保留字，表示当前窗体。
- Load、Unload 事件与 Load、Unload 方法的区别是在系统装载和卸载窗体时自动触发的事件，Load、Unload 方法会触发 Load、Unload 事件。

3．End 语句

End 语句用于在程序代码中结束应用程序的运行。

语法：

End

说明：End 语句不顾现存窗体或对象的状态而使应用程序立即结束。在 End 语句之后的代码不会执行，也不会再有事件发生，对象的各个引用将全部被释放。

【例 4-2】 设计一个窗体，测试其属性、方法和事件。

界面设计：窗体放置一个文本框 Text1 和命令按钮 Command1。

窗体和文本框的属性设置如表 4-2 所示。设计界面如图 4-6 所示。

表 4-2 属性设置表

对象	控件名	属性名	属 性 值
Form	Form1	Caption	学生管理
		MinButton	False
		BackColor	&H00C0FFC0&（浅绿色）
		ForeColor	&H0000FFFF&（黄色）

程序代码如下：

图 4-6 设计窗体界面

```vb
Private Sub Form_Load()
'装载窗体
    AutoRedraw = True
    Command1.Caption = "退出"
    Label1.Caption = "欢迎使用学生信息管理系统"
End Sub
```

```vb
Private Sub Form_Click()
'单击窗体
    Move 1000, 1000
    Print "移动窗体到(1000,1000)位置"
End Sub
```

```vb
Private Sub Form_Resize()
'调整窗体大小
    Label1.Move 100                    '将标签放置在窗体100的位置
End Sub
```

```vb
Private Sub Form_Unload(Cancel As Integer)
'卸载窗体
    Dim Answer As Integer
    Label1.Caption = "再见!"
    Answer = MsgBox("正在卸载窗体，是否确定？", vbOKCancel, "卸载窗体")
    If Answer = 1 Then
        Cancel = 0
    Else
        Cancel = 1
    End If
End Sub
```

```vb
Private Sub Command1_Click()
'单击按钮
```

```
        End
End Sub
```

单击窗体的运行界面如图 4-7（a）所示，卸载窗体的运行界面如图 4-7（b）所示。

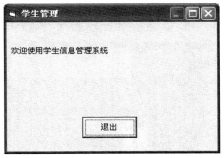
（a）单击窗体

（b）卸载窗体

图 4-7　运行界面

程序分析：

- 装载窗体时触发 Load 和 Resize 事件，文本框显示"你好！"并移动文本框。
- 当单击窗体时触发 Click 事件，移动窗体并用 Print 方法显示文本。
- 当单击最大化按钮时触发 Resize 事件，移动文本框。
- 当单击关闭按钮时触发 Unload 事件，文本框显示"再见！"，出现消息框，当单击消息框的"确定"按钮时卸载窗体，单击消息框的"取消"按钮时取消卸载。
- 当单击按钮 Command1 时，立即结束程序，关闭窗口。

4.2　控件介绍

控件是 VB 通过控件箱提供的与用户交互的可视化部件，控件都是放在窗体中以窗体为容器的。VB 为不同的控件定义自己的一套属性、方法和事件，在窗体中使用控件可以方便地获取用户的输入，也可以显示程序的输出。

4.2.1　控件的分类

VB 的控件分为内部控件、ActiveX 控件和可插入对象。

1. 内部控件

内部控件是由 VB 本身提供的控件，也称为常用控件，内部控件是在控件箱中默认出现的控件，不能从控件箱中删除。内部控件（标准版）如图 4-8 所示。

2. ActiveX 控件

ActiveX 控件是 VB 控件箱的扩充部分，是扩展名为.ocx

图 4-8　控件箱

的文件。其中包括各种版本和仅在专业版和企业版中提供的控件，还包括许多第三方软件厂商提供的控件。

ActiveX 控件在使用之前必须添加到控件箱中，添加的步骤如下：

① 用鼠标右键单击控件箱，出现快捷菜单。

② 选择快捷菜单的"部件"菜单项，就会出现"部件"选项卡，如图 4-9 所示。

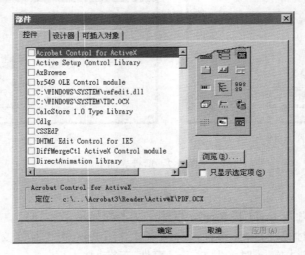

图 4-9　"部件"选项卡

③ 在"控件"选项卡中单击"控件"复选框来选择需要添加的 ActiveX 控件。

④ 单击"确定"按钮，则在窗体的控件箱中就出现了添加的控件，然后就可以把它拖曳到窗体中任一位置。

与标准控件一样，每个 ActiveX 控件都具有一些独特的属性、方法和事件。

3. 可插入对象

可插入对象是由其他应用程序创建的对象，利用可插入对象就可以在 VB 应用程序中使用其他应用程序的对象。添加可插入对象到工具箱与添加 ActiveX 控件的方法相同，不同的是在图 4-9 中选择"可插入对象"选项卡。

4.2.2　控件的通用特性

VB 的每个控件都有其不同的功能和不同的属性、方法和事件，但有些常用的属性、方法和事件是大部分控件都具有的。

1. 名称（Name）属性

每个控件都有名称属性，用于设置控件的名字。创建控件时，新对象的默认名字由对象类型加上一个唯一的整数组成。例如，第一个 TextBox 文本框是 Text1、第二个为 Text2……

2. 控件的值属性

所有的控件都有一个与控件值有关的属性，称为值属性或默认属性。控件的值属性是控件最常用的属性，在引用该属性时不需要指定属性名，而只需要指定控件名即可。例如，

TextBox 控件的 Text 属性，Label 控件的 Caption 属性和 PictureBox 控件的 Picture 属性都是值属性。

例如，对 Text1 文本框的值属性 Text 赋值可以省略值属性名：

Text1 = "Visual Basic"

3．焦点（Focus）

在界面上窗体以及窗体上的控件有很多，也只能有一个对象能够接受键盘的操作，则称为具有焦点，而其他不能接受键盘输入的对象称为不具有焦点。在程序运行时，每按一次 Tab 键，可以使焦点从一个控件移到另一个控件。

（1）接受焦点的控件

下列控件接受焦点：

- 只有当一个对象的 Enabled 和 Visible 属性均为 True 时，它才能接受焦点。
- 框架（Frame）、标签（Label）、菜单（Menu）、直线（Line）、形状（Shape）、图像框（Image）和定时器（Timer）控件都不能接受焦点。

（2）将焦点赋予对象

下列方法可以将焦点赋予对象：

- 运行时用鼠标选择对象。
- 运行时用快捷键选择对象。
- 运行时按 Tab 键将焦点移到对象上。
- 在代码中用 SetFocus 方法。

对于大多数可以接受焦点的控件来说，从外观上可以看出它是否具有焦点。例如，当命令按钮具有焦点时，标题周围的边框将突出显示。如图 4-10 所示左边的按钮具有焦点。

图 4-10　焦点显示

（3）焦点事件

与焦点有关的事件有：

- GotFocus 事件：当对象具有焦点时，会产生 GotFocus 事件。
- LostFocus 事件：当对象失去焦点时，将产生 LostFocus 事件，是在焦点移走后触发的。LostFocus 事件主要用来对控件的操作更新进行证实和有效性检查，或用于修改在对象的 GotFocus 事件过程中建立的条件。

（4）焦点属性

与焦点有关的属性有：

- TabIndex 属性：对象的 TabIndex 属性决定了它在 Tab 键中的顺序，从 0 开始。按照默认规定，第一个建立的控件其 TabIndex 值为 0，第二个的 TabIndex 值为 1，依此类推。当改变了一个控件的 Tab 键顺序位置，VB 自动为其他控件的 TabIndex 属性重新编号。
- TabStop 属性：TabStop 属性是指定焦点是否在对象上停留，默认为 True，如果将控件的 TabStop 属性设为 False，则在用 Tab 键移动焦点时就会跳过该控件，但仍保持其在 TabIndex 中的顺序。

【例 4-3】　在窗体上依次建立了 4 个控件，1 个标签 Label11 个文本框 Text1 和 2 个按钮 Command1、Command2。

查看各控件的 TabIndex 属性分别为 0～3，标签 Label1 没有 TabStop 属性，其余 3 个控件的 TabStop 属性都为 True。

程序代码如下：

```
Private Sub Text1_GotFocus()
'获得焦点
    MsgBox "获得焦点"
End Sub
```

```
Private Sub Text1_LostFocus()
'失去焦点
    MsgBox "失去焦点"
End Sub
```

启动工程时，光标位于 Text1 中，出现消息框显示“获得焦点”。每按一次 Tab 键，焦点依次向后移动，顺序为 Text1→Command1→Command2→Text1。标签 Label1 不能获得焦点，当焦点移出 Text1 出现消息框显示“失去焦点”，如图 4-11 所示。

4. 访问键

访问键是通过键盘来访问控件，访问键不仅菜单可以具有，命令按钮（Command-Button）、复选框（CheckBox）和选项按钮（OptionButton）都可以有访问键。

访问键的设置是在控件的 Caption 属性中用&字符加在访问字符的前面。在运行中，这一字符会被自动加上一条下划线，&字符不可见，按 Alt+“访问字符”就可实现单击该控件的功能。

例如，设置按钮的 Caption 属性为“关闭(&C)”，则按钮如图 4-12（a）所示。若按钮的 Caption 属性为“&Close”，则显示如图 4-12（b）所示。

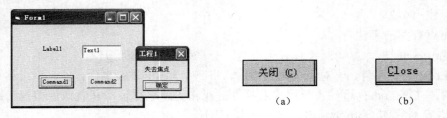

图 4-11　移动焦点　　　　　图 4-12　按钮的 Caption 属性

5. 容器

窗体（Form）、框架（Frame）和图片框（PictureBox）等都可以作为其他控件的容器。移动容器也就同时移动了控件，在容器中控件的 Left 和 Top 属性值是指其在容器的位置。

例如，在窗体中的文本框的 Left 和 Top 属性值是指文本框在窗体中的位置，而窗体的 Left 和 Top 属性值是指窗体在屏幕的位置。

4.2.3　使用 With 结构

With 结构用于对一个对象执行一系列的语句时，可以不用重复写该对象的名称。

语法：

With 对象

　　　语句块

End With

说明： With 和 End With 必须配对。当程序一旦进入 With 块，对象就不能改变，但 With 块可以嵌套。

例如，要改变文本框 Text1 的多个属性，在 With 结构中进行属性的赋值如下：

```
With Text1
    .Left = 2000
    .Width = 2000
    .Text = "你好！"
End With
```

4.2.4　编辑器设置

选择"工具"（Tools）菜单中的"选项"菜单项，就会出现"编辑器"选项卡，如图 4-13 所示。利用"选项"对话框中的"编辑器"（Editor）选项卡，用户可以设置代码编辑器的特性。其中，

- 自动语法检测：决定当输入一行代码后，VB 是否自动校验语法的正确性。

- 要求变量声明：决定模块中是否需要明确的变量说明。选择这一项以后，将 Option Explicit 语句添加到任何新模块的声明中去。

- 自动列出成员：决定是否列出相应对象的属性等信息。

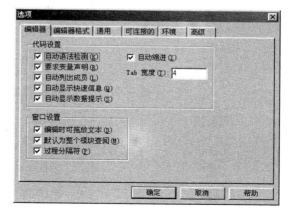

图 4-13　设置编辑器特性

- 自动快速信息：决定是否显示关于函数及其参数的信息。

- 自动数据提示：当调试在中断时，光标停留在代码编辑窗口的变量或对象上是否显示该变量的值或对象的属性。

- 自动缩进：对前一行代码移动制表符，回车后所有后续行都将以该制表符为起点。

- Tab 宽度：设置制表符宽度，其范围可以为 1～32 个空格；默认值是 4 个空格。

设置了"自动列出成员"之后，在编写代码时输入"对象名."，系统就会自动显示对象的属性、方法和事件。"自动列出成员特性"也可使用 Ctrl+J 组合键得到。当不能确认控件有什么属性时，这个选项是非常有用的。例如，在代码编辑器中输入文本框名 Text1. 时，就自动显示出 Text1 的成员，如图 4-14 所示。

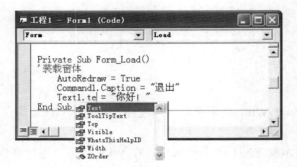

图 4-14　自动列出成员

4.2.5　对象浏览器

对象浏览器主要用来查看对象的信息，可以用来搜索和使用工程中的对象，或者来源于其他应用程序的对象。可以显示出对象库以及工程里过程中的可用类、属性、方法、事件和常数变量。

选择"视图"菜单→"对象浏览器"菜单项，或者单击工具栏中的 按钮打开对象浏览器，如图 4-15 所示。

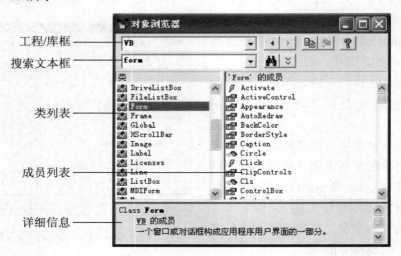

图 4-15　对象浏览器

在对象浏览器右侧的成员列表中有下面几种图标。

- ：对象的事件。
- ：对象的方法。
- ：对象的属性。

查找对象和成员的步骤：

① 在"工程/库"框中选择各种库或工程。

② 在"搜索文本框"中输入要搜索的对象或类。

③ 单击"搜索"按钮，就会出现搜索结果。

例如，在对象浏览器"工程/库"框中输入 VB，在"搜索文本框"中输入 Form，单击"搜索"按钮，就显示出搜索结果，选择成员中的 Move 就出现了 Move 方法详细的信息。

4.3　内部控件

4.3.1　标签、文本框和命令按钮

1. 标签 A

标签（Label）控件用于显示不能编辑的文本信息，在运行时不能由用户输入，一般用于在窗体上进行文字说明。

（1）常用属性

Label 控件的常用属性如表 4-3 所示。

表 4-3　标签的常用属性

属性	定　　义
Caption	标签中显示的内容，最多可有 1024 个字符
Alignment	标签中文本的对齐方式： 0 (Left Justify)　　左对齐（默认） 1 (Right Justify)　　右对齐 2 (Center)　　居中
AutoSize	是否可自适应大小： True　可根据文本自动调整标签大小 False　标签大小不能改变，超长的文本被截去（默认）
BorderStyle	用于设置边界形式： 0(None)　　为无边界（默认） 1(Fixed Single)　　含有宽度为 1 的单线边界

图 4-16 为六个标签排成三行两列，每行标签的 Alignment 属性分别为 0、1、2，每列标签的 BorderStyle 属性分别为 0、1。

（2）事件和方法

标签的事件和方法很多，但是由于它一般用于注释说明，所以很少使用事件。

2. 文本框 |ab|

文本框（TextBox）用于接受用户输入的信息或显示系统提供的文本信息，用户可以在文本框中编辑文本。

（1）常用属性

下面给出文本框常用属性。

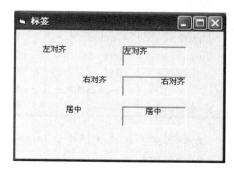

图 4-16　标签 Alignment 属性

- Text：文本框中显示的内容，也可以在运行时由用户输入。
- Alignment：文本框中文本的对齐方式（同标签）。
- MultiLine：设置是否可输入多行文本。True 为可输入多行文本，默认为 False 只能输入一行文本。MultiLine 是只读属性。
- ScrollBars：设置是否含滚动条。0（None）为不含滚动条（默认），1（Horizontal）为含水平滚动条，2（Vertical）为含垂直滚动条，3（Both）为含水平和垂直滚动条。

要使文本框含有滚动条，MultiLine 属性必须设置为 True，否则 ScrollBars 属性无效。文本框添加垂直滚动条后，自动换行功能将失效，当有水平滚动条时，需要按回车键换行。

例如，如图 4-17 所示文本框中显示多行文本，MultiLine 属性设置为 True，ScrollBars 为 3 显示多行文本，Alignment 设置为 3（居中），输入多行文本时使用 Ctrl+Enter 组合键来进行换行。

图 4-17　多行文本框

- Locked：设置用户是否能编辑文本框中的文本。True 为锁定指不能编辑文本框中的文本，默认为 False 指可以编辑文本。
- MaxLength：设置运行时可以输入的最大字符数，为整型数值。当设计时或在程序中赋值超过了 MaxLength 的设置值，不会出错，但只有 MaxLength 指定个数的字符可以被输入到文本框中，多余的会被舍弃。
- PasswordChar：用于设置文本框中输入字符的显示，即是否为口令框，默认值为空字符显示输入的文本，如果为非空字符（如*），则每输入一个字符就在文本框中显示一个该字符，但 Text 属性接受的仍然是文本。

【例 4-4】　创建一个用户登录界面，输入用户名和口令，判断是否是合法用户。

界面设计：由两个标签（Label1、Label2）、两个文本框（Text1、Text2）和一个按钮 Command1 组成。控件的属性设置如表 4-4 所示，运行界面如图 4-18 所示。

表 4-4　控件的属性

对象名	属性名	属性值
Form1	Caption	登录
Label1	Caption	用户名：
Label2	Caption	口令：
Text1	Text	空
	Text	空
	PasswordChar	*
Command1	Caption	确定

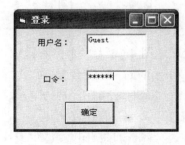

图 4-18　运行界面

功能要求：正确的用户名和密码是在 Text1 中输入 Guest 和在 Text2 中输入 888888。

程序代码如下：

```
Private Sub Command1_Click()
'单击确定按钮
    If Text1 = "Guest" And Text2 = "888888" Then
        MsgBox "欢迎使用本系统！", vbOKOnly, "输入"
```

```
        Else
            MsgBox "对不起，你不是本系统用户！", vbOKOnly, "输入"
        End If
End Sub
```

程序分析：

Text1 = "Guest"使用了文本框的值属性。

（2）方法

文本框常用的方法有 Refresh 和 SetFocus。

- SetFocus 方法：用于设置焦点，主要用于将焦点强制设置到文本框上。
- Refresh 方法：用于刷新文本框的内容。

（3）事件

文本框可识别多个事件，主要有 Change、GotFocus 和 LostFocus 事件。

- Change 事件：当文本框内容发生变化时触发，可以用来同步各控件的数据。
- GotFocus 事件：当文本框获得焦点时触发。
- LostFocus 事件：当文本框失去焦点时触发，可以用来检查文本框输入内容的合法性。

3. 命令按钮 ▭

命令按钮（**Command**）通常用于当用户单击时完成某种功能，是最常用的控件。

（1）常用属性

下面给出命令按钮常用属性。

- Caption 属性：用于设置命令按钮的显示文字。最长为 255 个字符，如果按钮的大小无法显示过多字符，字符会被截去。
- Style 属性：用于设置按钮的外观是标准按钮还是图形按钮。默认为 0（Standard）表示标准按钮，1（Graphical）为自定义图片的图形按钮，然后需要设置 Picture 属性的图形。
- Picture 属性：用于设置按钮中要显示的图形，当 Style 属性为 1 时设置。
- Default 属性：设置该按钮是否为默认按钮。True 是默认按钮，则按回车键就相当于单击此按钮。默认为 False 表示不是默认按钮。当一个按钮的 Default 属性被设置为 True，则其他按钮的 Default 属性自动设置为 False。
- Cancel 属性：设置该按钮是否为取消按钮。True 是取消按钮，按 Esc 键就相当于单击此按钮，默认为 False 表示不是取消按钮。
- Value 属性：设置按钮是否被单击，默认为 False 没有被单击，设置为 True 表示单击该按钮并触发 Click 事件。

（2）方法

按钮控件的常用方法有 SetFocus。

（3）事件

按钮控件最基本的事件是 Click，以下情况都可产生 Click 事件：

- 在按钮上单击鼠标。
- 焦点在按钮上时按空格键或回车键。
- 在代码中将按钮的 Value 属性设置为 True。

- 对于默认的按钮按回车键，对于取消的按钮则按 Esc 键。
- 在 Caption 属性中用&符号连接一访问键，在运行时按 Alt+访问键。

【例 4-5】 在窗体中输入学生的学号和姓名，并检测文本框输入的合法性。

界面设计：由两个标签（Label1、Label2）、两个文本框（Text1、Text2）和两个按钮（Command1、Command2）组成。学号不能超过 10 个字符，姓名不能超过 8 个字符，设置文本框的 MaxLength 属性来限制字符长度；按钮 Command1 为默认按钮，按钮 Command2 为取消按钮，各控件的属性设置如表 4-5 所示。

表 4-5　对象的属性

对象名	属性名	属性值	对象名	属性名	属性值
Form1	Caption	学生信息	Text2	MaxLength	8
Label1	Caption	学号：	Command1	Caption	确定(&O)
Label2	Caption	姓名：		Default	True
Text1	Text	空	Command2	Caption	退出(&C)
	MaxLength	10		Cancel	True
Text2	Text	空			

功能要求：学号必须是数字，姓名必须是字符，在文本框的 LostFocus 事件中判断输入文本的合法性。运行界面如图 4-19 所示。

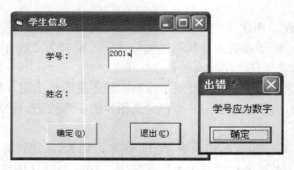

图 4-19　运行界面

程序代码如下：

```
Private Sub Command1_Click()
'单击确定按钮
    MsgBox "学号为" & Text1.Text & "，姓名为" & Text2.Text, vbOKOnly, "学生信息"
End Sub
```

```
Private Sub Command2_Click()
'单击退出按钮
    End
End Sub
```

```
Private Sub Text1_LostFocus()
'失去焦点
    If Not IsNumeric(Text1.Text) Then
```

```
                MsgBox "学号应为数字", vbOKOnly, "出错"
                Text1.SetFocus
            End If
    End Sub

Private Sub Text2_LostFocus()
'失去焦点
        If IsNumeric(Text2.Text) Then
                MsgBox "姓名应为字符", vbOKOnly, "出错"
                Text2.SetFocus
            End If
    End Sub
```

程序分析：

- IsNumeric 函数用来判断是否是数值型变量，如果是则为 True。
- Text1.SetFocus 方法是将焦点设置到文本框 Text1，使输入数据不合法时，焦点不能移出文本框 Text1。
- 按回车键就等于单击按钮 Command1，按 Esc 键就等于单击按钮 Command2，会触发 Click 事件，但与单击按钮的动作不同的是不会触发控件的 LostFocus 事件。
- 按 Alt+O 组合键就等于单击按钮 Command1，按 Alt+C 组合键就等于单击按钮 Command2。但也不会触发控件的 LostFocus 事件。

4.3.2　框架、选项按钮和复选框

1. 框架控件

框架（Frame）控件的作用是将其他控件组合在一起，当作其他控件的容器。框架控件一般用于将窗体中的许多控件按功能分成若干组，当框架移动时，其中的控件也跟着移动。

（1）常用属性

框架控件有以下两种常用属性。

- Caption 属性：框架的标题名称，可以包含访问键。默认为 Frame1，Frame2，…，当设置为空时，框架就显示为闭合的框。
- Enabled 属性：是否为活动状态。默认 True 为表示活动状态；False 为非活动状态，框架内所有控件都不能使用，标题显示为灰色。

（2）常用事件

框架控件的主要事件是 Click。

2. 选项按钮

选项按钮（OptionButton）用于从一组选项按钮中选取其一，又称为单选按钮。

用 Frame 框架将选项按钮分组，一组选项按钮是相关而且互斥的，即每次只能选择一项，而且必须选择一项。如果有一项被选中，则其他选项按钮将自动变成不选中。一个窗体中可以有多个 Frame 分组，每组中的选项按钮互斥。

（1）常用属性

- Value 属性：设置选项按钮的选中状态。默认为 False 表示未被选中；True 表示被

选中，则其他选项的 Value 属性自动为 False。

- Enabled 属性：设置选项按钮是否有效。默认为 True 表示有效；False 为无效则选项按钮禁止使用，显示为灰色。
- Style 属性：设置单选按钮的样式，默认为 0 表示标准样式，1 为图形样式。
- Picture 属性：设置单选按钮要显示的图形。该属性只有在 Style 属性值为 1 时有效。

选中选项按钮有以下几种方法：

- 用鼠标键单击选项按钮。
- 运行时按 Tab 键将焦点移到选项按钮组，然后用箭头键将焦点移到该选项按钮。
- 如果选项按钮有访问键，按 Alt+访问键。
- 在属性窗口或代码中将选项按钮的 Value 属性设置为 True。

（2）常用事件

选项按钮的主要事件也是 Click。

3. 复选框☑

复选框（CheckBox）与选项按钮不同，可以从一组复选框中同时选中多个选项。在一组复选框中每个复选框是彼此独立互不相干的，用户可以选择一个或多个复选框。

（1）常用属性

复选框有以下两种常用属性。

- Value 属性：设置选项按钮的选中状态。默认为 0（Unchecked）表示未被选中；1（Checked）表示选中；2（Grayed）表示暂时不能访问，显示为灰色。
- Alignment 属性：设置复选框在标题 Caption 的左边还是右边。默认为 0（Left Justify）表示在标题的左边；1（Right Justify）表示在标题的右边。

（2）常用事件

复选框的主要事件也是 Click。

【例 4-6】 加油站计费程序。各种汽油的收费不同：90 号汽油单价 2.90 升/元，93 号汽油单价 3.40 升/元，97 号汽油单价 3.60 升/元。

功能要求：在窗体上放置 1 个框架 Frame1，由于汽油种类是互斥的，使用选项按钮可以选择汽油种类，3 个选项按钮（Option1、Option2、Option3）分成一组；3 个标签（Label1、Label2、Label3），在 Label3 显示总价格。1 个文本框 Text1 用来输入数量，2 个按钮（Command1、Command2），单击 Command1 "计算" 按钮计算总价格。

属性设置如表 4-6 所示。运行界面如图 4-20 所示。

表 4-6　对象的属性

对象名	属性名	属性值	对象名	属性名	属性值
Form1	Caption	计费汽油	Option1	Caption	90 号汽油
Label1	Caption	数量：（升）	Option2	Caption	93 号汽油
Label2	Caption	93 号汽油单价 3.40 升/元		Value	True
			Option3	Caption	97 号汽油
Label3	Caption	空	Command1	Caption	计算
Frame1	Caption	汽油种类	Command2	Caption	退出
Text1	Text	空			

程序代码如下：

通过判断选项按钮的 Value 属性是否为 True 来判断哪个选项按钮被选中，用 If 结构实现选项按钮的互斥关系。

```
Private Sub Command1_Click()
'单击计算按钮
    Dim Prize As Integer
    If Option1.Value = True Then
        Label3.Caption = "总价格为：" & 2.9 * Text1 & "元"
    ElseIf Option2.Value Then
        Label3.Caption = "总价格为：" & 3.4 * Text1 & "元"
    Else
        Label3.Caption = "总价格为：" & 3.6 * Text1 & "元"
    End If
End Sub
```

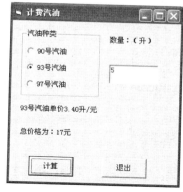

图 4-20　运行界面

在选项按钮的 Click 事件中将选中的价格在标签中 Label2 显示。

```
Private Sub Option1_Click()
'单击90号汽油
    Label2.Caption = "90号汽油单价2.90升/元"
End Sub
```

```
Private Sub Option2_Click()
'单击93号汽油
    Label2.Caption = "93号汽油单价3.40升/元"
End Sub
```

```
Private Sub Option3_Click()
'单击97号汽油
    Label2.Caption = "97号汽油单价3.60升/元"
End Sub
```

```
Private Sub Command2_Click()
'单击退出按钮
    End
End Sub
```

4.3.3　列表框和组合框

1. 列表框

列表框（ListBox）用于列出可供用户选择的项目列表，用户可以从中选择一个或多个列表项。

（1）常用属性

列表框的常用属性如表 4-7 所示。

表4-7　列表框的常用属性

属　　性	定　　义
List	用于访问列表框的所有列表项，是一个字符数组，列表项只能添加到列表框的末尾
ItemData	用于为列表框的每个列表项设置一个对应的数值，数组大小与列表项的个数一致，通常用于作为列表项的索引或标识
Columns	设置列表项按几列显示，出现水平滚动条
ListCount	用于返回在列表框中的列表项数，只能在运行时使用
ListIndex	当前选中的列表项索引，只能在运行时使用
	−1 为当前没有选择项目
	n 为当前选择项目的索引，从 0 开始
Sorted	设置列表框中的各列表项在运行时是否自动排序
	True 为自动排序
	False（默认）为不排序，按列表项的原始先后顺序显示
Text	用于得到当前列表项的内容
MultiSelect	用于设置是否允许同时选择多个列表项

如图 4-21 所示为在属性窗口中输入 List 为相应的省份，ItemData 用来设置区号，ItemData 为数值数组。

（a）List 属性

（b）ItemData 属性

图 4-21　属性窗口

如图 4-22 所示为 Columns 分别设置为 0，1 和 2 时的界面显示。0（默认）为按单列显示，列表项较多时出现垂直滚动条；1 为按单列显示，列表项较多时出现水平滚动条；>1 时为按多列显示，如果为 2 则先填第一列，再填第二列。

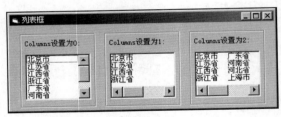

图 4-22　Columns 设置为 0，1，2

如图 4-23 所示为列表框的 MultiSelect 属性分别设置为 0，1，2 时的显示。0（默认）为不允许选择多个列表项；1 为允许，单击鼠标或按下空格键在列表中选中或取消选中项；2 为允许，按 Shift 并单击鼠标或按 Shift+箭头键将扩展选择到当前选中项，按 Ctrl 键并单击鼠标可单个选中或取消选中项。

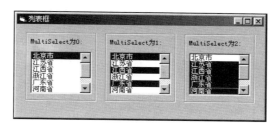

图 4-23 MultiSelect 属性为 0，1，2

（2）常用事件

列表框的主要事件有 Click（单击）和 DblClick（双击）。

（3）常用方法

列表框控件常用的方法有 AddItem、Clear、RemoveItem 方法。

- AddItem 方法

AddItem 方法用于在程序代码中添加列表项。

语法：

[对象].AddItem 列表项[,索引]

例如，在籍贯省份列表框 List1 的第三个位置后插入"辽宁省"：

List1.AddItem "辽宁省",3

程序分析：有索引时，则在索引指定的位置插入，索引是从 0 开始的；省略索引时，在列表框的最后插入新列表项。

- RemoveItem 方法

RemoveItem 方法是用于删除指定的列表项。

语法：

[对象]. RemoveItem 索引

例如，在籍贯省份列表框 List1 中删除索引为 3 的列表项：

List1.RemoveItem,3

- Clear 方法

Clear 方法是用于删除所有列表项。

[对象]. Clear

【例 4-7】 演示列表框的常用属性、方法和事件。

功能要求：在 Form_Load 事件中，添加列表框的列表项；单击列表框的各列表项，在 Text1 中显示列表项；单击 Command1 "添加" 按钮，将 Text2 中输入的文本添加到列表框中；单击 Command2 "删除" 按钮，将所选的列表项删除；单击 Command3 "全部清除"
按钮将所有的列表项内容清除；列表项的总数在文本框 Text3 中显示。

运行界面如图 4-24 所示，选择列表框中的"上海市"列表项，并添加"辽宁省"到最
后一个列表项。

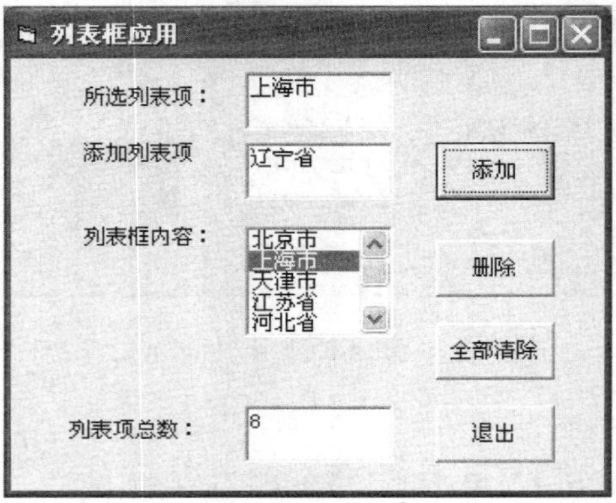

图 4-24　运行界面

程序代码如下：
装载窗体时使用 AddItem 添加列表项初始化列表框。

```
Private Sub Form_Load()
'装载窗体
    With List1
        .AddItem "北京市"
        .AddItem "上海市"
        .AddItem "天津市"
        .AddItem "江苏省"
        .AddItem "河北省"
        .AddItem "山东省"
        .AddItem "安徽省"
    End With
    Text3 = List1.ListCount
End Sub
```

```
Private Sub Command1_Click()
'添加列表项
    List1.AddItem Text2.Text
    Text3 = List1.ListCount
End Sub
```

```
Private Sub Command2_Click()
'删除列表项
    List1.RemoveItem List1.ListIndex
    Text3 = List1.ListCount
End Sub
```

```
Private Sub Command3_Click()
'全部清除列表项
    List1.Clear
    Text3 = List1.ListCount
End Sub
```

```
Private Sub List1_Click()
'单击列表框
    Text1 = List1.List(List1.ListIndex)
End Sub
```

```
Private Sub Command4_Click()
'单击退出按钮
    End
End Sub
```

程序分析：

- AddItem 添加列表项，不使用索引是直接在列表框的最后面添加。
- 列表项数使用 ListCount 属性获得。
- 删除列表项使用 RemoveItem 方法，Clear 方法用来清除所有列表项。
- List1.List(List1.ListIndex)表示当前选中列表项内容，ListIndex 为当前所选列表项的索引。

2. 组合框

组合框（ComboBox）是文本框和列表框的组合。它兼有列表框和文本框的功能，用户既可以从文本框输入和修改文本，也可以从列表框中选择下拉的列表项。

（1）常用属性

Style 属性用于确定组合框的类型和显示方式，有几种类型：

- 0（默认）为下拉组合框，由一个文本框和一个下拉列表框组成，用户既可以在文本框中输入也可单击列表框来选择列表项，当组合框获得焦点时，按 Alt+↓ 键来打开列表框。
- 1 为简单组合框，由一个文本框和一个标准列表框组成，列表框下拉项一直显示在屏幕上，列表框可以有垂直滚动条。
- 2 为下拉列表框，不允许用户输入文本，只能从下拉列表框选择。Text 属性为只读属性不能设置。

图 4-25 所示为组合框用来输入系别，Style 属性分别设置为 0，1 和 2 时运行时的显示。

图 4-25　Style 设置为 0，1，2 时的显示

组合框的常用属性中 Text、List、ListIndex、ListCount、Sorted 等与列表框（ListBox）相同。

（2）常用事件和方法

组合框的事件和方法与列表框基本相似。

【例 4-8】 输入学生的学号、姓名、性别、籍贯和系别。

功能要求：学号和姓名使用文本框（Text1、Text2）输入；由于性别是互斥的，使用框架控件（Frame1）将性别的选项按钮（Option1、Option2）分组；籍贯使用列表框（List1）；系别使用组合框（Combo1）；单击"显示"（Command1）按钮将学生信息显示在文本框（Text3）中。

属性设置如表 4-8 所示。运行的界面如图 4-26 所示。

表 4-8 对象的属性

对象名	属性名	属性值	对象名	属性名	属性值
Form1	Caption	学生信息	Frame1	Caption	性别
Label1	Caption	学号：	List1	List	北京市
Label2	Caption	姓名：			江苏省
Text1	Text	空			江西省
Text2	Text	空			浙江省
Text3	Text	空			广东省
	MultiLne	True			河南省
	ScrollBars	2	Combo1	List	计算机学院
Option1	Caption	男			文学院
	Value	True			商学院
Option2	Caption	女			数学院
					机械学院

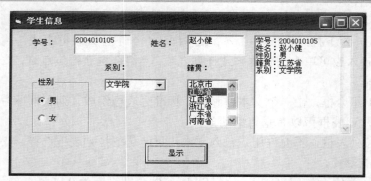

图 4-26 运行界面

程序代码如下：

```
Private Sub Command1_Click()
'单击显示按钮
    Text3 = "学号：" & Text1 & Chr(13) + Chr(10)
    Text3 = Text3 & "姓名：" & Text2 & Chr(13) + Chr(10)
    If Option1.Value = True Then
```

```
        Text3 = Text3 & "性别： " & "男" & Chr(13) + Chr(10)
    Else
        Text3 = Text3 & "性别： " & "女" & Chr(13) + Chr(10)
    End If
    Text3 = Text3 & "籍贯： " & List1.Text & Chr(13) + Chr(10)
    Text3 = Text3 & "系别： " & Combo1.Text & Chr(13) + Chr(10)
End Sub
```

程序分析：Chr(13) + Chr(10)是换行字符。

4.3.4　图像框和图片框

图像框（Image）和图片框（PictureBox）都是用于显示图形的控件，可以显示.bmp、.ico、.wmf、.jpg、.gif 等图形文件。

图像框主要用于显示静态的图像。图片框不仅可以显示图像，还可以作为其他控件的容器，也可以用 Print 语句显示文本或用绘图方法在图片框绘图，甚至可以显示简单的动画。图片框比图像框的功能更灵活，占用内存也较大。

1. Picture 属性

Picture 属性用于设置在图像框和图片框中要显示的图像文件名。在设计时，单击 Picture 属性的 … 按钮，选择各种图形文件；在运行时调用 LoadPicture 函数来设置，包括被显示图片的文件名以及路径名。

例如：

```
Picture1.Picture = LoadPicture ("c:\Windows\Ciban.bmp")
```

2. 图片框的 Align 属性

Align 属性用于设置图片框在窗体中的显示方式：
- 0（默认）为无特殊显示。
- 1 为与窗体一样宽，位于窗体顶端。
- 2 为与窗体一样宽，位于窗体底端。
- 3 为与窗体一样高，位于窗体左端。
- 4 为与窗体一样高，位于窗体右端。

3. 图片框的 AutoSize 属性

图片框 PictureBox 的 AutoSize 属性用于确定图片框如何与图像相适应：
- False（默认）为保持原始尺寸，当图形比图片框大时，超出的部分被截去。
- True 为图片框根据图形大小自动调整。

图 4-27（a）是 PictureBox 控件的 AutoSize 属性设置不同时的显示，设计时左右的图片框大小相同。左边的图片框 AutoSize 属性为 False；右边的图片框 AutoSize 属性为 True，图片框随图像大小发生变化。

4. 图像框的 Stretch 属性

图像框 Image 的 Stretch 属性用于确定图像框如何与图像相适应：

- False（默认）为图像框将适应图像的大小。
- True 为图像将适应图像框的大小，可能使图像变形。

如图 4-27（b）是 Image 控件的 Stretch 属性不同时的显示，设计时左右的图像框大小相同。左边的图像框 Stretch 属性为 False，图像框随图像大小发生变化；右边的图像框 Stretch 属性为 True，图像大小随图像框发生变化。

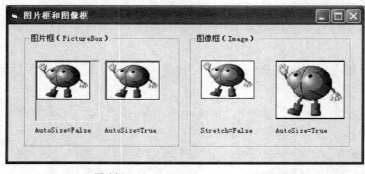

（a）图片框　　　　　　　　（b）图像框

图 4-27　图片框和图像框

4.3.5　滚动条和定时器

1. 滚动条

滚动条控件包括水平滚动条（HscrollBar）和垂直滚动条（VscrollBar），水平滚动条和垂直滚动条都是用于滚动内容，方向不同但动作相同。

滚动条一般是放置在窗体的边缘，用来提供滚动窗口的功能。滚动条也是一种很好的"模糊"输入装置，当用户不需要输入精确数据时，使用滚动条控件可以给出一个大概的范围，而且还可以清楚地看到当前显示内容占总内容的比例。

（1）常用属性

垂直滚动条的值从上向下递增，最上端代表最小值（Min），最下端代表最大值（Max）。水平滚动条的值从左向右递增，最左端代表最小值，最右端代表最大值。水平滚动条如图 4-28 所示。

滚动条的常用属性如表 4-9 所示。

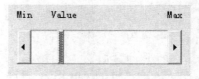

图 4-28　水平滚动条

表 4-9　滚动条属性

属性	定　　义
Value	滚动框在滚动条中的位置，在 Max 和 Min 之间
Max	位于滚动条的最右侧或最底端的值，在 −32 768～32 767 之间
Min	位于滚动条的最左侧或最顶端的值，在 −32 768～32 767 之间
SmallChange	用鼠标单击滚动框箭头时，滚动框每次移动的大小
LargeChange	用鼠标单击滚动框区域时，滚动框每次移动的大小

（2）事件

滚动条的主要事件有以下两种。

- Scroll：拖动滚动框时触发，用于跟踪滚动条的动态变化。
- Change：单击滚动条或滚动箭头以及释放滚动框时触发。可以用来得到滚动条的最终位置。

【例4-9】 使用滚动条来改变文本框的背景色。

功能要求：使用 3 个水平滚动条（HScroll1、HScroll2、HScroll3）来设置文本框 Text1 的背景色，并将颜色值在 3 个标签（Label2、Label3、Label4）中显示。

属性设置如表 4-10 所示，运行界面如图 4-29 所示。

表 4-10　对象的属性

对象名	属性名	属性值
Form1	Caption	文本框颜色
Label1	Caption	改变文本框颜色
Label2	Caption	红色= 0
Label3	Caption	绿色= 0
Label4	Caption	蓝色= 0
Text1	Text	空
HScroll1	Min	0
HScroll2	Max	255
HScroll3		

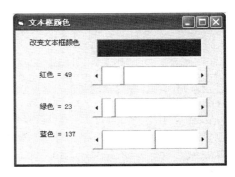

图 4-29　运行界面

程序代码如下：

```
Private Sub HScroll1_Change()
'改变红色滚动条
    Text1.BackColor = RGB(HScroll1.Value, HScroll2.Value, HScroll3.Value)
    Label2.Caption = "红色 = " & HScroll1.Value
End Sub
```

```
Private Sub HScroll2_Change()
'改变绿色滚动条
    Text1.BackColor = RGB(HScroll1.Value, HScroll2.Value, HScroll3.Value)
    Label3.Caption = "绿色 = " & HScroll2.Value
End Sub
```

单击滚动框或单击滚动条两端的箭头，都会改变滚动条的 Value 值，触发 Change 事件。

```
Private Sub HScroll3_Change()
'改变蓝色滚动条
    Text1.BackColor = RGB(HScroll1.Value, HScroll2.Value, HScroll3.Value)
    Label4.Caption = "蓝色 = " & HScroll3.Value
End Sub
```

其中，RGB 函数是颜色函数，RGB（红，绿，蓝）是使用 3 种颜色的相对亮度组合成各种颜色。通过滚动条改变红、绿、蓝的值来改变文本框的背景色。

2．定时器

定时器（Timer）用于间隔一定时间触发事件，运行时定时器不可见。定时器可以用来实现简单的动画。

（1）常用属性

定时器最重要的属性是 Interval，用于设置定时器事件之间的时间间隔，单位为毫秒，取值在 0～65 767 之间。如果设置为 0，则表示定时器无效。

（2）事件

定时器只支持 Timer 事件，当达到 Interval 属性规定的时间间隔就触发该事件。

【例 4-10】 使用定时器实现标签文字的动画显示。

功能要求：使用一个标签（Label1）显示文字，使用一个定时器 Timer1，每隔 0.1 秒左移标签产生动画效果。

属性设置如表 4-11 所示。运行界面如图 4-30 所示。

表 4-11　对象的属性

对象名	属性名	属性值
Form1	Caption	动画显示文字
Label1	Caption	欢迎使用学生信息管理系统
	Font	小二、粗体
Timer1	Interval	100
	Enabled	False
Command1	Caption	开始

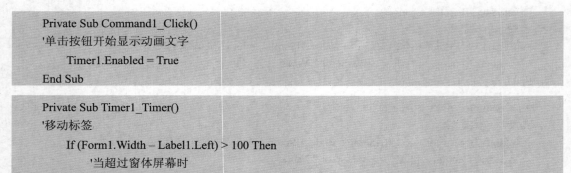

图 4-30　运行界面

程序代码如下：

```
Private Sub Command1_Click()
'单击按钮开始显示动画文字
    Timer1.Enabled = True
End Sub
```

```
Private Sub Timer1_Timer()
'移动标签
    If (Form1.Width – Label1.Left) > 100 Then
        '当超过窗体屏幕时
            Label1.Move Label1.Left + 100
    Else
            Label1.Move 0
    End If
End Sub
```

程序分析：

- 定时器 Timer1 的 Interval 设置为 100 毫秒即 0.1 秒。
- 定时器运行时不可见。

4.3.6　文件系统控件

文件系统控件包括驱动器列表框、目录列表框和文件列表框。文件系统控件可以单独使用，也可以组合使用。如图 4-31 为文件系统控件组合使用的显示。

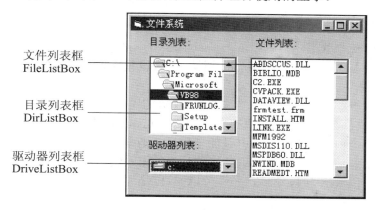

图 4-31　文件系统控件

（1）驱动器列表框（DriveListBox）

驱动器列表框用于选择一个驱动器，是一个下拉列表框。默认状态时，顶端突出显示的是系统当前驱动器名。

运行时可单击下拉箭头，从下拉列表框中选择一个驱动器；或当驱动器列表框获取焦点时，可以输入任何有效地驱动器标识符来从中选择一个驱动器。

（2）目录列表框（DirListBox）

目录列表框用于显示一个磁盘的目录结构。显示从根目录起的所有子目录，子目录相对上一级被缩进。默认为当前 VB 所在的目录。

（3）文件列表框（FileListBox）

文件列表框用于显示当前目录中的所有文件名。

1．常用属性

（1）DriveListBox 控件的 Drive 属性

DriveListBox 控件的 Drive 属性用于指定出现在驱动器列表框顶端的驱动器，可以通过单击驱动器列表框，也可以在程序代码中通过改变 Drive 属性来设置驱动器。

例如，设置驱动器列表框显示的驱动器为 "C:\" 驱动器：

Drive1.Drive = "C:\"

（2）Path 属性

DirListBox 控件和 FileListBox 控件都有 Path 属性，只能在程序代码中设置。

语法：

对象.Path = 路径

说明：DirListBox 的 Path 属性用来设置当前目录路径，FileListBox 的 Path 属性用来设置文件的路径。

（3）FileListBox 控件 Pattern 属性

FileListBox 控件的 Pattern 属性用来设置 FileListBox 中要显示的文件种类。默认时 Pattern 属性值为"*.*"，即显示所有类型的文件，VB 支持通配符"*"和"？"，如"*.frm"和"???.bas"。

例如，要将文件类型设置为 exe 文件：

File1.Pattern = "*.exe"

（4）ListIndex 属性

这 3 种文件系统控件都有 ListIndex 属性，用来设置或返回当前控件上所选择项目的索引值。

驱动器列表框和文件列表框中当前的第一项索引值为 0，下拉列表的第二项索引值为 1，依此类推，文件列表框中如果没有文件显示则 ListIndex 属性为–1。

目录列表框当前指定的目录为打开的子目录，则索引值为–1，紧邻其上的目录索引值为–2，依此类推到最高层目录，相应的当前目录的第一级子目录的索引值为 0，而其他并列的子目录索引值依次为 1、2、3、…，如图 4-32 所示。

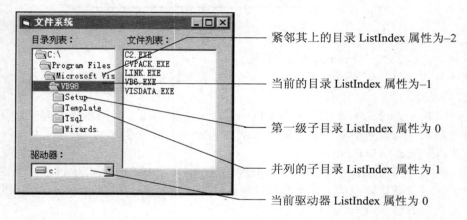

图 4-32　文件系统界面

如果当前指定的目录为未打开的目录，则本级中的第一个索引值为 0，依次向下为 1、2、…，如上图中的 Setup 目录未打开，则索引值为 0，如果打开则为–1。

（5）ListCount 属性

ListCount 属性返回各文件系统控件内所列项目的总数，可以用于这 3 种文件系统控件。

2．常用的事件

（1）Change 事件

DriveListBox 和 DirListBox 控件都有 Change 事件，DriveListBox 的 Change 事件是当选择驱动器或修改 Drive 属性时触发的。DirListBox 控件的 Change 事件是当双击目录列表框选择目录或修改 Path 属性时触发的。

通常，DriveListBox、DirListBox 和 FileListBox 控件组合起来使用，在改变驱动器列表框中的驱动器时，目录列表框中显示的目录也应变化；同样，目录列表框中目录改变，文件列表框也应改变，因此必须建立 DriveListBox、DirListBox 和 FileListBox 控件的关联。可以通过 DriveListBox 和 DirListBox 控件的 Change 事件来实现关联：

```
Private Sub Drive1_Change()
'改变驱动器
        Dir1.Path = Drive1.Drive
End Sub

Private Sub Dir1_Change()
'改变目录
        File1.Path = Dir1.Path
End Sub
```

（2）FileListBox 控件的 PathChange 事件

FileListBox 控件的 PathChange 事件是当设置文件名或修改 Path 属性时触发的。

3．常用语句

（1）ChDrive 语句用于设置当前驱动器。

语法：

ChDrive 驱动器

例如，自动实现当前驱动器的同步：

```
Private Sub Drive1_Change()
'改变当前驱动器
        ChDrive Drive1.Drive
End Sub
```

（2）ChDir 语句设置当前工作目录。

语法：

ChDir 路径

注意： VB 中有个非常有用的访问当前路径下文件的方法是使用 App.Path。App.Path 返回一个 UNC 路径，可以很方便地获得和设置相对路径。通常的用法是：

App.Path & "\" & 文件名

例如，要打开当前目录下的 1.jpg 文件，就可以直接写成 App.Path & " \1.jpg"。

【例 4-11】 用 DriveListBox、DirListBox 和 FileListBox 控件组合起来组成文件管理系统，并在图片框中显示所选择的图形文件。

界面设计：在窗体界面中使用 3 个文件系统控件（Drive1、Dir1 和 File1）；使用 1 个框架（Frame1）和 1 个图片框（Picture1）显示图形文件。运行界面如图 4-33 所示。

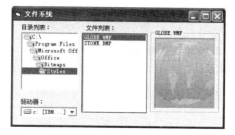

图 4-33　文件系统运行界面

功能要求：3 个文件系统控件（Drive1、Dir1 和 File1）进行关联实现文件管理；文件列表框只显示*.bmp、*.wmf、*.ico 图形文件名，单击文件名即可在图片框中显示所选文件的图形。

程序代码如下：

```
Private Sub Dir1_Change()
'改变目录
    File1.Path = Dir1.Path
    File1.Pattern = "*.bmp;*.wmf;*.ico"            ' 设置显示的文件类型
End Sub
```

```
Private Sub Drive1_Change()
'改变驱动器
    Dir1.Path = Drive1.Drive
End Sub
```

```
Private Sub File1_Click()
    Frame1.Caption = File1.FileName                ' 显示文件名
    '装载图片框的图形文件
    Picture1.Picture = LoadPicture(File1.Path & "\" & File1.FileName)
End Sub
```

程序分析：

- 文件列表框 File1 的 Pattern 属性为图片框可显示的图形文件类型"*.bmp"、"*.wmf"和"*.ico"，文件类型用分号（;）间隔。
- 文件路径和文件名中应加"\"。

4.4　控件数组

控件数组是一组具有相同名称、类型和事件过程的控件。一个控件数组至少应有一个元素，元素的个数最多可达 32 767。同一控件数组中的元素可以设置不同的属性值。

在设计时，使用控件数组比直接向窗体添加多个相同类型的控件占用的资源少，控件数组中的控件元素可共享代码。当有若干个控件执行大致相同的操作时，控件数组是很有用的，控件数组常用于实现菜单控件和选项按钮分组。控件数组中的控件通过 Index 属性区别。

1．在设计时创建控件数组

在设计时有 3 种方法可以创建控件数组。

（1）将相同名字赋予多个控件

在属性窗口中将相同名字赋予多个控件。例如，创建含有两个文本框的控件数组，使用相同的名称 Text1。

创建控件数组的步骤如下：

① 先创建第一个文本框 Text1；

② 然后创建第二个文本框，系统自动将第二个文本框名称设置为 Text2。

③ 在属性窗口中将 Text2 改为 Text1，会出现对话框如图 4-34 所示。

④ 单击按钮 "是"，系统自动设置第一个文本框的 Index 属性值为 0，第二个文本框的 Index 属性值为 1。

（2）复制现有的控件并将其粘贴到窗体上

创建有两个文本框的控件数组，步骤如下：

① 先创建第一个文本框 Text1。

② 然后选择 "编辑" 菜单的 "复制" 菜单项，单击窗体后选择 "编辑" 菜单的 "粘帖" 菜单项。

③ 出现如图 4-34 的对话框，单击按钮 "是" 就创建了文本框数组的第二个文本框。

（3）将控件的 Index 属性设置为非 Null 数值

创建有两个文本框的控件数组，步骤如下：

① 先创建第一个文本框 Text1。

② 将该控件的 Index 属性设置为 0，这时系统会自动创建一个控件数组。

③ 然后利用前两种方法中的一种添加一个文本框，将不会出现图 4-34 所示的对话框。在属性窗口中 Index 属性自动为 1，如图 4-35 所示。

图 4-34 控件数组对话框

图 4-35 属性窗口

【例 4-12】 使用控件数组创建一个简单的电话拨号程序。

功能要求：在窗体界面中使用 1 个文本框 Text1 显示所拨的电话号码；使用 10 个按钮的控件数组 Command1 用于拨号，Index 属性是 0～9，Caption 属性为相应的数字；命令按钮 "拨号" Command2 未编程使用，"取消" 按钮 Command3 是清除文本框内容。运行程序的界面如图 4-36 所示。

程序代码如下：

```
Private Sub Command1_Click(Index As Integer)
'单击按钮数组
    Text1 = Text1 & Command1(Index).Caption
End Sub
```

图 4-36 运行界面

```
Private Sub Command3_Click()
'单击取消按钮
    Text1.Text = ""
End Sub
```

程序分析：

- 按钮数组中的按钮用 Command1(0)～Command1(9)表示。
- Command1_Click 事件比非控件数组多了（Index As Integer），以 Index 值来确定所单击的是哪个控件元素。

2. 在运行时创建控件数组的新控件

在运行时，要创建一个新控件则必须是控件数组的元素，不用控件数组就不可能在运行时创建新控件，每个新控件都与已有的控件数组元素的事件过程相同。

由于新控件必须是已有控件的元素，因此，在设计时首先要创建一个 Index 属性为 0 的控件数组，然后在运行时可用 Load 或 UnLoad 语句来添加或删除控件数组中的控件。

语法：

Load 对象(Index)

UnLoad 对象(Index)

【例 4-13】 将加油站计费程序界面中的 3 个选项按钮用控件数组来实现。各种汽油的收费不同：90 号汽油单价 2.90 升/元，93 号汽油单价 3.40 升/元，97 号汽油单价 3.60 升/元。

功能要求：将 3 个选项按钮数组（Option1）放在框架 Frame1 中；2 个标签（Label1、Label2）；1 个文本框 Text1 用来输入数量，1 个"退出"按钮 Command1。

属性设置如表 4-12 所示。运行界面如图 4-37 所示，显示当选择 93 号汽油数量为 5 升时的总价格。

表 4-12   对象的属性

对象名	属性名	属性值
Form1	Caption	计费加油
Label1	Caption	数量：（升）
Label2	Caption	空
Text1	Text	0
Frame1	Caption	汽油种类
Option1	Index	0、1、2
	Caption	90 号汽油
		93 号汽油
		97 号汽油
Command1	Caption	退出

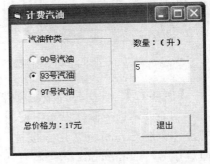

图 4-37   运行界面

程序代码如下：

```
Private Sub Option1_Click(Index As Integer)
'单击选项按钮计算
    Dim Prize(2) As Single
```

```
    Dim Total As Single
    Prize(0) = 2.9
    Prize(1) = 3.4
    Prize(2) = 3.6
    Total = Int(Prize(Index) * Text1 * 100) / 100
    Label2.Caption = "总价格为：" & Total & "元"
End Sub

Private Sub Command2_Click()
'单击退出按钮
    End
End Sub
```

程序分析：

Index 是当触发 Option1_Click 事件时传递的参数。

4.5　综合练习

【例 4-14】　按照 Windows 的字体对话框创建一个窗体，用来实现字体对话框的功能。

1. 界面设计

创建 2 个文本框 Text1 和 Text2，Text1 用来显示字体，Text2 用来显示实例；1 个下拉列表框 List1 用来选择字体，2 个选项按钮数组 Option1(0)和 Option1(1)用来选择字体样式，2 个复选框数组 Check1(0)和 Check1(1)用来选择效果，1 个组合框 Combo1 用来选择字号。

2. 属性设置

属性设置如表 4-13 所示。

表 4-13　对象的属性

对象类型	对象名	属性名	属 性 值
Form	Form1	Caption	字体
Text	Text1	Caption	空
	Text2	Caption	中文字体 AaBbXxYy
List	List1	List	宋体、黑体、幼圆、仿宋_GB2312、楷体_GB2312、隶书
OptionButton	Option1(0)	Caption	粗体
	Option1(1)	Caption	斜体
CheckBox	Check1(0)	Caption	删除线
	Check1(1)	Caption	下划线
ComboBox	Combo1	List	16、18、20、22、24

运行界面如图 4-38 所示。

3. 程序代码

选择复选框设置文本框 Text2 字体的删除线和下划线，删除线使用 FontStrikethru 属性，下划线使用 FontUnderline 属性。

```
Private Sub check1_Click(Index As Integer)
    If Index = 0 Then
    '设置字体的删除线
        Text2.FontStrikethru = True
    Else
    '设置字体的下划线
        Text2.FontStrikethru = False
    End If
    Else
End Sub
```

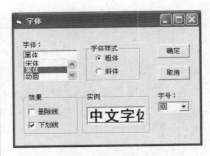

图 4-38　运行界面

通过选择组合框的下拉列表项来选择字号，字号使用 FontSize 属性。

```
Private Sub Combo1_Click()
'改变字号
    Text2.FontSize = Combo1.Text
End Sub
```

选择列表框 List1 的下拉列表项将所选择的字体显示在文本框 Text1 中。

```
Private Sub List1_Click()
'在文本框显示列表框的选项
    Text1 = List1.List(List1.ListIndex)
End Sub
```

选择"选项"按钮设置粗体或斜体，粗体使用 FontBold 属性，斜体使用 FontItalic 属性。

```
Private Sub Option1_Click(Index As Integer)
    If Index = 0 Then
    '设置字体为粗体
        Text2.FontBold = True
        Text2.FontItalic = False
    Else
    '设置字体为斜体
        Text2.FontBold = False
        Text2.FontItalic = True
    End If
End Sub
```

使用文本框设置字体，字体使用 FontName 属性。

```
Private Sub Text1_Change()
'改变字体
    Text2.FontName = Text1.Text
End Sub
```

```
Private Sub Command1_Click()
'单击确定按钮
    Unload Me
```

```
End Sub

Private Sub Command2_Click()
'单击取消按钮
    UnLoad Me
End Sub
```

4.6　典型考题解析

1．已知下面程序段实现将列表框 Listbox1 中所有列表内容删除，则下面哪条语句在横线处最合适。

```
For i = 0 To Listbox1.ListCount − 1
    _____
Next i
```

A．Listbox1.RemoveItem (0)　　　　B．Listbox1.RemoveItem (i)

C．Listbox1.RemoveItem (i+1)　　　D．Listbox1.RemoveItem (I-1)

解析：本题主要考 Listbox 控件的列表项删除方法 RemoveItem。

RemoveItem 方法的格式：list1.RemoveItem (Index)，Index 的值从 0 开始循环到 Listbox1.ListCount − 1。

正确答案是 B。

2．图 4-39 是应用程序的窗体，要求用户选中上面的复选框后，文本框中的文字以粗体显示，选中下面的复选框后，文本框中的文字以斜体显示。单击关闭按钮，结束应用程序运行。其中复选框名分别为 chkBold 和 chkItalic。

图 4-39　应用程序窗体

```
Private Sub chkBold_Click()
If _____(1)_____ Then
    txtDisplay.FontBold = True
Else
    txtDisplay.FontBold = _____(2)_____
End If
End Sub
Private Sub chkItalic_Click()
If _____(3)_____ Then
    txtDisplay.FontItalic = True
Else
    txtDisplay.FontItalic = False
End If
End Sub
```

```
Private Sub cmdClose_Click()
    ____(4)____ Me
End Sub
```

解析：本题主要考 CheckBox 控件的属性。

当 CheckBox 被选中时，则其 Value 属性值为 True。当单击"关闭"按钮时卸载窗体结束程序。

正确答案：（1）chkBold.Value（2）False（3）chkItalic.Value（4）Unload。

3．窗体 Form1 的名称属性是 frm，其 Load 事件过程名是 _____。

　　A．Form_Load　　　　B．Form1_Load　　　C．Frm_Load　　　　D．Me_Load

解析：本题主要考 Form 的事件名称，这个问题比较容易忽视。

所有控件的事件名都是"控件名.事件名"，而 Form 则不同，因为每个不同的 Form 的内容保存在不同的文件中，使用相同的名称在不同文件中是不会混淆的，因此所有 Form 的事件名称都是"Form.事件名"。

正确答案是 A。

4．在窗体 Form1 的 Click 事件过程中有以下语句：

```
Label1.Caption = "Visual Basic"
```

若本语句执行前，标签控件的 Caption 属性取默认值，则该标签控件的名称属性和 Caption 属性在执行本语句前的取值分别为_____。

　　A．Label，Label　　　　　　　　　B．Label，Caption

　　C．Label1，Label1　　　　　　　　D．Caption，Label

解析：本题主要考控件的 Name 和 Caption 属性的不同。

Name 是控件的唯一标识，只能在设计时修改，在运行时不能修改；当控件被创建时，默认的 Name 和 Caption 属性相同，都是"控件+个数"，因此刚创建时的 Name 和 Caption 属性都是 Label1。

正确答案是 C。

5．下面程序完成在输入框中输入一个整数，按"计算"后，在输出框中倒序输出，界面如图 4-40 所示。按"清空"后，两个文本框清空，并且输入文本框得到焦点。按"退出"，则结束程序，窗体名称为 Form1。

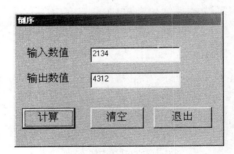

图 4-40 "倒序"界面

要求：

● 完善程序。

● 要实现窗体的如上样式，应在设计时作____(1)____和____(2)____设置。

```
Private Sub CMDCLEAR_Click()
Text1 = ""
    ____(3)____
    ____(4)____
```

```
End Sub
Private Sub CMDEXIT_Click()
END
End Sub
Private Sub CMDJS_Click()
    Dim X As Integer, Y As Integer
    X = Int(Text1)
    Do While_____(5)_____
        Y = Y * 10 + X Mod 10
        _____(6)_____
    Loop
    Text2 = Y
End Sub
```

解析：根据窗体的显示可以得出其 Caption 属性修改了而且标题栏没有控制框，因此（1）Form1.Caption="倒序"；（2）Form1.Controlbox=False；按"清空"按钮后，两个文本框清空；（3）Text2 = ""，并且输入文本框得到焦点，则（4）Text1.Setfocus；按"计算"后，在输出框中倒序输出，则循环中实现倒序功能，循环中通过求数据除 10 的余数得出最低位，并将数据其余位取出继续取最低位，直到所有位都为 0；（5）x<>0，用\实现商取整；（6）x=x\10，也可以 Int(x/10)。

习　　题

一、选择题

1．若在一个应用程序窗体上，依次创建了 CommandButton、TextBox、Label 等控件，运行该程序显示窗体时，_____ 会首先获得焦点。

  A．窗体　　　　B．CommandButton　　　　C．Label　　　　D．TextBox

2．窗体最小化的示意图标可用_____属性来设置。

  A．Picture　　　B．Image　　　　C．Icon　　　　D．MouseIcon

3．以下用法中错误的是_____。

  A．Text1.text=""　　B．File1.path=driver1.driver（文件/驱动器控件）

  C．Hscroll1.value=20（滚动条）　　　D．Check1.value=True（复选框）

4．下列叙述不正确的是_____。

  A．命令按钮的值属性是 Caption　　　　B．标签的值属性是 Caption

  C．复选框的值属性是 Value　　　　D．滚动条的值属性是 Value

5．当用户单击命令按钮时，_____属性可以使得命令按钮对激发事件无效。

  A．Name　　　B．Enable　　　　C．Default　　　　D．Cancel

6．将命令按钮的_____属性设置为 True，当用户按下 Esc 键时可以激发该命令按钮的 Click 事件。

  A．Name　　　B．Enable　　　　C．Default　　　　D．Cancel

7．引用列表框 List1 最后一个数据项应使用表达式_____。

  A．List1.List(List1.ListCount)　　　　B．List1.List(List1.ListCount-1)

  C．List1.List(ListCount)　　　　D．List1.List(.ListCount-1)

8. 当滚动滚动框时，将触发滚动框的_____事件。

    A．Move   B．Change   C．Scroll   D．Getfocus

9. 为了使图片框和图像框的大小适应图片的大小，下面设置正确的是_____。

    A. AutoSize = True   Stretch = True   B. AutoSize = True   Stretch = False

    C. AutoSize = False   Stretch = True   D. AutoSize = False   Stretch = False

10. 一个窗体中有多个命令按钮，则下面关于命令按钮的 Default 属性说法正确的是_____。

    A．必须有一个设定为 True   B．可以有多个设定为 True

    C．若第一个命令按钮的 Default 值设为 True，当设置另一个命令按钮的 Default 值设为 True 时，则第一个命令按钮的 Default 值自动转换为 False

    D．若第一个命令按钮的 Default 值设为 True，当设置另一个命令按钮的 Default 值设为 True 时，则第一个命令按钮的 Default 值不会转换为 False

11. 以下_____对象不可以使用 print 方法。

    A．窗体   B．图片框   C．打印机   D．文本框

12. 一个复选框的 Value 属性值不可能是_____。

    A．3   B．2   C．1   D．0

13. VB 中包含_____两类数组。

    A．属性、控件数组   B．数据、控件数组

    C．事件、方法数组   D．对象、控件数组

二、填空题

1. 学生的某次课程测验中，选择题的答案已记录在列表框 List1 中，其数据行格式是：学号为 6 个字符长度，2 个空格，选择题的答案为 15 个字符长度，程序根据标准答案进行批改，每答对一题给 1 分，并将得分存放在列表框 List2 中，标准答案存放在变量 Exact 中。运行界面如图 4-41 所示。

图 4-41　运行界面

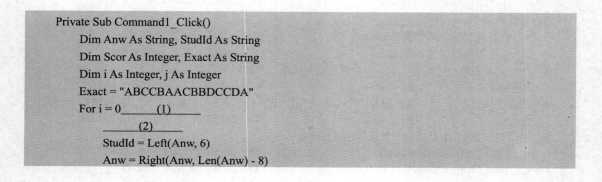

```
Private Sub Command1_Click()
    Dim Anw As String, StudId As String
    Dim Scor As Integer, Exact As String
    Dim i As Integer, j As Integer
    Exact = "ABCCBAACBBDCCDA"
    For i = 0_____(1)_____
        _____(2)_____
        StudId = Left(Anw, 6)
        Anw = Right(Anw, Len(Anw) - 8)
```

```
            Scor = 0
            For j = 1 To Len(Anw)
                If Mid(Anw, j, 1) = Mid(Exact, j, 1) Then
                    _____(3)_____
                End If
            Next j
            List2.AddItem StudId & " " & Scor
        Next i
    End Sub
```

2．在窗体上画一个名称为 Timer1 的计时器控件，要求每隔 0.5 秒发生一次计时器事件，则正确的属性设置语句是 _____。

3．使用_____方法可以将新的列表项添加到一个列表框中。

4．访问键是通过键盘来访问控件，访问键的设置是在控件的_____属性中用_____字符加在访问字符的前面，运行时按_____键加访问字符。

5．在文件列表框中显示*.bmp 文件，则在_____属性设置文件类型。

6．控件数组中的控件通过_____属性来区别。

三、上机题

1．在窗体上画一个标签显示 Welcome，画 3 个选项按钮在框架中，单击分别实现标签文本"靠左"、"靠右"和"居中"，如图 4-42 所示。

图 4-42　Welcome 标签显示

2．在窗体上画一个计时器控件和一个标签，程序运行后，在标签内显示经过的秒数。

3．使用滚动条的输入来调整 Image 控件尺寸的大小，垂直滚动条用来调整 Image 控件的高度，水平滚动条用来调整宽度。

4．在窗体中使用驱动器列表框、目录列表框和文件列表框，并实现它们的同步，显示*.doc 文件。

5．在窗体中使用两个列表框显示著名大学，单击按钮将列表项在两个列表框间移动，运行界面如图 4-43 所示。

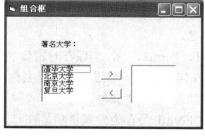

图 4-43　运行界面

CHAPTER *5* 第 章

应用界面设计

一个复杂的应用程序的界面往往需要由多个窗体组成，每个窗体完成不同的功能，如封面窗体、输入窗体和显示窗体等，形成系统的、完整的应用界面。

5.1 多窗体

5.1.1 使用多窗体

1．添加窗体

当创建新工程时，自动创建了一个空白的窗体 Form1。如果要在工程中添加新的窗体，添加窗体的方法有：

- 选择"工程"菜单→"添加窗体"菜单项。
- 单击工具栏上的"添加窗体"按钮。
- 用鼠标右键单击工程资源管理器，在弹出的菜单中选择"添加"菜单→"添加窗体"菜单项。

如图 5-1 所示，新添加的窗体默认名称为 Form2、Form3、…。在工程资源管理器中显示了"工程 1"中的"窗体"模块有两个窗体 Form1 和 Form2。

2．移除窗体

如果工程中已创建了多个窗体，需要移除窗体。可以用鼠标右键单击工程资源管理器窗口中要移除的窗体名，在出现的下拉菜单中（如图 5-1 所示），选择"移除 Form2"菜单项就在"工程 1"中移除了该窗体。移除该窗体后，该窗体就不包含在本工程中，但窗体文件并没有被删除，下次还可以添加进来。

3．设置窗体名称和文件名

窗体的默认名称为 Form1、Form2、…，当保存时窗体的文件名也默认为 Form1.frm、Form2.frm、…。窗体的名称在属性窗口中通过窗体的"名称"（Name）属性来设置；窗体的文件名则可以在第一次保存时，选择"文件"菜单→"保存"菜单项，或者在下一次保存时，选择"文件"菜单→"Form1 另存为"菜单项，在打开的保存文件对话框中输入自己的文件名。

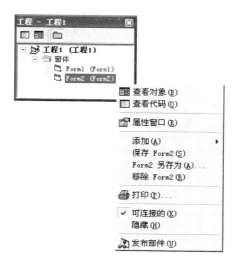

图 5-1 工程资源管理器

例如，在"工程 1"中创建 3 个窗体，分别用于输入学生信息、输入学生成绩和输入系别，将 3 个窗体的文件名设置为 FormStu.frm、FormScore.frm 和 FormDep.frm。则在工程资源管理器窗口中的显示如图 5-2 所示，而窗体名分别为 Form1、Form2 和 Form3。

5.1.2 设置启动窗体

每个应用程序都有开始执行的入口，应用程序开始运行时首先出现的窗体称为启动窗体。在默认情况下，创建的第一个窗体为启动窗体，如果想启动时首先启动别的窗体，那么就得修改启动窗体的设置。

设置启动窗体的方法：

① 选择"工程"菜单→"工程 1 属性"菜单项。

② 在工程属性的"通用"页中选择"启动对象"，在下拉列表中选择启动窗体名，如图 5-3 所示。

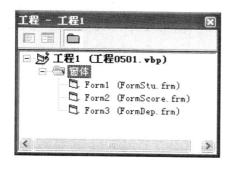

图 5-2 工程资源管理器

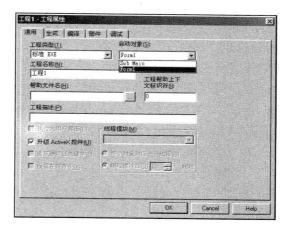

图 5-3 工程属性设置

③ 单击"确定"按钮。

5.1.3　窗体模板

VB 提供了多种窗体模板，当添加窗体时，会出现如图 5-4 所示的"添加窗体"对话框，一般添加的都是空白窗体，即选择第一个"窗体"图标，如果需要利用窗体的其他模板，可以选择其他的图标，有 VB 数据窗体向导、ODBC 登录、Web 浏览器、"关于"对话框、对话框、展示屏幕、日积月累、"登录"对话框和"选项"对话框。

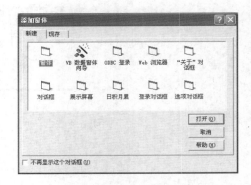

图 5-4　"添加窗体"对话框

例如，选择"ODBC 登录"则窗体显示如图 5-5（a）所示，选择"登录"对话框则窗体显示如图 5-5（b）所示。

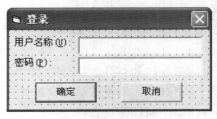

(a)　"ODBC 登录"对话框　　　　　　　(b)　"登录"对话框

图 5-5　窗体模板

如果选择"展示屏幕"则出现的窗体是在启动时的一个快速显示窗体，它通常显示的是应用程序名、版权信息和简单的位图等内容，就像启动 VB 时开始显示的窗口。当启动时需要装入大量数据或大型位图时，使用快速显示使应用程序装载的过程不会感觉等待过长，当数据装载完并装入第一个窗体时就卸载快速显示窗体。如图 5-6 所示为快速显示窗体，默认的窗体名为 frmSplash。

图 5-6　快速显示窗体

【例 5-1】 创建一个学生管理系统，工程中有两个窗体，第一个窗体为快速显示窗体 frmSplash，另一个为输入学生信息窗体 Form1。

（1）创建两个窗体

创建新的工程，出现空白的窗体 Form1；然后选择"工程"菜单→"添加窗体"菜单项，则出现如图 5-4 的添加窗体对话框，选择"展示屏幕"图标，在工程中加入第二个窗体 frmSplash。

（2）修改窗体属性

窗体 frmSplash 使用的是"展示屏幕"模板（如图 5-6），将不需要的控件删除，将标签内容修改为"学生信息管理系统"，运行界面如图 5-7（a）所示。

窗体 Form1 中放置一个标签 Label1 和一个按钮 Command1，属性设置如表 5-1 所示，运行界面如图 5-7（b）所示。

（a）frmSplash 运行界面

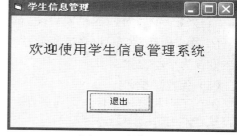
（b）Form1 运行界面

图 5-7　运行界面

表 5-1　属性设置

控件名	属性名	属性值	控件名	属性名	属性值
Form1	Caption	学生信息管理		Font	20
Label1	Caption	欢迎使用学生信息管理系统	Command1	Caption	退出

（3）添加程序代码

功能要求：

运行程序先出现 frmSplash 窗体，单击窗体或窗体中的框架 Frame1，显示下一个窗体 Form1 并卸载本窗体；单击窗体 Form1 中的"退出"按钮 Command1 则结束程序。

窗体 frmSplash 的程序代码如下：

```
Private Sub Form_Click()
'单击窗体
    Form1.Show
    Unload Me
End Sub
```

```
Private Sub Frame1_Click()
'单击框架
    Form1.Show
    Unload Me
End Sub
```

窗体 Form1 的程序代码如下：

```
Private Sub Command1_Click()
'单击退出按钮
    Unload Me
End Sub
```

程序分析：

- 窗体的 Show 方法是用来显示窗体。
- 在第二个窗体 Form1 中使用 Unload Me 语句卸载窗体就结束了程序。

（4）调整窗体布局

在窗体布局窗口中调整两个窗体的位置，如图 5-8 所示。

（5）设置启动窗体

当有多个窗体时，应设置启动窗体，选择"工程"菜单→"工程1属性"菜单项，在工程属性对话框中将 frmSplash 窗体设置为启动窗体。

图 5-8　窗体布局窗口

（6）保存工程

保存工程和窗体文件，则需要保存一个*.vbp 文件和两个*.frm 文件。

5.2　菜单

一个大的应用程序如果没有菜单，就会让用户感到无从下手，现在的用户已经习惯使用快捷方便的菜单来进行操作。在 Windows 环境下菜单是应用程序窗口基本的组成元素之一，VB 可以方便地创建程序的菜单。

5.2.1　菜单的基本概念

在 Windows 应用程序中操作一个软件最直观、方便的工具莫过于菜单的应用，菜单分两种类型：下拉式菜单和弹出式菜单。

1. 下拉式菜单

Windows 应用程序界面中的下拉式菜单如图 5-9 所示。

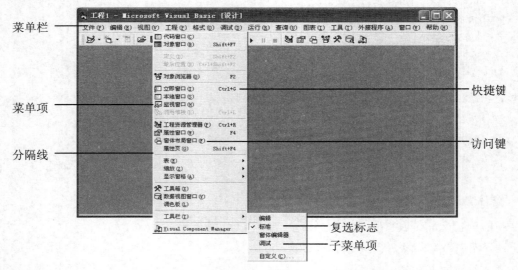

图 5-9　菜单

关于菜单应了解以下几个术语。

（1）菜单栏

菜单栏出现在窗体的标题栏下面，包含一个或多个菜单标题。当单击一个菜单标题（如"视图"），它包含的菜单项就显示在下拉列表中。

（2）菜单

菜单就是当用鼠标单击菜单栏上的菜单标题时，出现的下拉列表。

（3）菜单项

菜单的每个列表项称为一个菜单项。

菜单项可以是命令、分隔条和子菜单标题，菜单项至少包括一个命令。有的菜单项是直接执行动作，如"文件"菜单中的"退出"菜单项；有的菜单项是显示一个对话框，在这些菜单项后应加上省略符。

（4）子菜单

子菜单又称"级联菜单"，是从一个菜单项分支出来的菜单。凡是带子菜单的菜单项，其后都有一个箭头▶，菜单可以包含最多五级子菜单。通常，当要突出与上级菜单的关系或菜单条已满以及某菜单很少被用到时使用子菜单。

2．弹出式菜单

弹出式菜单又称为快捷菜单，弹出式菜单是当单击鼠标右键时出现的菜单，是独立于菜单栏的浮动式菜单，弹出式菜单上显示的菜单项取决于鼠标右键按下时鼠标指针所在的位置。

5.2.2　菜单编辑器

菜单编辑器是 VB 提供的用于设计菜单的编辑器。用菜单编辑器可以创建新的菜单和菜单栏，也可以在已有的菜单上增加新菜单栏或者修改、删除已有的菜单和菜单栏。

1．打开菜单编辑器

打开菜单编辑器的方法：

- 选择"工具"菜单→"菜单编辑器"菜单项。
- 在"工具栏"上单击"菜单编辑器" 按钮。
- 按 Ctrl+E 键。

如图 5-10（a）所示为创建的菜单，图 5-10（b）所示为菜单编辑器窗口。

2．菜单编辑器的设计

在菜单编辑器中需要设计的具体内容如下。

（1）标题（Caption）

"标题"文本框用于设置在菜单栏上显示的文本。

- 如果菜单想打开的是一个对话框，在标题文本的后面应加"…"。
- 如果需要设置菜单项的访问键，可以用&+访问字符的格式，在运行时访问字符会自动加上一条下划线，两个同级菜单项不能用同一个访问字符。&字符则不可见。

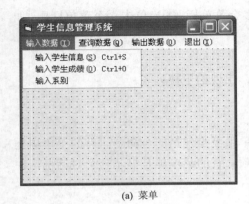

(a) 菜单

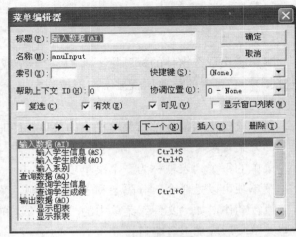

(b) 菜单编辑器

图 5-10　菜单创建

例如，图 5-10（a）所示，按 Alt+I 可打开"输入数据"的下拉菜单。

（2）名称（Name）

在"名称"文本框中，设置用来在代码中引用该菜单项的名字。菜单项名称应当唯一，但不同菜单中子菜单项可以重名。

菜单的名称一般以 mnu 作为前缀，后面为各级菜单的名称，例如"输入数据"菜单名称为 mnuInput。

（3）快捷键（ShortCut）

在快捷键组合框中可以输入快捷键，也可以选取功能键或键的组合来设置，要删除快捷键应选取列表顶部的 None。

例如，为"输入学生信息"菜单项创建快捷键 Ctrl+S，在运行时按 Ctrl+S 可以运行该菜单命令。

注意：在菜单的第一级菜单不能设置快捷键。

（4）分隔条

分隔条为菜单项间的一条水平线，当菜单项很多时，可以使用分隔条将菜单项划分成一些逻辑组。如图 5-9 的"视图"菜单中用分隔线分成几组。

如果想增加一个分隔条，选取"插入"，在"标题"文本框中输入一个连字符"-"然后输入名称。虽然分隔条是当作菜单控件来创建的，但不能被选取。

（5）其他属性

- 复选（Checked）标记：当设置为 True 在输入框中打√，则运行时初次打开菜单项，该菜单项的左边显示"√"，用来指出可切换的命令选项的开关状态。在菜单条上的第一级菜单不能使用该属性。
- 有效（Enabled）属性：当设置为 True 在输入框中打√，在运行时以清晰的文字出现，表示该菜单可使用；未选中则在运行时以灰色的文字出现，表示禁止使用。
- 索引（Index）：在索引输入框中建立控件数组的下标。
- 可见（Visible）：在输入框中打√设置为 True，则菜单项可见，一个不可见的菜单项是不能执行的。

- 帮助上下文（HelpContextID）：指定一个唯一的数值作为帮助文本的标识符，可根据该数值在帮助文件中查找适当的帮助主题。
- 显示窗口列表（WindowList）属性：当菜单要包括一个打开的所有 MDI（多文档界面）子窗口的列表时，在输入框中打√。

（6）按钮

- "下一个"（Next）按钮：添加下一个菜单项。
- "插入"（Insert）按钮：插入一个菜单项。
- "删除"（Delete）按钮：删除菜单项。
- "↑"或"↓"按钮：向上下移动菜单项。
- "→"按钮：向里缩进，菜单项前加了 4 个点"...."，变为下一级菜单。
- "←"按钮：删除菜单项前的 4 个点，变为上一级菜单。

例如，在图 5-10（a）中，"输入学生信息"菜单为"输入数据"菜单的下一级子菜单，单击"→"箭头缩进。

当创建完菜单项后，单击菜单编辑器的"确定"按钮，创建的菜单标题将显示在窗体上。图 5-10（a）中的各菜单项属性设置如表 5-2 所示。

表 5-2　菜单项的设置

菜单级别	标　　题	名　　字	快捷键
菜单级	输入数据(&I) 输入学生信息(&S) 输入学生成绩(&O) 输入系别	mnuInput mnuInputStu mnuInputScore mnuInputDep	 Ctrl+S Ctrl+O
菜单级	查询数据(&Q) 查询学生信息 查询学生成绩	mnuQuery mnuQueryStu mnuQueryScore	 Ctrl+G
菜单级	输出数据(&O) 显示图表 显示报表	mnuOutput mnuOutputTab mnuOutputRep	
菜单级	退出(&X)	mnuExit	

3. 属性窗口

菜单属性可以在菜单编辑器中设置，也可以在属性窗口中设置，属性窗口如图 5-11 所示。

图 5-11　菜单控件属性窗口

5.2.3　菜单的代码设计

1. 菜单的 Click 事件

菜单控件只包含一个事件，即 Click 事件，每个菜单项都被当作一个控件，当用鼠标单击或键盘选中后按 Enter 键时触发该事件，除分隔条以外的所有菜单控件都能识别 Click 事件。

【例 5-2】 使用图 5-10 所示窗体 FormCover，单击"输入数据"菜单，打开"输入学生信息"窗体 Form1、"输入学生成绩"窗体 Form2 和"输入系别"窗体 Form3。

创建工程，并在工程中添加 4 个窗体，启动窗体为 FormCover（图 5-10），3 个窗体 Form1、Form2 和 Form3。

编写单击菜单程序，程序代码如下：

```
Private Sub mnuInputStu_Click()
'打开输入学生信息窗体
    Form1.Show
End Sub
```

```
Private Sub mnuInputScore_Click()
'打开输入学生成绩窗体
    Form2.Show
End Sub
```

```
Private Sub mnuInputDep_Click()
'打开输入系别窗体
    Form3.Show
End Sub
```

```
Private Sub mnuInputExit_Click()
'退出
    Unload Me
End Sub
```

对于菜单条，单击时将自动地显示出下拉菜单，因此没有必要为一个菜单条中菜单的 Click 事件过程编写代码。

2．运行时改变菜单属性

（1）使菜单命令有效或无效

所有的菜单项都具有 Enabled 属性，Enabled 属性默认值为 True（有效）。当 Enabled 属性设为 False 时，菜单项会变暗，菜单命令无效不响应动作，快捷键也无效。上级菜单无效会使得整个下拉菜单无效。

例如，使图 5-10 中"输入数据"菜单的"输入系别"菜单项无效：

mnuInputDep.Enabled = False

（2）显示菜单控件的复选标志

使用菜单项的 Checked 属性，可以设置复选标志，如果 Checked 属性为 True 表示含有复选标志。

例如，使图 5-10 中"输入数据"菜单的"输入系别"菜单项复选框有效：

mnuInputDep.Checked = True

（3）使菜单控件不可见

在运行时，要使一个菜单项可见或不可见，可以从代码中设置其 Visible 属性。当下拉菜单中的一个菜单项不可见时，则其余菜单项会上移以填补其位置。如果菜单条上的菜单不可见，则菜单条上其余的控件会左移以填补其空间。

例如，使图 5-10 中"输入数据"菜单的"输入系别"菜单项不可见：

mnuInputDep.Visible = False

使菜单控件不可见也产生使之无效的作用，通过菜单、访问键或者快捷键都无法访问该控件。

（4）运行时添加菜单项

运行时可以添加菜单项，例如，VB 的"文件"菜单就是根据打开的工程名添加菜单，显示出最近打开的工程名，如图 5-12 所示。

与前面介绍的控件数组一样，在运行时添加菜单项必须使用控件数组。在设计时设置该菜单项的 Index 属性为 0，使它成为控件数组的一个元素。

如果要添加或删除控件数组中的菜单控件，可以使用 Load 或 Unload 语句。

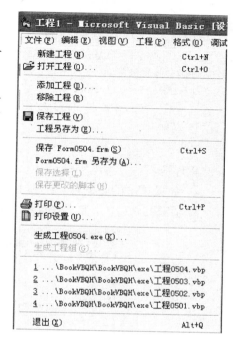

图 5-12　创建菜单项

5.2.4　弹出式菜单

弹出式菜单是单击鼠标右键时弹出的菜单，弹出式菜单也称为快捷菜单，任何至少有一个菜单项的菜单，都可以作为弹出式菜单。弹出式菜单可以根据用户单击鼠标右键时的位置，动态地调整菜单项的显示内容。

创建弹出式菜单的步骤：

① 使用"菜单编辑器"创建菜单。

② 使顶级菜单的"可见"框不打"√"即 Visible 属性设置为 False。

③ 编写相应与弹出式菜单相关联的 MouseUp（释放鼠标）事件代码，需要使用对象的 PopupMenu 方法。

语法：

[对象.]PopupMenu 菜单名[,位置常数[,横坐标 [,纵坐标]]]

位置常数有以下几种：

- vbPopupMenuLeftAlign：用横坐标位置定义该弹出式菜单的左边界（默认）。
- vbPopupMenuCenterAlign：弹出式菜单以横坐标位置为中心。
- vbPopupMenuRightAlign：用横坐标位置定义该弹出式菜单的右边界。

例如，在图 5-10 的窗体中使用弹出式菜单显示帮助信息。

在菜单编辑器中创建"帮助"菜单 mnuHelp，mnuHelp 菜单项的"可见"框不打 √ 即 Visible 属性设置为 False。各菜单项属性设置如表 5-3 所示。运行界面如图 5-13 所示，显示在窗体空白处单击鼠标右键出现的弹出式菜单。

表 5-3　菜单项的设置

菜单名	属性名	属性值	说　明
mnuHelp	Caption	帮助	菜单级
	Visible	False	
mnuHelpTopic	Caption	主题	下一级菜单
mnuHelpKey	Caption	关键字	下一级菜单

当单击窗体的任意位置时出现"帮助"弹出式菜单。添加程序代码如下：

```
Private Sub Form_MouseUp(Button As Integer, Shift As Integer, X As Single, Y As Single)
'在窗体上释放鼠标
    If Button = 2 Then                      '鼠标右键
        PopupMenu mnuHelp
    End If
End Sub
```

程序分析：

- 如果单击的是鼠标右键则 Button = 2，单击的是左键则 Button = 1。
- 在图 5-13 中，弹出式菜单 mnuHelp 的第一级"帮助"菜单项不显示。

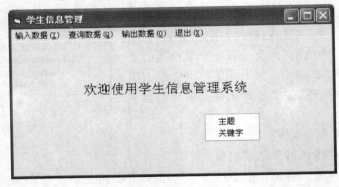

图 5-13　弹出式菜单

直到菜单项被选中或者取消这个菜单时，PopupMenu 方法后面的代码才会运行。

5.3　工具栏

工具栏在 Windows 应用程序中是大家非常熟悉的，工具栏是用户访问应用程序的常用功能和命令的图像按钮集合。工具栏同样以其直观、快捷的特点出现在各种应用程序中，给用户带来比菜单更为快速的操作。

1．创建工具栏的步骤

工具栏是工具条（Toolbar）控件和图像列表（ImageList）控件的组合。Toolbar 控件和 ImageList 控件是 ActiveX 控件，因此在使用时必须将其 OCX 文件添加到工程中。VB 专业版和企业版中都有 Toolbar 控件和 ImageList 控件。

创建工具栏的步骤：

① 添加 MSCOMCTL.OCX 文件。

② 创建 ImageList 控件作为要使用的图形集合。

③ 创建 Toolbar 控件，并将 Toolbar 控件与 ImageList 控件相关联，创建 Button 对象。

④ 在 ButtonClick 事件中添加代码。

2．添加 MSCOMCTL.OCX 文件

用鼠标右键单击控件箱，选择快捷菜单中的"部件"菜单项，在如图 5-14 的"控件"
选项卡中选择 Microsoft Windows Common
Controls 6.0，然后单击"确定"按钮，则在控件
箱中就添加了多个 ActiveX 控件，其中有
ImageList  和 Toolbar 控件。

在窗体中放置 Toolbar 控件为 Toolbar1，放
置 ImageList 控件为 ImageList1，则 Toolbar1 控
件自动放置在菜单下面即窗体的顶部。

3．创建 ImageList 控件

ImageList 控件的作用就像图像的储藏室，
ImageList 控件不能独立使用，它需要 Toolbar 控
件来显示所储存的图像。ImageList 控件的
ListImage 属性是对象的集合，每个对象可存放图

图 5-14　"部件"对话框

像文件，图像文件类型有.bmp、.cur、.ico、.jpg 和.gif，并可通过索引或关键字来引用每个
对象。

在 ImageList 控件中装入要使用在 Toolbar 控件中的所有图像，按照顺序将需要的图像
插入到 ImageList 中。创建 ImageList 控件的步骤如下：

① 在窗体上创建 ImageList1 后，用鼠标右键单击 ImageList1 控件，在出现弹出式菜
单选择"属性"命令，则出现属性页，如图 5-15 所示。

② 选择"图像"选项卡，单击"插入图片"按钮选择图形文件，在"图像"选项卡
中插入图片。

③ 在图 5-15 中修改索引值和关键字。

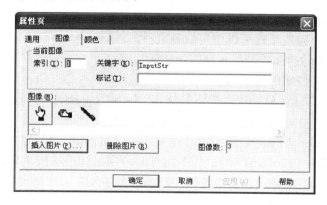

图 5-15　ImageList 控件属性页

例如，在 ImageList1 控件中装入在 Toolbar 控件中的 3 个图像，分别是输入学生信息、输入学生成绩和输入部门，并输入关键字。

ImageList 控件可以包含任意大小的所有类型的图片文件，但是图片的显示大小都相同。一旦 ImageList 关联到其他控件，就不能再删除或插入图像了。ImageList 控件也可以与 ListView、ToolBar、TabStrip、Header、ImageCombo 和 TreeView 控件组合起来使用。

4. 将 Toolbar 控件与 ImageList 控件相关联

Toolbar 控件包含一个按钮（Button）对象集合，可以通过添加按钮（Button）对象来创建工具栏。

Toolbar 与 ImageList 控件关联的步骤如下：

① 用鼠标右键单击 Toolbar 控件出现弹出式菜单，选择"属性"命令，则出现"属性页"。

② 在"属性页"的"通用"选项卡的"图像列表"中，单击下拉箭头，选择 ImageList1，如图 5-16（a）所示。

③ 将"属性页"切换到"按钮"（Buttons）选项卡，创建按钮（Button）对象，如图 5-16（b）所示。其中各项功能说明如下。

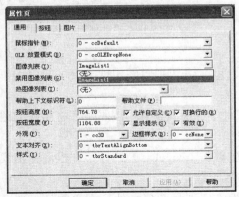
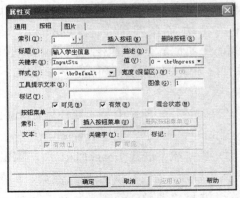

(a) 通用属性页　　　　　　　　　　　　　(b) 按钮属性页

图 5-16　属性页

- 插入按钮、删除按钮：添加或删除工具栏中的按钮。
- 索引（Index）、关键字（Key）：每个按钮都有唯一的标识，Index 为整型，Key 为字符串型，访问按钮时可以引用二者之一。
- 标题（Caption）：标题是显示在按钮上的文字。
- 描述：描述是按钮的说明信息。
- 值（Value）：Value 属性决定按钮的状态，0-tbrUnpressed 为弹起状态，1-tbrPressed 为按下状态。
- 图像（Image）：按钮上显示的图片在 ImageList 控件中的编号。
- 工具提示文本（ToolTipText）：程序运行时，当鼠标指向按钮时显示的说明。

例如，在 Toolbar1 中插入了 3 个按钮，在属性页中设置的值如表 5-4 所示，运行界面如图 5-17 所示。

表 5-4　Toolbar 各属性设置表

索引	关键字	标题	图像
1	InputStr	输入学生信息	1
2	InputScore	输入学生成绩	2
3	InputDep	输入部门	3

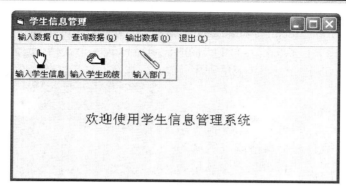

图 5-17　运行界面

5. 编写 ButtonClick 事件代码

ButtonClick 事件是当单击某个按钮时触发的，可以用按钮的 Index 属性或 Key 属性标识被单击的按钮。使用 Select Case 结构来实现单击按钮的功能。

例如，单击工具栏 ToolBox1，通过按钮对象的索引（Index）属性来标识被单击的是哪个按钮。程序代码如下：

```
Private Sub Toolbar1_ButtonClick(ByVal Button As MSComctlLib.Button)
    Select Case Button.Index
        Case 1
            '打开输入学生信息窗体
            Form1.Show
        Case 2
            '打开输入学生成绩窗体
            Form2.Show
        Case 3
            '打开输入部门窗体
            Form3.Show
    End Select
End Sub
```

5.4　多文档界面

5.4.1　界面样式

用户界面样式主要有单文档界面（SDI）和多文档界面（MDI）。

1．SDI 界面

SDI 界面（single document interface）是单文档界面，指在应用程序中每次只能打开一个文档，想要打开另一个文档时，必须先关闭已打开的文档。不能将一个窗体包含在另一个窗体中，所有的界面都可以在屏幕上自由地移动。

本书中介绍的大都是 SDI 界面。

2．MDI 界面

MDI 界面（multiple document interface）是多文档界面，在应用程序中可以允许单个父窗体中包含多个子窗体。多文档界面用于同时浏览或比较多个文档，使数据交换更加方便，Microsoft Word 和 Microsoft Excel 应用程序就是 MDI 界面。

3．资源管理器界面

另一种资源管理器界面越来越流行，资源管理器界面是指包括有两个窗格或者区域的一个单独的窗口。通常左半部分是一个树型的或者层次型的视图，右半部分是一个显示区。这种样式的界面可用于定位或浏览大量的文档、图片或文件。

例如，Windows 资源管理器就是这样的一种界面，如图 5-18 所示。

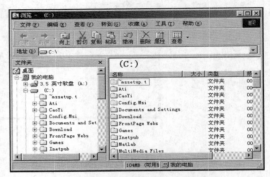

图 5-18　Windows 资源管理器

5.4.2　多文档界面概述

多文档界面的主窗体（MDI 窗体）作为其他窗口的容器，称为父窗口。在父窗口中的其他多个窗体为子窗体。一个应用程序只能存在一个父窗体。

父窗口为应用程序中所有的子窗口提供工作空间。当最小化父窗口时，所有的子窗体也被最小化，只有父窗口的图标显示在任务栏中。但子窗口是独立与父窗口存在的，可以随意打开或关闭子窗口。

1．创建 MDI 应用程序的步骤

创建 MDI 应用程序的步骤如下：

① 选择"工程"菜单→"添加 MDI 窗体"菜单项，窗体的默认名为 MDIForm1。

② 选择"工程"菜单→"添加窗体"菜单项，创建一个新窗体 Form1（或者打开一个存在的窗体）。

③ 把子窗体 Form1 的 MDIChild 属性设为 True。

④ 选择"工程"菜单→"工程属性"，在"工程属性"对话框中将子窗体 Form1 设置为启动对象。

例如，创建一个学生信息管理 MDI 窗体 MDIForm1，一个子窗体 Form1 用于输入学生信息，启动对象为窗体 Form1，则运行后的界面显示如图 5-19 所示。

如果想在程序运行时添加子窗体即新建窗体，可利用如下格式：

```
Dim newform As New Form1
newform.Show
```

说明：newform 为窗体变量。菜单中的"新建"菜单项的程序代码就是新建窗体，每单击该菜单项一次就增加一个子窗体。为了显示出不同的标题，可以在使用 Show 之前修改其 Caption 属性。

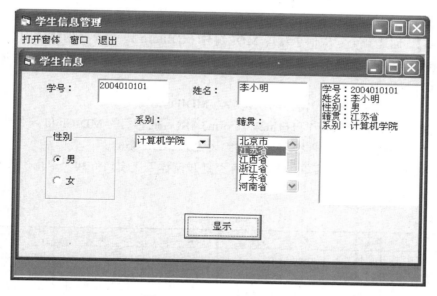

图 5-19 MDI 窗体运行界面

2．MDI 特性

（1）父菜单和子菜单

MDI 窗体有自己的菜单，MDI 窗体通常只有打开了子窗体才有意义，因此 MDI 窗体的菜单条至少有两个菜单："装入子窗体"和"退出"。

各个子窗体也有自己的菜单，当子窗体设计了菜单后，运行时打开子窗体的菜单会出现在 MDI 窗体的菜单条上，子窗体不能显示自己的菜单。如果关闭子窗体则 MDI 窗体的菜单就代替了子窗体的菜单。

由于 MDI 窗体和各个子窗体都有菜单，为了防止混淆，在设计 MDI 窗体的菜单时应该注意，习惯的做法是尽量将 MDI 窗体的菜单功能减少，而且在 MDI 窗体中设计的菜单在其他子窗体中应该重复。

（2）Arrange 方法

Arrange 方法用于以不同的方式排列 MDI 窗体中的窗口和图标。Arrange 方法值如表 5-5 所示。

表 5-5 Arrange 方法

常　　量	数值	说　　明
vbCascade	0	层叠式排列所有子窗体
vbTileHorizontal	1	水平方向平铺所有子窗体
vbTileVertical	2	垂直方向平铺所有子窗体
vbArrangeIcons	3	在 MDI 窗体底部放置最小化子窗体的图标

（3）Screen 对象和 Screen.ActiveForm 属性

Screen 对象能够提供当前窗体或控件的详细信息。

如果屏幕上有多个窗体，通过 Screen 对象的 ActiveForm 属性能够引用当前屏幕中激活的窗体，而无需使用当前窗体对象的名称。

【例 5-3】 创建一个学生信息管理 MDI 窗体 MDIForm1，3 个子窗体分别是 Form1、Form2、Form3，分别用于输入学生信息、输入学生成绩和输入系别，启动对象为窗体 Form1。

界面设计步骤如下：

① 添加一个 MDI 窗体，窗体的默认名为 MDIForm1。

② 添加 3 个新窗体 Form1、Form2 和 Form3，然后把它们的 MDIChild 属性设为 True。

③ 在"工程属性"对话框中将启动对象设置为 MDIForm1。

④ 在 MDI 窗体设计父菜单，菜单条有"打开窗体"、"窗口"和"退出"菜单项。如表 5-6 所示。

表 5-6　父菜单项

菜单级	标题	名　字	菜单级	标题	名　字
菜单	打开窗体	mnuOpen	菜单	窗口	mnuWindow
子菜单	打开窗体 1	mnuOpenForm1	子菜单	层叠式排列	WindowCascade
子菜单	打开窗体 2	mnuOpenForm2	子菜单	水平方向平铺	WindowHorizontal
子菜单	打开窗体 3	mnuOpenForm3	子菜单	垂直方向平铺	WindowVertical
分隔条	—	mnuF	子菜单	排列图标	WindowIcons
菜单	退出	mnuExit	子菜单		

⑤ 程序设计

程序代码如下：

单击"打开窗体"菜单的下拉菜单项，可以打开相应的窗体。

```
Private Sub mnuOpenForm1_Click()
'打开Form1
    Form1.Show
End Sub
```

```
Private Sub mnuOpenForm2_Click()
'打开Form2
    Form2.Show
End Sub
```

```
Private Sub mnuOpenForm3_Click()
'打开Form3
    Form3.Show
End Sub
```

单击"窗口"菜单的下拉菜单项，将打开的窗体按不同的方式排列。

```
Private Sub WindowCascade_Click()
'层叠式排列
    MDIForm1.Arrange0
End Sub

Private Sub WindowHorizontal_Click()
'水平方向平铺
    MDIForm1.Arrange1
End Sub

Private Sub WindowIcons_Click()
'重排最小化子窗体图标
    MDIForm1.Arrange3
End Sub

Private Sub WindowVertical_Click()
'垂直方向平铺
    MDIForm1.Arrange2
End Sub

Private Sub mnuExit_Click()
 '退出
    End
End Sub
```

　　运行界面如图 5-20 所示，显示"打开窗体"菜单的下拉菜单项，可以打开 3 个窗体，并选择"窗口"菜单→"水平方向平铺"菜单项排列窗体。

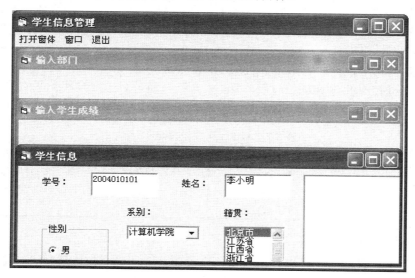

图 5-20　学生信息管理运行界面

5.5　通用对话框控件

前面介绍过的 InputBox 和 MsgBox 可以创建简单的输入框和消息框，但更多的时候需要专门定制的如"打开"、"保存"等对话框，VB 提供了 ActiveX 控件通用对话框，可以方便地创建各种标准对话框。

5.5.1　创建通用对话框控件

通用对话框控件是一个 ActiveX 控件，在使用前必须将其添加到控件箱中。

1. 创建通用对话框控件

创建通用对话框控件的步骤：

① 用鼠标右键单击控件箱，选择快捷菜单中的"部件"菜单项。

② 在部件对话框中选择 Microsoft Common Dialog Control 6.0，是在 C:\Windows\System\Comdlg32.ocx 文件中。控件箱中就会出现通用对话框控件的图标▦。

③ 将通用对话框控件放置到窗体界面中，则在窗体中就有了 Common Dialog1 控件。在程序运行时通用对话框控件是不可见的，因此可以将它放置在窗体的任何位置。

2. 设置通用对话框控件的属性

通用对话框控件可以产生 Windows 常用的 6 个标准对话框，包括文件对话框（"打开"对话框、"另存为"对话框）、"颜色"对话框、"字体"对话框、"打印"对话框和"帮助"对话框。

每种对话框都有自己特殊的属性，这些属性既可以在属性窗口中设置，也可以在代码中设置；在程序中可以通过设置该控件的 Action 属性或 Show 方法来设置对话框，也可以在"属性页"对话框中设置。

（1）通用对话框控件的 Action 属性或 Show 方法

通用对话框控件的 Action 属性和 Show 方法与通用对话框控件类型的关系如表 5-7 所示。

表 5-7　Action 属性和 Show 方法

控件类型	Action 属性	Show 方法	控件类型	Action 属性	Show 方法
"打开"对话框	1	ShowOpen	"字体"对话框	4	ShowFont
"另存为"对话框	2	ShowSave	"打印"对话框	5	ShowPrinter
"颜色"对话框	3	ShowColor	"帮助"对话框	6	ShowHelp

（2）属性页

通用对话框控件的属性可以在属性窗口中设置，在属性窗口中选择"自定义"，再单击右侧的"…"按钮，将出现"属性页"对话框；也可以用鼠标右键单击通用对话框控件，选择"属性"菜单项，可以打开属性页设置属性。

5.5.2 "文件"对话框

文件对话框有两种:"打开"对话框和"另存为"对话框。

1. "打开"对话框

"打开"对话框可以用来指定文件所在的驱动器、文件夹及文件名、文件扩展名。显示"打开"对话框的语句格式为:

通用对话框控件名.Action=1

或

通用对话框控件名.ShowOpen

"打开"对话框中还包括很多可在对话框中设置的控件属性,常用属性如表 5-8 所示。

表 5-8 "打开"对话框的常用属性

属 性 名	说 明
DialogTitle(对话框标题)	设置对话框的标题
FileName(文件名称)	设置对话框中选中的文件名
Filter(过滤器)	设置对话框中可以显示的文件类型
FilterIndex(过滤器索引)	当 Filter 属性设置了多种文件类型时,该属性设置默认的文件类型
InitDir(初始化路径)	设置对话框的初始文件的目录

Filter(过滤器)属性的设置格式为:

"文件类型描述 1|(文件类型 1)|文件类型描述 2|(文件类型 2)|…"

例如,打开图形文件*.jpg、*.bmp 和*.gif 文件:

```
CommonDialog1.Filter = "BMP文件(*.bmp)|*.bmp|GIF文件(*.gif)|*.gif|JPG文件(*.jpg)|*.jpg"
CommonDialog1.ShowOpen
```

"打开"文件对话框如图 5-21 所示。

通用对话框控件的对话框必须先关闭后才能继续运行后面的语句,是一种模式对话框。

图 5-21 "打开"对话框

2．"另存为"对话框

"另存为"对话框可以用来指定文件所要保存的驱动器、文件夹及文件名，显示"另存为"对话框的语句格式为：

通用对话框控件名.Action=2

或

通用对话框控件名.ShowSave

"另存为"对话框的属性与"打开"对话框基本相同，"另存为"对话框还可以使用 DefaultExt 属性设置保存文件的默认扩展名。DefaultExt 属性的设置格式为：

通用对话框控件名.DefaultExt="文件格式"

【例 5-4】 使用"打开"对话框控件来打开并显示图形文件，用通用对话框控件代替例 4-11 的 3 个文件系统控件，用另存为对话框保存图形文件。

界面设计：在窗体中放置 1 个通用对话框控件 CommonDialog1 用来打开和另存文件，一个图片框 Picture1 用来显示图片，1 个框架 Frame1 和 3 个按钮 Command1～Command3，Command1 按钮"显示图片"用来打开并显示图形文件，Command2 按钮"另存文件"用来另存文件，Command3 按钮"退出"用来结束程序。

属性设置如表 5-9 所示。

表 5-9　控件属性设置表

对象名	属性名	属性值	对象名	属性名	属性值
Form1	Caption	显示图片并保存文件	Command2	Caption	另存文件
Frame1	Caption	空	Command3	Caption	退出
Command1	Caption	显示图片			

运行界面如图 5-22（a）所示，为打开并显示图片的界面，"另存为"对话框如图 5-22（b）所示。

(a) 运行界面　　　　　　　　　　　(b) "另存为"对话框

图 5-22　文件对话框

程序代码如下：

先设置 CommonDialog1 的初始目录和显示文件类型，然后装载图片文件到 Picture1。

```
Private Sub Command1_Click()
```

```
'单击显示图片按钮
    With CommonDialog1
        .InitDir = "C:\"
        .Filter = "BMP文件(*.bmp)|*.bmp|GIF文件(*.gif)|*.gif|JPG文件(*.jpg)|*.jpg"
        .Action = 1
        Frame1.Caption = .FileName                          '显示文件名
        Picture1.Picture = LoadPicture(.FileName)           '装载图片框的图形文件
    End With
End Sub
```

先设置 CommonDialog1 的初始目录、显示文件类型和默认保存文件类型，然后另存
Picture1 所显示的文件。

```
Private Sub Command2_Click()
'单击另存文件按钮
    With CommonDialog1
        .InitDir = "C:\"
        .Filter = "BMP文件(*.bmp)|*.bmp|GIF文件(*.gif)|*.gif|JPG文件(*.jpg)|*.jpg"
        .DefaultExt = "jpg"
        .Action = 2
        SavePicture Picture1.Picture, .FileName
    End With
End Sub
```

```
Private Sub Command3_Click()
'单击退出按钮
    End
End Sub
```

程序分析：
- CommonDialog1.FileName 为打开或保存的文件名。
- SavePicture 语句是将图形保存到文件中，以其原来的图片格式保存。

语法：

SavePicture Picture 字符串

其中，Picture 为图片框或图像框的图片，字符串为要保存的文件名。

5.5.3　"字体"对话框

"字体"对话框用来指定字体、大小、颜色、样式设置字体，显示"字体"对话框的语句：

通用对话框控件名.Action=4

或

通用对话框控件名.ShowFont

"字体"对话框的常用属性如表 5-10 所示。

表 5-10   "字体"对话框的常用属性

属性名	说　　明
Flags	设置或返回"字体"对话框的样式
	1 对话框中只列出系统支持的屏幕字体
	2 对话框中只列出由 hDC 属性指定的打印机支持的字体
	3 对话框中只列出打印机和屏幕支持的字体
	4 对话框显示帮助按钮
	⋮
	256 对话框中允许设置删除线、下划线和颜色效果
Color	确定颜色，如要使用这个属性，必须先将 Flags 属性设置为 256
FontBold	是否选定了粗体
FontItalic	是否选定了斜体
FontStrikethru	是否选定删除线，如要使用这个属性，必须先将 Flags 属性设置为 256
FontUnderline	是否选定下划线，如要使用这个属性，必须先将 Flags 属性设置为 256
FontName	选定字体的名称
FontSize	选定字体的大小

如果设置的"字体"对话框样式是几种的组合，则将 Flags 属性设置为几种样式值之和。例如，对话框中显示打印机和屏幕支持的字体并且允许设置删除线、下划线和颜色效果：

CommonDialog1.Flags =3+256

"字体"对话框如图 5-23 所示。

5.5.4   "颜色"、"打印"和"帮助"对话框

显示"颜色"对话框、"打印"对话框和"帮助"对话框的语句分别是将 Action 属性设置为 3、5 和 6，或者直接设置通用对话框控件名为 ShowColor、ShowPrinter 和 ShowHelp。

1. "颜色"对话框

"颜色"对话框用来在调色板中选择颜色，或者创建自定义颜色。

"颜色"对话框如图 5-24 所示，"颜色"对话框的常用属性如如表 5-11 所示。

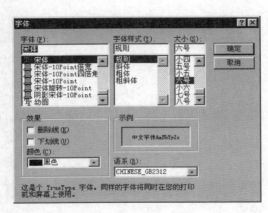

图 5-23   "字体"对话框

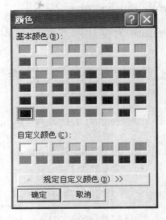

图 5-24   "颜色"对话框

表 5-11　"颜色"对话框的常用属性

属性名	说　明
Flags	设置或返回对话框的样式
	1　为对话框设置初始颜色
	2　自定义颜色按钮有效，允许用户自定义颜色
	4　自定义颜色按钮无效，禁止用户自定义颜色
	8　对话框的帮助按钮有效
Color	返回到"颜色"对话框中选中的颜色

2. "打印"对话框

"打印"对话框用于指定打印输出方式，可以指定被打印页的范围、打印质量、打印份数等。"打印"对话框还包含当前安装的打印机信息，并允许配置或者重新安装默认打印机。

3. "帮助"对话框

"帮助"对话框用于设置某些上下文帮助信息。

习　　题

一、选择题

1. 以下关于多重窗体程序的叙述中，错误的是_____。
   A. 用 Hide 方法不但可以隐藏窗体，而且能清除内存中的窗体
   B. 在多重窗体程序中，各窗体的菜单是彼此独立的
   C. 在多重窗体程序中，可以根据需要指定启动窗体
   D. 在多重窗体程序中，可以单独保存每个窗体

2. 当一个工程中含有多个窗体时，其中的启动窗体是_____。
   A. 启动 VB 时建立的窗体　　　　　　　　B. 第一个添加的窗体
   C. 最后添加的一个窗体　　　　　　　　　D. 在工程属性窗口中指定的启动窗体

3. 如果有一个菜单项，名称为 mnuFile，则在运行时使菜单失效的语句是_____。
   A. mnuFile.Visible = True　　　　　　　B. mnuFile.Enabled = True
   C. mnuFile.Enabled = False　　　　　　D. mnuFile.Visible = False

4. 下面叙述错误的是_____。
   A. 在同一窗体的菜单项中，不允许出现标题相同的菜单项
   B. 在菜单的标题栏中，&所引导的字母指明了访问该菜单项的访问键
   C. 程序运行过程中，可以重新设置菜单的 Visible 属性
   D. 弹出式菜单也在菜单编辑器中定义

5. 程序要在单击窗体 Form2 的"退出"按钮后结束，可以在窗体的"退出"按钮的 Click 事件过程中使用的语句是_____。
   A. Form2.Hide　　　　　　　　　　　　B. Hide Form2
   C. Form2.Unload　　　　　　　　　　　D. Unload Form2

6. 关于 MDI 窗体正确的是_____。
   A. 一个应用程序可以有多个 MDI 窗体

B. 子窗体可以移到 MDI 窗体外

C. 不能在 MDI 窗体上放置按钮控件

D. MDI 窗体的子窗体不能有菜单

7. 下列不能打开菜单编辑器的操作是_____。

A. 按 Ctrl+E

B. 单击工具栏的"菜单编辑器"按钮

C. 执行"工具"菜单的"菜单编辑器"命令

D. 按 Shift+Alt+M

8. 在菜单过程中使用的事件是利用鼠标_____菜单条来实现的。

A. 拖动　　　　　B. 双击　　　　　C. 单击　　　　　D. 移动

9. 和 CommonDialog1.Action = 3 等效的方法是_____。

A. CommonDialog1.ShowOpen　　　　B. CommonDialog1.ShowFont

C. CommonDialog1.ShowColor　　　　D. CommonDialog1.ShowSave

10. 在窗体上添加了通用对话框控件 CommonDialog1，并运行语句 CommonDialog1.Filter = "文本文件(*.txt)|*.txt|Word 文件(*.doc)|*.doc"，则在对话框的文件列表框中出现的选项个数是_____。

A. 1　　　　　B. 4　　　　　C. 2　　　　　D. 不确定

二、填空题

1. 图 5-25 和图 5-26 是应用程序的部分界面。运行程序首先出现图 5-25 的对话框，要求用户输入口令，输入完毕单击"确定"，如果口令是 Myname 则输入正确，卸载第一个窗体显示图 5-26 的第二个窗体；如果输入的口令错误，则出现图 5-27 的信息框。单击"取消"按钮，则结束程序。

图 5-25　输入用户口令界面

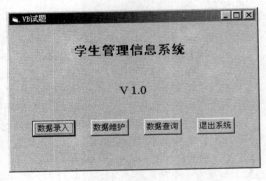

图 5-26　学生管理信息系统界面

图 5-27　消息框

```
Private Sub Command1_Click()
    Dim password As String
    password = Text1.Text
    If password = "Myname" Then
```

```
            (1)
            Form1.Show
        Els
            d = MsgBox(     (2)     )
            Refresh
        End If
End Sub


Private Sub Command2_Click()
    (3)
End Sub
```

2．在菜单编辑器中建立一个菜单名称为 menu1，用下面语句可以把它作为弹出式菜单显示：

Form1._____menu1

3．窗体上有一个通用对话框控件 CommonDialog1 和一个命令按钮 Command1，当单击按钮时程序的功能是_____。

```
Private Sub Command1_Click()
    CommonDialog1.Action = 1
End Sub
```

4．创建一个 MDI 窗体，作为其子窗体则_____属性应设置为 True。

5．如果要将某个菜单项设计为分隔线，则该菜单项的标题应设计为_____。

CHAPTER 6 第6章

过　　程

过程是程序的基本单元，通常一个过程完成某个特定的功能。

在设计一个规模较大、功能较复杂的程序时，通过工程（Project）来管理构成应用程序的所有不同的模块文件，每个模块往往分解成若干个过程。对每个过程分别编写程序，可以简化程序设计任务。

6.1　Visual Basic 的工程

在前面介绍过，启动 Visual Basic 就要创建工程，工程是创建应用程序的文件集合，在工程中所有的部件都汇集在一起。

6.1.1　文件类型

Visual Basic 的工程中包括了扩展名为.vbp、.frm、.frx、.bas 和.cls 等几种类型的文件。

1. 工程文件（.vbp）

工程文件（.vbp）包含了组成应用程序的所有窗体文件（.frm）、标准模块文件（.bas）、类模块文件（.cls）及其他文件，也包含了环境设置方面的信息。

2. 窗体文件（.frm）

窗体文件包含本模块中窗体、控件的描述和属性设置，也包含窗体级的常量、变量、外部过程的声明，以及事件过程和通用过程的程序代码。如果工程中没有窗体文件，则没有用户界面。

3. 窗体的二进制数据文件（.frx）

窗体的二进制数据文件含有窗体上控件的二进制属性数据，以二进制数为其值，比如图片框和图像框的 Picture 属性或某些自定义控件的属性，这些文件是在创建窗体时自动产生的。

4. 标准模块文件（.bas）

标准模块文件用于存放在几个模块中都要使用的公共代码，包含常量、变量、类型和过程的声明，以及通用过程代码。

5．类模块文件（.cls）

类模块用于建立新对象，这些新对象可以包含自定义的属性和方法，类模块既包含代码又包含数据，可以被应用程序内的过程调用。类模块可视为没有物理表示的控件。

VB 的工程中还包括 ActiveX 控件的文件（.ocx）以及单个资源文件（.res），使用 VB 的专业版和企业版，还可以创建其他类型的可执行文件，例如.dll 文件。

6.1.2 工程的组成

工程是由模块组成，模块又是由多个过程组成。VB 应用程序的结构如图 6-1 所示。

VB 的工程主要由 3 种模块组成：窗体模块、标准模块和类模块，它们形成了工程的一种模块层次结构，可以较好地组织工程，同时也便于代码的维护。

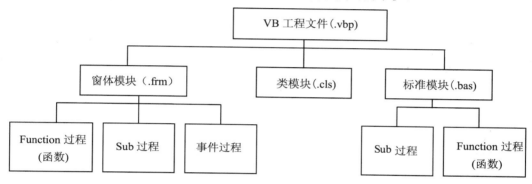

图 6-1　Visual Basic 应用程序的组成

1．窗体模块（.frm）

窗体模块包含事件过程和通用过程，通用过程又分为 Sub 过程和 Function 过程。

每个窗体对应一个窗体模块，添加窗体模块就是创建窗体，窗体模块保存在扩展名为.frm 的文件中。例如，一个工程中有 3 个窗体，就有 3 个窗体模块保存 3 个.frm 文件。

2．标准模块（.bas）

标准模块没有界面只有程序代码，包含通用过程的 Sub 过程和 Function 过程。当应用程序较复杂时，需要创建标准模块放置各模块公用的过程代码。标准模块保存在扩展名为.bas 的文件中，启动 VB 时应用程序中不包含标准模块。

在工程中添加标准模块的方法有：

- 选择"工程"菜单→"添加模块"菜单项，则打开"添加模块"对话框中的"新建"选项卡，如图 6-2 所示。在该对话框中双击"模块"图标，将打开新建标准模块窗口。
- 按工具栏中图标的下拉箭头选择，则出现如图 6-2 所示的窗口，选择"新建"选项卡来添加。

3．类模块（.cls）

类模块用于建立新对象，这些新对象可以包含自定义的属性和方法，类模块既包含代码又包含数据，它可以被应用程序内的过程调用。实际上，窗体本身正是这样一种类模块，在其上可放置控件并显示界面。

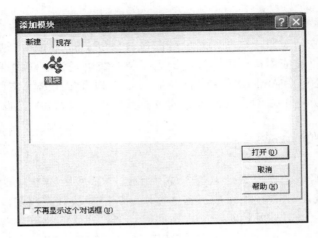

图 6-2　"添加模块"窗口

6.1.3　管理工程

创建了工程以后，就可以通过菜单、工程的属性窗口和工程资源管理器窗口来管理工程。

1. 保存工程

（1）保存工程（Save Project）

选择"文件"菜单→"保存工程"菜单项来保存工程，保存工程时默认的工程文件名为"工程 1.vbp"，可以给工程重新命名。

例如，创建工程名为"工程 1"，包含两个模块，保存的工程文件名为"工程 0601.vbp"，工程中窗体模块有两个窗体 Form1、Form2，保存的窗体文件名分别为 Form0601_1.frm 和 Form0601_2. frm，标准模块名为 Module1，保存的文件名为 Module0601.bas，则工程资源管理器如图 6-3 所示。

（2）生成 exe 文件（Make Project1.exe）

当设计和调试好工程的全部文件之后，即可将此工程编译成可执行文件（.exe）。通过选择"文件"菜单→"生成工程名.exe"菜单项，就生成了可以脱离 VB 环境的 EXE 文件。

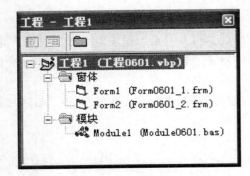

图 6-3　工程资源管理器

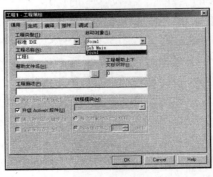

图 6-4　工程属性设置

2．设置工程属性

选择"工程"菜单→"工程属性"菜单项则出现"工程属性"对话框如图 6-4 所示，设置工程属性选项。

- 启动对象（Startup Object）：运行时最先启动的窗体，或者设置 Sub Main 为启动对象。
- 工程类型（Project Type）：设置工程类型，一般为"标准 EXE"。
- 工程名称（Project Name）：设置工程名称。
- 帮助文件名（Help File Name）：与工程相关的 Help 文件名。
- 工程帮助上下文 ID（Project Help Context ID）：在对象浏览器窗口中当选定"?"按钮时调用"帮助"主题的上下文标识符。
- 工程描述（Project Description）：工程的外部名，显示在"引用"对话框和对象浏览器窗口里。

3．添加工程

在已建的工程环境中通过添加新的或现有的工程构成工程组。当装入了多个工程时，工程资源管理器窗口的标题就变成"工程组"。

- 添加新工程：选择"文件"菜单→"添加工程"菜单项，或单击工具栏中的"添加工程" 按钮。
- 添加现有工程：选择"文件"菜单→"添加工程"菜单项，在"现存"选项卡中选择现有的工程文件，然后单击"打开"按钮。

4．删除工程

在工程资源管理器窗口中选择需删除的工程名，选择"文件"菜单→"删除工程"菜单项，则从工程组中删除该工程。

5．向工程中添加和删除文件

可以向工程中添加窗体、模块、属性页和用户控件等文件，选择"工程"菜单的下拉菜单的各种添加命令向工程中添加文件。

要从工程中删除文件，可在工程资源管理器中先选中该文件，然后从"工程"菜单中选择"移除…"命令；或在工程资源管理器中选中该文件单击鼠标右键，在快捷菜单中选择"移除…"命令。

6.2　过程介绍

一个过程就是一段程序，一个模块由多个过程组成，一个应用程序通过过程间的相互调用构成，使用过程分解了程序设计任务，调试也比较容易。

过程在 VB 中分为子程序过程（Sub Procedure）、函数过程（Function Procedure）和属性过程（Property Procedure）。其中：

- Sub 过程不返回值。
- Function 过程返回一个值。

- **Property** 过程可以返回和设置窗体、标准模块以及类模块，也可以设置对象的属性。

6.2.1　子程序过程

VB 中的子程序（Sub）过程有两种：事件过程和通用过程。

1．事件过程

VB 是事件驱动的，所谓事件是能被对象（窗体和控件）识别的动作。事件过程由 VB 自行声明，当用户对某个对象发出一个动作时，Windows 会通知 VB 产生了一个事件，VB 会自动调用与该事件相关的事件过程。例如，对象的事件有单击（Click）和双击（DblClick）事件等。为一个事件所编写的程序代码称为事件过程，当鼠标单击触发单击事件过程，事件过程是附加在窗体和控件上的，通常总是处于空闲状态，直到响应用户引发的事件或系统引发的事件才被调用。

事件过程分为窗体事件过程和控件事件过程。事件过程只能在窗体模块使用。

（1）窗体事件过程

窗体事件过程名定义为"Form_事件名"。

语法：

Private Sub Form_事件名([参数列表])

　　　[局部变量和常数声明]

　　　语句块

End Sub

说明：

- 不管窗体是什么名字，但在事件过程中都使用"Form _事件名"。
- 窗体过程前面的声明都是 Private，表示这个窗体过程只能在窗体模块中使用。
- 在 Sub 和 End Sub 之间的语句块，称为程序体或过程体。

例如，装载窗体事件过程代码：

```
Private Sub Form_Load()
    …
End Sub
```

（2）控件事件过程

控件的事件过程名定义为"控件名_事件名"。

语法：

Private Sub 控件名_事件名([参数列表])

　　　[局部变量和常数声明]

　　　语句块

End Sub

例如，下面是单击按钮的事件过程代码：

```
Private Sub Command1_Click()
    …
End Sub
```

在代码编辑器窗口中创建事件过程有以下几种方法：

- 双击窗体或控件就打开了代码编辑器窗口，并会出现该窗体或控件的默认过程代码，例如双击窗体会出现 Form 的默认过程名代码：

```
Private Sub Form_Load()
End Sub
```

- 单击工程资源管理器窗口的"查看代码"按钮▣，再从"对象列表框"中选择一个对象，从"过程列表框"中选择一个过程。
- 在代码编辑器窗口中直接编写事件过程。在代码窗口中不要随意改变事件或对象的名称，如果想改变对象名称，则应该通过属性窗口来改变。

2．通用过程

通用过程是具有一定功能的独立程序段。如果有要重复编写的代码段，可以将这些代码段用通用过程来实现。通用过程将应用程序单元化，更便于维护和管理。

通常一个通用过程并不和用户界面中的对象联系，通用过程直到被调用时才起作用。因此，事件过程是必要的，但通用过程不是必要的，只是为了程序员方便而单独建立的。

通用过程可以保存在两种模块中：窗体模块（.frm）和标准模块（.bas）。

（1）定义

语法：

```
[Private | Public] [Static] Sub  过程名([参数列表])
      [局部变量和常数声明]
      语句块
      [Exit Sub]
      语句块
End Sub
```

说明：

- Private 和 Public：用来声明该 Sub 过程是局部的（私有的）还是全局的（公有的），系统默认为 Public。
- Static：表示局部静态变量。"静态"是指在调用结束后仍保留 Sub 过程的变量值。"静态"变量的概念在 6.6 节详细介绍。
- 过程名：与变量名的命名规则相同。在同一模块中，同一名称不能既用于 Sub 过程又用于 Function 过程。
- 局部变量和常数声明：用来声明在过程中定义的变量和常数。可以用 Dim 等语句声明。
- Exit Sub 语句：使执行立即从一个 Sub 过程中退出，程序接着从调用该 Sub 过程语句的下一句继续执行。在 Sub 过程的任何位置都可以有 Exit Sub 语句。

- 语句块：过程执行的操作，称为子程序体或过程体。
- End Sub：用于结束本 Sub 过程。当程序执行 End Sub 语句时，退出该过程，并立即返回到调用处继续执行调用语句的下一句。
- 参数列表：类似于变量声明，列出了从调用过程传递来的参数值，称为形式参数（简称形参），多个形参之间则用逗号隔开。形参的定义如下。

    语法：

    [ByVal | ByRef] 变量名[()] [As 数据类型]

    形参列表中的各参数的定义如表 6-1 所示。

表 6-1   形式参数表

部　　分	描　　述
ByVal	表示该参数按值传递
ByRef	表示该参数按地址传递（默认）
变量名[()]	代表参数的变量名称
数据类型	用于说明传递给该过程的参数数据类型，默认为 Variant。可以是 Byte、Boolean、Integer、Long、Currency、String、Single、Double、Date 或 Object

说明： String 型只支持变长型，但在调用时对应的参数可以是定长的。

- Sub 过程不能嵌套定义，即不能在别的 Sub、Function 或 Property 过程中定义 Sub 过程。但 Sub 过程可以嵌套调用。

（2）建立通用过程

创建通用过程的方法有两种。

方法一的步骤：

① 打开代码编辑器窗口。

② 选择"工具"菜单→"添加过程"菜单项。

③ 在"添加过程"对话框中输入过程名，在"类型"选项中选定过程类型为"子程序"，在"范围"选项中选定是"公有的（Public）"还是"私有的（Private）"，单击"确定"按钮。

例如，建立一个通用过程，显示 Form2 隐藏 Form1。在"添加过程"对话框的过程名中输入 Sub1，"类型"为"子程序"，"范围"是"公有的（Public）"，如图 6-5 所示。

于是就在代码编辑器窗口中创建一个名为 Sub1 的过程代码：

```
Public Sub Sub1()
'通用过程显示Form2
    Form2.Show
    Form1.Hide
End Sub
```

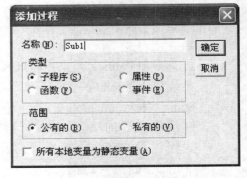

图 6-5　"添加过程"对话框

程序分析：

- 过程名为 Sub1。
- 过程是全局的（公有的）。
- 在 Sub 和 End Sub 之间是过程体。

方法二的步骤：

① 打开"代码编辑器"窗口，选择"对象列表框"中的"通用"选项。

② 在文本编辑区的空白行处输入 Public Sub Sub1()。

③ 按回车键，自动出现 End Sub 语句。

6.2.2　函数过程

函数（Function）过程也是函数，是过程的另一种形式，在第 2 章已经介绍 VB 系统提供的许多内部函数，例如 Sin、Date、Left 和 Isnumeric 等，VB 允许用户使用 Function 语句编写自定义的函数过程。当执行过程需要返回值时，可以使用函数过程。

与子程序过程一样，函数过程也是一个独立的过程，不同的是，函数过程可返回一个值到调用的过程。

1. 函数定义

函数过程的定义如下。

语法：

[Private | Public] [Static] Function 函数名([参数列表]) [As 数据类型]

　　　[局部变量和常数声明]

　　　语句块

　　　[函数名 = 表达式]

　　　[Exit Function]

　　　语句块

　　　[函数名 = 表达式]

End Function

说明：

- As 数据类型：函数返回值的数据类型。与变量一样，如果没有 As 子句，默认的数据类型为 Variant 型。
- Exit Function 语句：用于提前从 Function 过程中退出，程序接着从调用该 Function 过程语句的下一条语句继续执行。在 Function 过程的任何位置都可以有 Exit Function 语句。但用户退出函数之前，必须保证为函数赋值，否则会出错。
- 语句块：是描述过程的操作，称为函数体或过程体。
- 函数名=表达式：在函数体中用该语句给函数赋值，如果在 Function 过程中省略该语句，则该 Function 过程的返回值为数据类型的默认值。例如，数值函数返回值为 0，字符串函数返回值为空字符串。
- 和 Sub 过程一样 Function 过程不能嵌套定义，但可以嵌套调用。

2. 建立函数过程

建立函数过程的方法与建立通用过程的方法相同，选择"工具"菜单的"添加过程"菜单项，然后在"添加过程"对话框中输入过程名，在"类型"选项中选择"函数"类型。

例如，编写计算直角三角形第三边（斜边）的函数，函数名为 Function1。建立函数过程如图 6-6 所示。

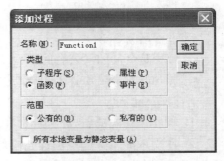

图 6-6　"添加过程"对话框

函数过程代码如下：

```
Public Function Function1(ByVal a As Single, ByVal b As Single) As Single
'计算直角斜边函数
    Dim c As Single
    c = Sqr(a ^ 2 + b ^ 2)
    Function1 = c
End Function
```

程序分析：

- 函数名为 Function1。
- 形式参数为 a 和 b，a 和 b 的数据类型为 Single 型。
- 返回值为 Single 型。
- Function1 = c 语句是将变量赋值给函数。

6.3　过程的调用

6.3.1　调用子程序过程

调用子程序（Sub）过程有两种方式：使用 Call 语句或直接用子程序过程名。

语法：

Call　过程名[(参数列表)]

或者

过程名[参数列表]

说明：

- 参数列表：在调用语句中的参数称为实在参数（简称实参）。实参可以是变量、常量、数组或表达式。
- 使用 Call 语句调用时，参数必须在括号内，当被调用过程没有参数时，则"()"省略。
- 用过程名调用时，过程名后不能加括号，若有参数，则参数直接跟在过程名之后，参数与过程名之间用空格隔开。

1．调用子程序事件过程

子程序事件过程可以由事件自动调用或者在同一模块中的其他过程中使用调用语句来调用。

【例 6-1】 在窗体 Form1 中使用一个按钮 Command1，当单击按钮时隐藏 Form1 显示窗体 Form2。

程序代码如下：

```
Private Sub Command1_Click()
'事件过程显示Form2
    Form2.Show
    Form1.Hide
End Sub
```

当单击窗体时也与单击按钮执行同样的操作，则 Form_Click 程序代码如下：

```
Private Sub Form_Click()
    Call Command1_Click
End Sub
```

或者

```
Private Sub Form_Click()
    Command1_Click
End Sub
```

调用过程如图 6-7 所示。

2．调用子程序通用过程

调用子程序通用过程的语法与调用子程序事件过程相同。不同的是，通用过程只有被调用时才起作用，否则不会被执行。

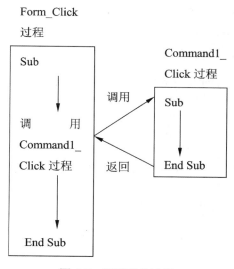

图 6-7 调用事件过程

例如，在例 6-1 的窗体 Form2 中创建通用过程 Sub1，然后在单击窗体时调用 Sub1 过程：

```
Public Sub Sub1()
'通用过程显示Form2
    Form2.Show
    Form1.Hide
End Sub
Private Sub Form_Click()
    Call Sub1
End Sub
```

6.3.2 调用函数过程

调用函数（Function）过程的方法和调用 VB 内部函数方法一样，在语句中直接使用函数名，函数过程可返回一个值到调用的过程。

语法：

Function 函数名([参数列表])

另外，采用调用子程序过程的语法也能调用函数过程。

语法：

Call 函数名([参数列表])

或者

函数名 [参数列表]

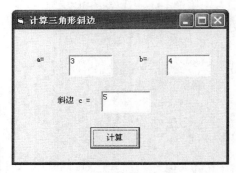

图 6-8 运行界面

注意：当用这种方法调用过程时，放弃 Function 过程的返回值。

例如，在窗体 Form2 中用文本框 Text1 和 Text2 输入三角形的两个直角边，单击"计算"按钮 Command1 计算斜边并显示在文本框 Text3 中。运行界面如图 6-8 所示。

```
Public Function Function1(ByVal a As Single, ByVal b As Single) As Single
'计算直角斜边子函数
    Dim c As Single
    c = Sqr(a ^ 2 + b ^ 2)
    Function1 = c
End Function

Private Sub Command1_Click()
'单击按钮计算斜边
    Dim a1 As Single, b1 As Single
    a1 = Val(Text1.Text)
    b1 = Val(Text2.Text)
    Text3.Text = Function1(a1, b1)
End Sub
```

下面的语句都可以调用计算三角形斜边的函数 Function1。

```
Print Function1(3,4)                          '在窗体显示函数值运算结果
If Function1(3,4) = 10 Then Print "Error!"     '判断函数值是否=10
Text3.Text = Abs (Function1(3,4))              '函数值作为Abs函数的参数
Call Function1(3,4)                            '没有返回值
Function1 3,4                                  '没有返回值
```

【例 6-2】 编写用函数调用求两个自然数的最大公约数，采用辗转除法。辗转除法的算法如下：

① 输入两个自然数 M，N。

② 计算 M 除以 N 的余数 R，$R = M$ Mod N。

③ 用 N 替换 M，$M=N$；用 R 替换 N，$N=R$。

④ 若 $R <> 0$ 则重复上述步骤②③④，当 $R=0$ 则最大公约数为 N。

界面设计：在文本框 Text1 和 Text2 中输入两个整数，然后单击"计算"按钮 Command1 开始计算并将结果显示在文本框 Text3 中，单击"退出"按钮 Command2 结束程序。

程序代码如下：

使用通用函数 Divisor 求最大公约数，有两个形参。

```
Private Function Divisor(ByVal x As Integer, ByVal y As Integer) As Integer
'求最大公约数子函数
    Dim r As Integer
    r = x Mod y
    Do While r <> 0
        x = y
        y = r
        r = x Mod y
    Loop
    Divisor = y
End Function
```

单击"计算"按钮，调用 Divisor 函数计算并显示结果。

```
Private Sub Command1_Click()
'单击计算按钮
    Dim Result As Integer
    Dim m As Integer, n As Integer
    m = Val(Text1.Text)
    n = Val(Text2.Text)
    If m <> 0 And n <> 0 Then
        Result = Divisor(m, n)
        Text3.Text = Result
    End If
End Sub
```

```
Private Sub Command2_Click()
'单击结束按钮
    End
End Sub
```

运行程序界面如图 6-9 所示，计算 $M=20$，$N=50$ 的最大公约数为 10。

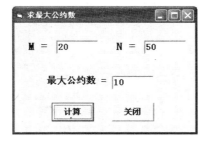

图 6-9　运行界面

6.4 参数的传递

在调用一个有参数的过程时，首先进行的是形参与实参的结合，实现调用过程的实参与被调用过程的形参之间的数据传递。将不同的实参传递给形参，就可以使用同一个过程运行不同参数的任务。

6.4.1 形参和实参

1. 形参和实参

在子程序过程和函数过程中，被调用过程中的参数是形参。在过程被调用之前，形参并未被分配内存，只是说明形参的类型和在过程中的作用。形参列表中的各参数之间用逗号（,）分隔，形参可以是变量名或数组名，但不能是定长字符串变量。

实参是在主调过程中的参数，在调用过程时实参将数据传递给形参。

形参列表和实参列表中的对应变量名可以不同，但实参和形参的个数、顺序以及数据类型必须相同。因为"形实结合"是按照位置结合，即第一个实参与第一个形参结合，第二个实参与第二个形参结合，依此类推。

例如，在求最大公约数的例 6-2 中被调函数 Divisor 程序代码如下：

```
Private Function Divisor(ByVal x As Integer, ByVal y As Integer)
'函数Divisor计算最大公约数
…
End Sub
```

主调函数中调用的语句为：

```
Result = Divisor(m, n)
```

程序分析：m 和 n 为实参，x 和 y 为形参。当运行 Result = Divisor(m, n)调用 Divisor 过程时就进行"形实结合"，形参与实参的结合对应关系是：m→x，n→y。

当传递的参数个数不匹配时，会出错。

例如，Divisor 有两个参数，而调用语句中形参个数只有一个，调用语句如下：

```
Result = Divisor(m)          '未提供 n 参数
```

单击窗体运行程序时，则会显示出错信息，如图 6-10 所示。

图 6-10 参数出错

2. 形参的数据类型

（1）实参数据类型与形参定义的数据类型不一致

对于实参数据类型与形参定义的数据类型不一致时，VB 会按要求对实参进行数据类型转换，然后将转换值传递给形参。

例如，将例 6-2 函数的实参 m 和 n 的数据类型改为 Single 型，主调函数过程如下：

```
Private Sub Command1_Click()
'单击计算按钮
    Dim Result As Integer
    Dim m As Single, n As Single
    m = Val(Text1.Text)
    n = Val(Text2.Text)
    If m <> 0 And n <> 0 Then
        Result = Divisor(m, n)
        Text3.Text = Result
    End If
End Sub
```

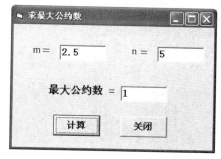

图 6-11　运行界面

被调函数过程中的形参 x 和 y 的数据类型为 Integer。则求 2.5 和 5 的公约数，结果为 1，运行界面如图 6-11 所示。

当执行 Result = Divisor(m, n)语句时，运行步骤如下：

① 先将 Single 型的 m 和 n 转换成 Integer 型，即 m 为 2，n 为 5。

② 然后将 m→x，n→y。

（2）没有声明形参的数据类型

在创建过程时，如果没有声明形参的数据类型，则默认为 Variant 型。

例如，将 Divisor 函数过程中的 x 定义为 Variant 型，y 为 Integer 型：

```
Private Function Divisor(ByVal x , ByVal y As Integer)
…
End Function
```

3．使用可选的参数

VB 中被调函数参数列表中的参数也可以是可选的，使用 Optional 关键字来表示参数可选，在参数表中如果含有 Optional 关键字则该参数是可选的。如果某一参数为可选参数，则参数表中此参数后面的其他参数也必须是可选的，并要用 Optional 来声明。

例如，例 6-2 的被调函数 Divisor 定义修改为：

```
Private Function Divisor(Optional x As Integer, Optional y As Integer)
```

则以下语句都可以调用 Divisor 函数：

```
Result = Divisor(m)          '未提供第一个参数
Result = Divisor( ,n)        '未提供第二个参数
Result = Divisor()           '未提供参数
```

在未提供可选参数时，实际上是将该参数作为具有相应数据类型的初始值来赋值，不会出现编译错误的提示。在上例中没有形参时，就会赋值为 0，求最大公约数时计算会出错。

如果传递的参数是 Variant 型，可以在过程体中通过 IsMissing 函数来测试调用时是否传递可选参数。

例如，当形参 x 或 y 是 Variant 型而没有传递，可以使用 IsMissing 函数检测，并将未传递的形参赋值为 1，则函数 Divisor 程序代码如下：

```
Private Function Divisor(Optional ByVal x As Variant, Optional ByVal y As Variant) As Integer
'求最大公约数子函数
    Dim r As Integer
    If IsMissing(x) Then x = 1
    If IsMissing(y) Then y = 1
    r = x Mod y
    Do While r <> 0
        x = y
        y = r
        r = x Mod y
    Loop
    Divisor = y
End Function
```

程序分析：

- 在本程序中使用 IsMissing 函数后，未被选中的 m 或 n 赋值为 1，在 Divisor 函数过程中的 Mod 运算时就不会出错。
- IsMissing 函数只能检测 Variant 型的形参是否被传递。

4. 使用可变参数

如果在被调函数参数列表中使用 ParamArray 关键字，则过程可以接受任意个数的参数，ParamArray 后面跟 Variant 型的数组。ParamArray 关键字不能与 ByVal，ByRef 或 Optional 一起使用。

例如，使用 ParamArray 关键字来传递参数，则例 6-2 的被调函数 Divisor 定义修改为：

```
Private Function Divisor(ParamArray n())
'通用函数求最大公约数
    Dim r As Integer
    If UBound(n) = 1 Then
        x = n(0): y = n(1)
    ElseIf UBound(n) = 0 Then
        x = n(0): y = 1
    End If
    r = x Mod y
    Do While r <> 0
        x = y
        y = r
        r = x Mod y
    Loop
    Divisor = y
End Function
```

程序分析：

- n 为 Variant 型的数组，数组的元素个数由调用函数的实参个数决定。
- 使用 If 结构来根据不同参数个数进行传递参数。

6.4.2　参数按值传递和按地址传递

在 VB 中传递参数有两种方式：按值传递（passed by value）和按地址传递（passed by reference），其中按地址传递习惯上称为"引用"。

1．按值传递参数

定义被调过程时形参使用 ByVal 关键字，或调用语句中的实参是常量或表达式，就是按值传递。

例如，下面都是按值传递。

- 使用 ByVal 关键字定义被调过程形参。

Private Function Divisor(ByVal x As Integer, ByVal y As Integer) As Integer

- 用常量作为实参。

Result = Divisor(20,50)

- 将变量变成表达式作为实参。

把变量转换成表达式的最简单的方法就是把它放在括号内，则调用过程的语句为：

Result = Divisor((m), (n))

被调过程的定义语句：

Private Function Divisor(x As Integer, y As Integer) As Integer

按值传递参数时，VB 给传递的形参分配一个临时的内存单元，将实参的值传递到这个临时单元去。实参向形参传递是单向的，如果在被调过程中改变了形参值，则只是临时单元的值变动，不会影响实参变量本身，当被调过程结束返回主调过程时，VB 将释放形参的临时内存单元。

【例 6-3】　用函数过程编写将两个数交换。

界面设计：从窗体的文本框 Text1 和 Text2 中输入两个数 a 和 b，在函数中将两个数进行交换，交换结束在文本框 Text3 和 Text4 中显示交换后的 a 和 b 值，在子程序中的形参 x 和 y 的值显示在文本框 Text5 和 Text6 中。

程序代码如下：

使用交换数据子过程进行数据的交换，参数传递为按值传递。

```
Private Sub Change(ByVal x As Single, ByVal y As Single)
'交换数据子过程
    Dim z As Single
    z = x
    x = y
    y = z
    Text5.Text = x
    Text6.Text = y
End Sub
```

单击"交换"按钮输入数据，并调用交换数据子程序 Change。

```
Private Sub Command1_Click()
'单击交换按钮
    Dim a As Single, b As Single
    a = Val(Text1.Text)
    b = Val(Text2.Text)
    Call Change(a, b)
    Text3.Text = a
    Text4.Text = b
End Sub
```

```
Private Sub Command2_Click()
'单击退出按钮
    End
End Sub
```

当在文本框 Text1 和 Text2 中输入变量 a 为 1，b 为 2 时，运行界面如图 6-12 所示。可以看到形参 x 和 y 的数据已经交换，但实参 a 和 b 的数据并没有交换。

通过函数调用，给形参分配临时内存单元 x 和 y，将实参 a 和 b 的数据传递给形参，参数传递的过程如图 6-13 所示。在被调函数中 x 和 y 交换数据，调用结束实参单元 a 和 b 仍保留原值，参数的传递是单向的。

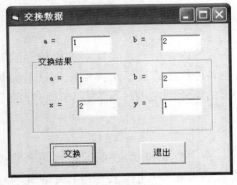

图 6-12   运行界面

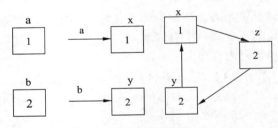

图 6-13   形参按值传递

2．按地址传递参数

在定义过程时，如果没有 ByVal 关键字，默认的是按地址传递参数，或者用 ByRef 关键字指定按地址传递。

按地址传递参数，是指把形参变量的内存地址传递给被调用过程，形参和实参具有相同的地址，即形参实参共享同一段存储单元。因此，在被调过程中改变形参的值，则相应实参的值也被改变，也就是说，与按值传递参数不同，按地址传递参数可以在被调过程中改变实参的值。

将例 6-3 交换两个数的程序按值传递改为按地址传递，被调函数修改如下：

Private Sub Change(x As Single, y As Single)

或者

Private Sub Change(ByRef x As Single, ByRef y As Single)

当输入变量 a 为 1，变量 b 为 2 时，a 和 b 的数据也交换了，运行界面如图 6-14（a）所示。形参与实参的数据传递如图 6-14（b）所示。由于形参和实参共用同一内存单元，因此在被调函数中交换 x 和 y 的数值后，a 和 b 的数值也同样发生变化。

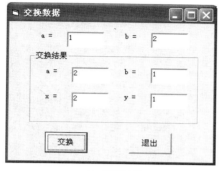

(a) 运行结果

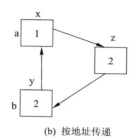

(b) 按地址传递

图 6-14　交换数据

按地址传递参数有几点说明：

- 对于按地址传递的形参，如果在过程调用时与之结合的实参是常数或表达式，则 VB 会给形参分配一个临时的内存单元，用按值传递的方法处理。
- 当形参和实参数据类型不同时，按地址传递会提示出错。

例如，在例 6-3 中将实参定义为 Integer 型，而形参为 Single 型，程序修改如下：

```
Private Sub Command1_Click()
'单击交换按钮
        Dim a As Integer, b As Integer
…
End Sub
```

则运行时，会出现编译错误，如图 6-15 所示。

图 6-15　编译出错

- 按地址传递参数比按值传递参数更节省内存空间，程序的运行效率更高。

【例 6-4】 计算 1!+2!+3!+…，按照按地址传递参数的方法编写程序。

界面设计：在窗体的文本框 Text1 中输入需要计算阶乘的项数，在文本框 Text2 中显示运行的结果，单击"计算"按钮 Command1 开始运算。文本框 Text2 可以显示多行文本，MultiLine 属性为 True，ScrollBars 属性设置为 3-Both，有垂直和水平滚动条。

程序代码如下：

子函数 Multiply 用来进行阶乘运算，形参为阶乘次数，函数的输出是阶乘结果。

```
Private Function Multiply(n As Integer) As Integer
'计算阶乘子函数
        Multiply = 1
```

```
        Do While n > 0
            Multiply = Multiply * n
            n = n − 1
        Loop
    End Function
```

单击"计算"按钮输入阶乘项数，调用子函数 Multiply，并循环计算阶乘的和，将结果用两行在文本框 Text2 中显示。

```
Private Sub Command1_Click()
'单击计算按钮
    Dim Sum As Integer, i As Integer, n As Integer
    n = Val(Text1.Text)
    For i = n To 1 Step −1
        Sum = Sum + Multiply(i)
        If i <> 1 Then
            Text2.Text = Text2.Text & i & "! + "
        Else
            Text2.Text = Text2.Text & i & "! =" & Chr(13) + Chr(10)
        End If
    Next
    Text2.Text = Text2.Text & Sum
End Sub
```

则运行界面如图 6-16 所示。

运行界面并不是所希望的，计算的结果是 6 而不是 9，本程序只计算了 3! = 6。因为形参 n 是按地址传递的，则形参 n 和实参 i 是同一个内存单元，在第一次调用 Multiply 函数后 n 的值为 0，实参 i 的值也是 0。当执行判断语句 For i = n To 1 Step −1 时就退出 For 循环。因此 For 循环只执行了一次，求了 3!的值。

子函数 Multiply 定义改为按值传递，则程序修改如下：

Private Function Multiply（ByVal n As Integer） As Integer

或

Sum = Sum + Multiply((i))

运行界面如图 6-17 所示。

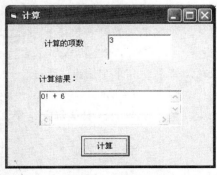

图 6-16   运行界面

图 6-17   运行界面

6.4.3　数组参数

在定义过程时，数组可以作为形参出现在过程的形参列表中。声明数组参数的语法如下。

语法：

形参数组名()[As 数据类型]

说明：形参数组对应的实参必须也是数组，数据类型与形参一致，实参列表中的数组不需要用"()"。数组作为形参只能按地址传递，形参与实参共有同一段内存单元。

在被调用过程中不能用 Dim 语句对形参数组声明，否则会产生"重复声明"的编译错误。但是在使用动态数组时，可以用 Redim 语句改变形参数组的维数，重新定义数组的大小。当返回调用过程时，对应的实参数组的大小也随之发生变化。

【例 6-5】　计算某班学生的语文和数学的平均成绩。

功能要求：计算 8 名学生的语文和数学平均成绩，单击按钮 Command1 调用子函数 Average 计算平均成绩，在文本框 Text1 和 Text2 中显示。

程序代码如下：

```
Option Base 1
Private Sub Command1_Click()
'单击计算按钮
    Dim Score1(8) As Single, Score2(8) As Single
    Dim i As Integer, j As Integer
    '输入分数
    Score1(1) = 98: Score2(1) = 84
    Score1(2) = 82: Score2(2) = 86
    Score1(3) = 76: Score2(3) = 79
    Score1(4) = 66: Score2(4) = 72
    Score1(5) = 88: Score2(5) = 84
    Score1(6) = 82: Score2(6) = 76
    Score1(7) = 75: Score2(7) = 79
    Score1(8) = 60: Score2(8) = 70
    Text1.Text = Int(Average(Score1) * 100) / 100
    Text2.Text = Int(Average(Score2) * 100) / 100
End Sub
```

子函数 Average 计算平均成绩，形参 s 为数组。

```
Private Function Average(s() As Single) As Single
'求平均成绩子函数
    Dim i As Integer
    Dim Aver As Single, Sum As Single
    For i = 1 To 8
        Sum = Sum + s(i)
```

```
        Next
        Aver = Sum / 8
        Average = Aver
End Function
```

程序分析：

- 实参 Score1 和 Score2 不用()。
- Int(Average(Score1) * 100) / 100 是显示两位小数。

运行界面如图 6-18 所示。当数组 Score1 和 Score2 的个数不同时，可以将数组个数也作为参数传递。

当作为形参的数组个数会改变时，可以用 ReDim 语句重新定义形参数组的个数。

【例 6-6】 形参数组使用动态数组来计算几个学生的语文和数学的平均成绩。

功能要求：在图 6-18 中添加文本框 Text3 用来输入学生数，则计算前几个学生的平均成绩。运行界面如图 6-19 所示。

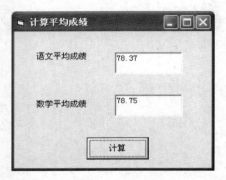

图 6-18　运行界面一

图 6-19　运行界面二

```
Option Base 1
Private Sub Command1_Click()
'单击计算按钮
    Dim Score1() As Single, Score2() As Single
    Dim i As Integer, j As Integer
    Dim n As Integer
    '输入分数
    ReDim Score1(8): ReDim Score2(8)
    Score1(1) = 98: Score2(1) = 84
    Score1(2) = 82: Score2(2) = 86
    Score1(3) = 76: Score2(3) = 79
    Score1(4) = 66: Score2(4) = 72
    Score1(5) = 88: Score2(5) = 84
    Score1(6) = 82: Score2(6) = 76
    Score1(7) = 75: Score2(7) = 79
    Score1(8) = 60: Score2(8) = 70
    n = Val(Text3.Text)
    Text1.Text = Int(Average(Score1, n) * 100) / 100
```

```
        Text2.Text = Int(Average(Score2, n) * 100) / 100
End Sub
```

```
Private Function Average(s() As Single, m As Integer) As Single
'求平均成绩子函数
    Dim i As Integer
    Dim Aver As Single, Sum As Single
    ReDim Preserve s(m)
    For i = 1 To m
        Sum = Sum + s(i)
    Next
    Aver = Sum / m
    Average = Aver
End Function
```

程序分析：

- 在被调函数中用 ReDim Preserve s(m)语句，重新定义数组个数并且保留数组的数据。
- 由于形参和实参共用内存单元，当形参 s 的数组个数发生变化，则实参数组 Score1 和 Score2 的个数也发生变化。

6.4.4　对象参数

在 VB 中对象也可以作为形参，即对象可以作为参数向过程传递，对象的传递只能是按地址传递。

对象作为形参时形参变量的类型声明为 Control 或控件类型，例如，向过程传递标签控件则形参类型声明为 Label 或 Control，向过程传递窗体则形参类型声明为 Form 或 Control。

【例 6-7】　使用传递参数的方法打开学生管理系统的窗体，使用一个窗体分别显示输入学生信息、输入学生成绩和输入系别。

功能要求：在第一个窗体 FormCover 中设置 3 个按钮构成控件数组，单击不同的按钮进入窗体 Form1，通过单击不同按钮在窗体上显示不同的内容。

① 创建工程，添加 2 个窗体 FormCover 和 Form1。

② 在窗体 FormCover 中添加 3 个按钮，构成按钮数组 Command1(0)~Command1(2)，一个标签 Label1 用来显示信息。窗体 Form1 中添加一个标签 Label1，其 Caption 属性设置为空；一个"退出"按钮 Command1。

③ 设计程序。

窗体 FormCover 的程序代码如下：

子过程 FormArg 的形参为按钮，在程序中窗体和标签的标题显示都使用按钮的 Caption 属性值。

```
Private Sub FormArg(C As CommandButton)
'显示窗体内容子过程
    Form1.Show
    Form1.Caption = C.Caption
    Form1.Label1.Caption = "欢迎使用" & C.Caption
End Sub
```

```
Private Sub Command1_Click(Index As Integer)
'单击按钮输入学生信息
    Call FormArg(Command1(Index))
End Sub
```

窗体 Form1 的程序代码如下：

```
Private Sub Command1_Click()
'单击退出按钮
    Unload Me
End Sub
```

程序分析：Form1.Label1.Caption 是指 Form1 窗体的 Label1 的 Caption 属性。

窗体 FormCover 的运行界面如图 6-20（a）所示，Form1 窗体的运行界面如图 6-20（b）所示。

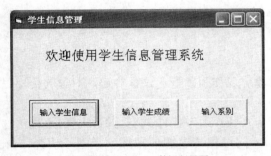

(a) 窗体 FormCover 的运行界面

(b) 窗体 Form1 的运行界面

图 6-20　运行界面

6.5　递归过程

过程具有递归调用的功能，递归调用是指在过程中直接或间接地调用过程本身。递归调用在完成阶乘运算、级数运算、幂指数运算等方面特别有效，很多数学模型和算法设计本身就是递归的。因此用递归过程描述它们比用非递归方法要简洁，可读性好，可理解性好。但应注意递归可能会导致堆栈上溢。

递归分为两种类型，直接递归是指在过程中调用过程本身；间接递归是指间接地调用该过程，例如第一个过程调用了第二个过程，第二个过程又回过头来调用第一个过程。

例如，下面为递归调用函数过程：

```
Private Function Fun(n As Integer)
    …
    Fun = Fun(n-1 )*n
    …
End Function
```

从上例中看到，在函数 Fun 中调用函数 Fun 本身，似乎是无终止的自身调用，显然程序不应该有无终止的调用，因此应该用条件语句来控制递归的终止，条件语句称为结束条件或边界条件。因此，在编写递归程序时应考虑两个方面：递归的形式和递归的结束条件。如果没有递归的形式就不可能通过不断地递归来接近目标；如果没有递归的结束条件，递归就不会结束。

【例 6-8】　计算阶乘 $n!$ 可以表示为：

$$\text{Fun}(n)\begin{cases}1 & (n=1)\\ \text{Fun}(n-1)*n & (n>1)\end{cases}$$

单击窗体计算阶乘，并用 Print 方法将运行的过程显示出来，运行窗体如图 6-21 所示。

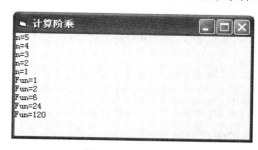

图 6-21　运行界面

程序代码如下：

```
Private Function Fun(n As Integer) As Integer
'子函数计算阶乘
    If n = 0 Or n = 1 Then          '结束条件n=0或n=1
        Print "n=" & n
        Fun = 1
    Else
        Print "n=" & n
        Fun = Fun(n -1) * n
    End If
    Print "Fun=" & Fun
End Function
```

```
Private Sub Form_Click()
'单击窗体计算
    Dim Sum As Integer, i As Integer
    i = InputBox("请输入一个正整数")
    Sum = Fun(i)
End Sub
```

递归求解的过程分成两个阶段：

第一阶段是"逐层调用"。逐层调用过程每一步都是未知的，将问题不断分解为新的子问题，子问题又归纳为原问题的求解过程，最终达到终止条件，逐层调用结束。

5!=Fun(4)*5

4!=Fun(3)*4

3!=Fun(2)*3

2!=Fun(1)*2

Fun(1)=1

第二阶段是"逐层返回"。逐层返回过程是将逐层调用过程还原，将函数值返回到调用函数，逐层返回结束。

Fun(1)=1

Fun(2)=Fun(1)*2

Fun(3)=Fun(2)*3

Fun(4)=Fun(3)*4

Fun(5)=Fun(4)*3

【例 6-9】 用兔子的个数表示 Fibonacci 数列的递归关系。假设新生的兔子两个月后可以生兔子，每对兔子每个月生一对兔子，则新生的兔子五个月可以生多少兔子？

问题分析：第一个月是一对兔子；第二月还一对兔子；第三个月为两对兔子；第四个月的兔子分成两部分，一对是前两个月的一对生的新生兔子，另两对是老兔子共三对；第五个月的兔子也分成两部分，两对是前两个月的两对生的新生兔子，三对是老兔子共五对。五个月的兔子数是：1、1、2、3、5。

每个月的兔子数用 F_n 表示，可以分成两部分：一部分是前一个月的老兔子数 F_{n-1}，另一部分是前两个月兔子生的新生兔子 F_{n-2}。

这就是 Fibonacci 数列，Fibonacci 数列各元素关系如下：

$$F_1=1$$
$$F_2=1$$
$$F_n=F_{n-1}+F_{n-2}$$

则递归关系和终止条件如下：

$$Fib(n)=\begin{cases} 1 & (n=1, n=2) \\ Fib(n-1)+Fib(n-2) & (n>2) \end{cases}$$

其中递归的终止条件为：$n=1$ 或 $n=2$ 时，$Fib=1$。

界面设计：在文本框 Text1 中输入第几个月，单击"计算"按钮 Command1 在文本框 Text2 中显示兔子数。运行界面如图 6-22 所示，输入第 6 个月共有 8 对兔子。

程序代码如下：

图 6-22   运行界面

```
Private Function Fib(n As Integer)
'子函数计算Fibonacci数列
    If n = 1 Or n = 2 Then
        Fib = 1
    Else
        Fib = Fib(n -1) + Fib(n -2)
```

```
        End If
End Function

Private Sub Command1_Click()
'单击计算按钮
    Dim Total As Long
    Dim Number As Integer
    Number = Val(Text1.Text)
    Total = Fib(Number)
    Text2.Text = Total
End Sub
```

6.6 变量的作用范围

变量的作用范围是指变量有效的范围，变量可以定义为局部和全局变量，根据定义变量的位置和定义变量的语句不同，在 VB 中变量可以分为过程级变量、模块级变量和全局变量。

6.6.1 过程级、模块级和全局变量

1．过程级变量

过程级变量是在过程中声明的也称为局部变量，其作用范围仅限于本过程，无法在其他过程中访问或改变该变量的值。用 Dim 或者 Static 关键字来声明它们。

语法：

Dim 变量名 As 数据类型

Static 变量名 As 数据类型

在 Sub 过程中显式定义的变量都是局部变量，而没有在过程中显式定义的变量，除非其在该过程外更高级别的位置显式定义过，否则也是局部变量。对任何临时的计算，采用局部变量是最佳选择。

例如，在"Form_Click"事件过程中定义变量 Sum、i 和 j 都是过程级变量：

```
Private Sub Form_Click()
    Dim Sum As Single
    Dim i As Integer
    j$ = "Helo"
    …
End Sub
```

当程序调用该事件过程时，就会为变量分配内存空间，当运行完 End Sub 语句后，就释放变量的内存空间，过程级变量就不起作用了。

2．模块级变量

模块级变量是在窗体模块或标准模块顶部"通用"声明段定义的变量，模块级变量对

该模块的所有过程都有效，在模块中的任何过程都可以访问该变量，但其他模块的过程则不能访问该变量。可以使用 Dim 或者 Private 关键字声明模块级变量。

语法：

Dim 变量名 As 数据类型

Private 变量名 As 数据类型

【例 6-10】 使用文本框显示变量的范围。

程序代码如下：

```
Dim String1 As String
Private Sub Form_Load()
'装载窗体过程
    String1 = "模块级变量"
    Text1.Text = String1
End Sub
```

```
Private Sub Command1_Click()
'单击开始按钮
    Dim String2 As String
    String2 = "过程级变量"
    Text1.Text = String1
    Text2.Text = String2
End Sub
```

运行界面如图 6-23 所示，单击 Command1 按钮时显示 String1 和 String2 内容。

程序分析：

- String1 在窗体模块的"通用"声明段声明，是模块级变量，可以被模块中 Form_Load 过程和 Command1_Click 过程中使用。
- String2 是过程级变量，只能在 Command1_Click 过程中使用。变量的作用范围如图 6-24 所示。

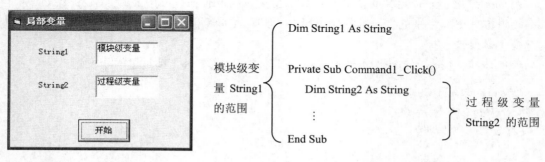

图 6-23　运行界面　　　　　图 6-24　变量的作用范围

3．全局变量

全局变量的作用范围可以是应用程序的所有过程，也称为公用变量。全局变量可以在模块顶部的"通用"声明段用 Public 关键字声明。

语法：

Public 变量名 As 数据类型

例如，在代码窗口分别声明 a 为全局变量，b 为模块级变量，c 为过程级变量，其变量的声明语句如图 6-25 所示。

图 6-25　声明变量

当在模块中引用标准模块的全局变量，直接用它的变量名来引用；当在模块中引用窗体模块的全局变量，如果是本模块的全局变量可以直接引用变量名，如果是其他窗体模块的全局变量则应使用"模块名.变量名"，就像电话号码前面加区号一样。例如，在 Form2 中使用 Form1 的全局变量 a，则应使用 Form1.a。

【例 6-11】　在工程中使用全局变量并在窗体中显示。

功能要求：在工程中添加一个标准模块 Module1 和两个窗体模块 Form1 和 Form2，在标准模块中声明全局动态数组，在 Form1 和 Form2 中设置数组的个数，并在单击窗体的事件中用 Print 语句显示出来。

界面设计：Form1 窗体中有一个"关闭"按钮 Command1，Form2 窗体中有一个"退出"按钮 Command1。

在标准模块 Module1 中声明全局动态数组变量，程序代码如下：

```
Public a() As Integer
```

在 Form1 窗体中单击窗体时重新定义全局数组个数，程序代码如下：

```
Private Sub Form_Click()
'单击Form1窗体
    Dim i As Integer
    ReDim a(5)
    For i = 0 To 5
        a(i) = i
        Print "a(" & i & ") =" & i
    Next i
End Sub
```

```
Private Sub Command1_Click()
'卸载窗体并显示Form2
```

```
        Unload Me
        Form2.Show
End Sub
```

在 Form2 窗体中单击窗体时重新定义全局数组个数，程序代码如下：

```
Private Sub Form_Click()
'单击Form2窗体
    Dim i As Integer
    ReDim a(10)
    For i = 0 To 10
        a(i) = i
        Print "a(" & i & ") =" & i
    Next i
End Sub
```

```
Private Sub Command1_Click()
'单击退出按钮
    End
End Sub
```

则 Form1 运行界面如图 6-26（a）所示，Form2 运行界面如图 6-26（b）所示。

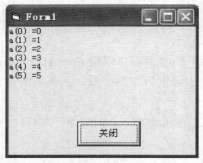
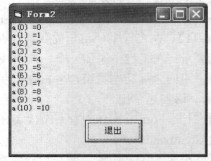

(a) Form1 运行界面　　　　　　(b) Form2 运行界面

图 6-26　运行界面

注意：常数、固定字符串、数组、自定义类型都不能作为窗体模块声明的全局变量。例如，在窗体模块中定义全局数组变量，则会提示出错，如图 6-27 所示，因此全局的数组变量必须在标准模块中声明。

图 6-27　声明变量

全局变量在所有的过程中都可以引用和修改，使用全局变量时应注意是否在其他模块中改变了全局变量的值，对调试程序和查找错误也带来困难，因此要尽量少使用全局变量。

6.6.2　静态变量

局部变量即过程级变量，又可声明为动态变量和静态变量。

- 动态变量：在本过程执行期间分配内存的变量，当一个过程执行完毕，变量所占的内存被释放，变量的值就不存在了。当下一次执行该过程时，所有局部变量将重新初始化。动态变量使用 Dim 关键字来声明。
- 静态变量：在过程结束后仍保留值的变量，即其占用的内存单元未释放。当以后再次进入该过程时，变量原来的值可以继续使用。静态变量使用 Static 关键字来声明。通常 Static 关键字和递归过程不能在一起使用。Static 对于在 Sub 外声明的变量不会产生影响，即使过程中也使用了这些变量名。

静态变量和动态变量是根据变量的生存期来划分的，生存期是指变量能够保持其值的时期。局部变量不论是静态变量还是动态变量，其有效范围仍然只限于本过程内。模块级变量和全局变量的生存期是整个应用程序的运行期间。

【例 6-12】　静态变量与动态变量的比较。

功能要求：单击窗体调用一个测试过程 Test，在 Test 过程中声明动态变量 x，静态变量 y，将 5 次调用过程中静态变量和动态变量的值用 Print 方法显示在窗体上。

程序代码如下：

```
Private Sub Form_Click()
'单击窗体
    Dim i As Integer
    For i = 1 To 5
        Call Test
    Next i
End Sub
```

```
Private Sub Test()
'测试静态变量子过程
    Dim x As Integer
    Static y As Integer
    x = x + 1
    y = y + 1
    Print "x=" & x,
    Print "y=" & y
End Sub
```

运行结果如图 6-28 所示，动态变量 x 的值一直是 1，而静态变量 y 每次调用结束都保留其值，因此为 1、2、3、4、5。

【例 6-13】　使用函数调用的方法计算 $\sum n$，在函数中使用静态变量。运行结果如图 6-29 所示。

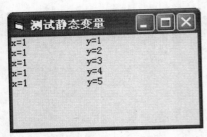
图 6-28　运行结果

图 6-29　运行结果

程序代码如下：

```
Private Function Sum(n As Integer)
'计算求和子函数
    Static f As Integer
    f = f + n
    Sum = f
End Function
```

```
Private Sub Form_Click()
'单击窗体
    Dim i As Integer
    For i = 1 To 5
        Print "∑" & i & "=" & Sum(i)
    Next i
End Sub
```

程序分析：

- 被调函数 Sum 是计算∑n 的值，局部变量 f 为静态变量，在每次调用 Sum 函数结束时变量 f 的值保留为上次运行的结果∑i。如果不用 Static 声明变量 f，则以前的和不会保留。
- 如果在模块的声明段将 f 定义为模块级变量，也会收到同样效果。但是，其他过程也可以访问和改变模块级变量 f 的值。

6.6.3　使用同名的变量

在不同的范围内应用程序可能会使用到同名的变量，例如可能有几个同名的局部变量，局部变量与模块变量同名，局部变量、模块变量与全局变量同名等情况出现。

1．不同模块中的全局变量同名

如果不同模块中的全局变量使用同一名字，则通过引用"模块名.变量名"来引用变量。

例如，在一个工程中有两个模块：标准模块 Module1 和窗体模块 Form1，都有同名变量 m，则引用窗体模块 Form1 中变量 m 使用 Form1.m，引用标准模块 Module1 中变量 m 使用 Module1.m。

2．全局变量与局部变量同名

当全局变量与局部变量同名时，全局变量和局部变量在不同的范围内有效。在过程内部局部变量有效；而在过程外全局变量有效。

例如，定义全局变量 m，然后在 Sub1 过程中又定义 m 为局部变量，则在 Sub1 过程中局部变量 m 有效，在 Sub1 过程外全局变量 m 有效。

3．窗体的属性、控件名与变量同名

窗体的属性、控件、符号常数和过程都被视为窗体模块中的模块级变量。

在窗体模块内和窗体中控件同名的局部变量将遮住同名控件。因此必须引用窗体名称或 Me 关键字来限定控件，才能设置或得到该控件的属性值。在窗体模块中应尽量使变量名和窗体中的控件名不一样，养成对不同的变量使用不同名称的编程习惯。

6.7　过程的作用范围

6.7.1　调用其他模块的过程

1．局部过程和全局过程

子程序过程和函数过程都可以定义为局部过程和全局过程，过程的作用范围是通过定义语句来声明的。

语法：

[Private | Public] [Static] Sub　过程名([参数列表])

[Private | Public] [Static] Function　函数名([参数列表]) [As 数据类型]

说明：

- Public 表示全局过程（公用过程），所有的其他过程都可访问，如果不声明为 Private 则通用过程默认为 Public。
- Private 表示是局部过程（私用过程），只有本模块中的过程才可以访问，窗体和控件的事件过程都是 Private。

2．调用其他模块的过程

调用本模块中的过程前面都介绍过了，直接通过过程名来调用的。

调用其他模块中的全局过程的方法取决于该过程所属的模块是窗体模块、标准模块还是类模块。

（1）调用其他窗体模块中的过程

调用其他窗体中的全局过程，必须以窗体名为调用的前缀，即"窗体名.过程名"。

例如，在窗体 Form2 中定义一个全局过程 Sub1，在窗体 Form1 中调用 Form2 中的 Sub1 过程的语句：

```
Call Form2. Sub1(实参列表)
```

（2）调用其他标准模块中的过程

调用其他标准模块中的过程，如果过程名是唯一的则不必在调用时加模块名。如果有同名的全局过程，则调用本模块内过程时不必加模块名，而调用其他模块的过程时必须以模块名为前缀，即"模块名.过程名"。

例如，对于 Module1 和 Module2 中同名为 Sub1 的过程，从 Module1 中调用 Module2 中的 Sub1 语句如下：

Call　Module2.Sub1(实参列表)

而不加 Module2 前缀时，则在 Module1 模块中调用的是 Module1 中的 Sub1 过程。

（3）调用其他类模块的过程

调用类模块中的全局过程，要求用指向该类的某一实例作前缀。首先声明类的实例为对象变量，并以此变量作为过程名前缀，不可直接用类名作为前缀。

例如，类模块为 Class1，类模块的过程 ClassSub，变量名为 xClass，调用过程的语句如下：

```
Dim xClass As New Class1
Call xClass.ClassSub([实参表列])
```

6.7.2　静态过程

在过程定义中也可以添加 Static 关键字来声明过程，或选择"工具"菜单→"添加过程"菜单项，在出现的对话框中选择"所有本地变量为静态变量"，如图 6-30 所示。

声明过程为静态过程是指使过程中所有的局部变量都为静态变量，无论过程中的变量是用 Static、Dim 或 Private 声明的还是隐式声明的，都会变成静态变量。

例如，在例 6-12 中将 Test 过程声明为静态过程，程序代码修改如下：

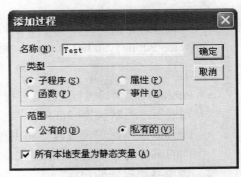

图 6-30　添加过程

```
Private Static Sub Test()
'测试静态变量子过程
    Dim x As Integer
    Static y As Integer
    …
End Sub
```

程序分析：在 Test 过程中的变量 x 和 y 都是静态变量。

6.7.3　启动过程（Sub Main）

Sub Main 过程称为启动过程，当应用程序启动时不希望加载任何窗体，或者在装载窗体前对一些条件进行初始化，可以通过在标准模块中创建一个 Sub Main 的子过程，运行工程时先运行 Sub Main 子过程。

设置 Sub Main 过程为启动对象的方法是选择"工程"菜单→"工程属性"菜单项，在"工程属性"属性页中的"通用"选项卡中"启动对象"框选定 Sub Main，如图 6-31 所示。

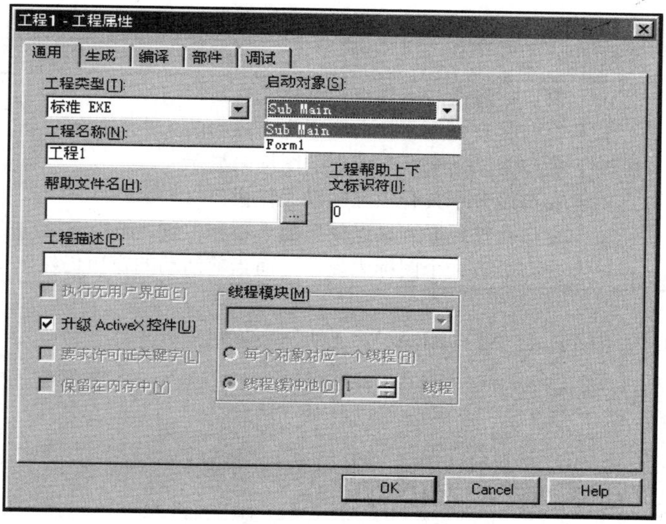

图 6-31　设置启动对象

当工程中含 Sub Main 子过程时，应用程序装载窗体之前总是先执行 Sub Main 子过程。Sub Main 过程必须位于标准模块中，每个工程只能有一个 Sub Main 子过程。

例如，在 Sub Main 过程中初始化数组，程序代码如下：

```
Public a(10) As Integer
Sub main()
    Dim i As Integer
    For i = 0 To 10
        a(i) = i
    Next
End Sub
```

6.8 调用可执行文件（Shell）

VB 不但可以调用各种过程，而且可以调用各种可执行文件。Shell 函数用来调用一个可执行文件，所有在 Windows 环境下可以运行的可执行文件都可以在 VB 中被调用。

语法：

Shell(命令字符串,[])

说明：

- 命令字符串必须是要执行的文件名，其扩展名为：.com、.exe、.bat 和.pif，还可以包括目录或文件夹以及驱动器。

- 返回值是 Variant (Double)型。
- 窗口类型的设置如表 6-2 所示。

表 6-2　窗口类型设置表

常　量	值	描　述
vbHide	0	窗口被隐藏，且焦点会移到隐式窗口
vbNormalFocus	1	窗口具有焦点，且会还原到它原来的大小和位置
vbMinimizedFocus	2	窗口会以一个具有焦点的图标来显示
vbMaximizedFocus	3	窗口是一个具有焦点的最大化窗口
vbNormalNoFocus	4	窗口会被还原到最近使用的大小和位置，而当前活动的窗口仍然保持活动
vbMinimizedNoFocus	6	窗口会以一个图标来显示，而当前活动的窗口仍然保持活动

例如，在单击按钮时运行 NOTEPAD，程序代码如下：

```
Private Sub Form_Click()
'单击按钮运行
    Dim x
    x = Shell("C:\WINDOWS\NOTEPAD.EXE", 1)
End Sub
```

运行界面如图 6-32 所示，当单击窗体时出现"记事本"运行窗口。

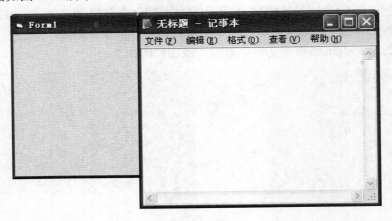

图 6-32　运行界面

6.9　程序举例

【例 6-14】 输入一个十进制数，将其转换成二进制、八进制或十六进制数。

数制转换的算法：

将十进制数除以进制（2、8 或 16），得出余数和商，将商循环地除以进制，直到商为 0。将每次相除产生的余数逆序排列，就是转换的结果。例如，将 20 转换成二进制数，结果为 10100，转换过程如图 6-33（a）所示。

　　界面设计：用组合框 Combo1 输入"转换进制"，用文本框 Text1 输入要转换的十进制数，单击"计算"按钮 Command1 计算进制转换，并将结果显示在文本框 Text2 中。运行的界面如图 6-33（b）所示。

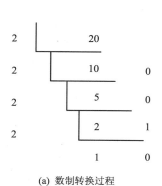

(a) 数制转换过程

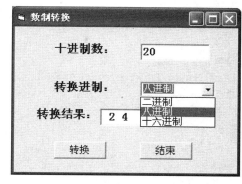

(b) 运行界面

图 6-33　数制转换

程序代码如下：

```
Dim Number As Integer
Dim N As Integer
'定义模块级变量转换数据和进制
```

```
Private Sub Trans(Arry() As String, S() As String)
'转换进制子过程
    Dim r As Integer, k As Integer
    k = 0
    Do While Number > 0
        r = Number Mod N
        k = k + 1
        ReDim Preserve Arry(k)              '用Preserve保留原来数据
        Arry(k) = S(r)
        Number = Int(Number / N)
    Loop
End Sub
```

```
Private Sub Form_Load()
'装载窗体将进制设为2并设置组合框初始状态
    N = 2
    Combo1.AddItem "二进制"
    Combo1.AddItem "八进制"
    Combo1.AddItem "十六进制"
    Combo1.ItemData(0) = 2
    Combo1.ItemData(1) = 8
    Combo1.ItemData(2) = 16
End Sub
```

```
Private Sub Combo1_Click()
'单击组合框选择进制
    N = Val(Combo1.ItemData(Combo1.ListIndex))
End Sub
```

```
Private Sub Command1_Click()
'单击开始按钮
    Dim i As Integer
    Dim Char(15) As String, String1 As String
    Dim Bin() As String
    '将字符0~9赋值给数组char
    For i = 0 To 9
        Char(i) = Str(i)
    Next i
    '将字符A~F赋值给数组char
    For i = 0 To 5
        Char(10 + i) = Chr(Asc("A") + i)
    Next i
    Number = Val(Text1.Text)
    Call Trans(Bin, Char)
    '将余数逆序排放
    For i = UBound(Bin) To 1 Step −1
        String1 = String1 & Bin(i)
    Next i
    Text2.Text = String1
End Sub
```

```
Private Sub Command2_Click()
'单击退出按钮
    End
End Sub
```

程序分析：

- 模块级变量 Number 为要转换的十进制数，n 为数制，可以被本模块中的所有子过程使用。
- 数组 Char 有 16 个元素，分别存放字符 0~9 和 A~F，通过 Chr 函数得出字符，Asc 函数得出 ASCII 码的数值。
- Trans 是子函数过程，形参是数组按地址传递，因此在被调函数中改变数组 Arry 的值，在主调过程 Command1_Click 中 Bin 数组值同时改变。
- 函数 Trans 用于数制转换，将余数放置在数组 Arry 中，由于每个数的余数的位数不同因此使用动态数组 Arry，在循环中重新定义数组的大小，并使用 Preserve 使原来的数据保留。

【例 6-15】 使用选择法将学生成绩按从高到低排序，并显示出学生姓名和成绩。

选择法排序第一轮两两比较找出最大的数，记录下最大元素的位置 Max，然后与第一个元素 a[0]对换；第二轮将从 a[1]开始的数中找出最大的数与 a[1]对换；……每比较一轮找出未经排序的数中最大的一个进行对换；将数组中的元素一轮一轮地进行比较，直到剩下最后一个元素为止。

功能要求：在窗体中单击"排名"按钮，输入学生姓名和成绩，并调用排名子过程 Sort，用 Print 方法显示学生成绩和排名。运行界面如图 6-34 所示，为学生按成绩从高到低排序。

程序代码如下：

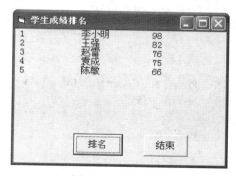

图 6-34 运行界面

```
Option Base 1
Private Sub Command1_Click()
'单击排名按钮
    Dim Student
    Dim Score(5) As Single
    Dim i As Integer, j As Integer
    '输入学生姓名
    Student = Array("李小明", "王强", "赵雷", "陈敏", "袁成")
    '输入学生成绩
    Score(1) = 98: Score(2) = 82: Score(3) = 76: Score(4) = 66: Score(5) = 75
    Call Sort(Score, Student)
    For i = 1 To 5
        Print i, Student(i), Score(i)
    Next i
End Sub
```

```
Private Sub Sort(a() As Single, b As Variant)
'排序子过程
    Dim n As Integer, Max As Integer
    Dim i As Integer, j As Integer
    Dim Temp1 As Integer, Temp2 As String
    n = UBound(a)
    For i = 1 To n −1
        Max = i
        For j = i + 1 To n
            If a(Max) < a(j) Then
                Max = j
            End If
        Next j
        Temp1 = a(i)                    '交换数据
        a(i) = a(Max)
        a(Max) = Temp1
```

```
            Temp2 = b(i)
            b(i) = b(Max)
            b(Max) = Temp2
        Next i
End Sub
```

```
Private Sub Command2_Click()
'单击结束按钮
    End
End Sub
```

程序分析：

- 使用双重循环进行排序，内循环得出每轮中最大的数并交换。
- 形参为数组 a，b 为数据集不是数组，因此不能加()。

【例 6-16】 计算组合公式 C_m^n。

组合公式的算法：

$$C_m^n = \begin{cases} C_{m-1}^{n-1} + C_{m-1}^n & m \geq 2n \\ C_m^{m-n} & m < 2n \\ 1 & n = 0 \\ m & n = 1 \end{cases}$$

采用递归实现，递归的结束条件：

$$C_m^0 = 1 \qquad C_m^1 = m$$

功能要求：本工程采用标准模块来实现，不添加窗体，使用 Sub Main 过程启动工程，使用输入框 InputBox 输入 m 和 n，用消息框输出结果。

创建标准模块的步骤：

① 先选择"工程"菜单→"添加模块"菜单项，向"工程 1"中添加一个标准模块 Module1。

② 然后在"工程资源管理器窗口"中，用鼠标右键单击 Form1，在出现的快捷菜单中选择"移除 Form1"菜单项，将 Form1 从"工程 1"中移除。

③ 然后在标准模块 Module1 中创建 Sub Main 过程。

程序代码如下：

子函数 CalC 计算组合，是递归调用。

```
Function CalC(x As Integer, y As Integer) As Integer
'计算组合子函数
    If x < 2 * y Then y = x - y
    If y = 0 Then
        CalC = 1
    ElseIf y = 1 Then
        CalC = x
    Else
        CalC = CalC(x - 1, y - 1) + CalC(x - 1, y)
```

```
        End If
End Function

Sub main()
'启动过程
    Dim m As Integer, n As Integer
    Dim Result As Integer
    '输入m和n
    m = Val(InputBox("请输入m的值，m > 0并且m > n "))
    n = Val(InputBox("请输入n的值，n > 0"))
    If m > 0 And n > 0 And m > n Then
        '调用组合子函数
        Result = CalC(m, n)
        '显示计算结果
        MsgBox "组合的计算结果 = " & Result, , "输出结果"
    End If
End Sub
```

输入框如图 6-35（a）所示，输入 *m* 为 4，*n* 为 5 时消息框如图 6-35（b）所示。

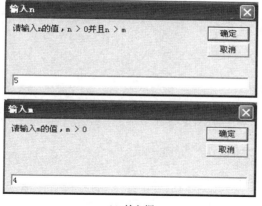

(a) 输入框

(b) 消息框

图 6-35　运行界面

6.10　典型考题解析

1. 执行以下事件过程，窗体上显示的内容最后一行是_____，若将参数 X、Y 前的 ByVal 去掉，窗体上显示的内容最后一行是_____。

```
Private Sub Form_Click()
    Dim M As Integer, N As Integer
    M = 15: N = 20
    Call Value(M, N)
    Print "m="; M, "n="; N
```

```
End Sub
Private Sub Value(ByVal X As Integer, ByVal Y As Integer)
      X = X + 20
    Y = X + Y
    Print "X="; X, "Y="; Y
End Sub
```

解析： 本题主要考过程调用参数传递时按值传递和按地址传递的区别。

ByVal 是按值传递，M、N 将值传给 X、Y，M 和 X 是两个不同的单元，因此使用 Print 时显示的 M 和 X 是不同的内容；将 ByVal 去掉就是默认按地址传递，M 和 X 是同一个地址单元，因此显示的值也一样。

正确答案：执行以下事件过程，窗体上显示的内容最后一行是 m=15，n=20。

若将参数 X、Y 前的 ByVal 去掉，窗体上显示的内容最后一行是 m=35，n=55。

2．运行下面程序，单击窗体后在窗体上显示的第一行结果是_____；第三行结果是_____。

```
Private Sub Form_Click()
        test 3
End Sub
Private Sub test(x As Integer)
Dim i As Integer
If x <> 0 Then
    Call test(x–1)
    For i = 1 To x
        Print x;
    Next i
    Print
  End If
End Sub
```

解析： 本题主要考递归调用，要注意递归的逐层调用和逐层返回。

逐层调用过程：x=3，call test(x–1)→x=2，call test(x–1)→x=1，call test(x–1)→x=0，If 条件不满足，执行 End Sub。逐层返回过程是，x=1，执行 For 循环 1 次，打印 1 个 x→x=2，执行 For 循环 2 次，打印 2 个 x→x=3，执行 For 循环 3 次，打印 3 个 x。

正确答案第一行结果是 1，第三行结果是 3 3 3。

3．单击窗体 5 次，写出下面程序段执行结果的第一行_____，最后一行_____。

```
Private Function fat(ByVal m As Integer)
    Dim f As Integer
    f = 1
    For i = 1 To m
      f = f * m
    Next i
    fat = f
End Function
Private Sub Form_Click()
```

```
        Static a As Integer
        a = a + fat(2)
        Print a
End Sub
```

解析： 本题主要考函数调用中的静态变量。

a 为静态变量在过程运行结束能够保留其值，因此当单击窗体 5 次就是运行 5 次 Form_Click 事件过程，每次都保留原来的值。函数 fat 每次返回值都是 4，因此 a 的值分别是 4、8、12、16、20。

正确答案执行结果的第一行 4，最后一行 20。

4. 执行下面程序，从键盘输入 3，程序运行结束后，A(1,1)的值是_____，A(2,2) 的值是_____，A(2,3)的值是_____。

```
Private Sub Form_Click ()
    Dim a() As Integer, n As Integer
    Dim i As Integer, j As Integer, k As Integer
    n = InputBox("n=")     '输入3
    ReDim a(n, n)
    For i = 1 To n
     For j = 1 To n
       k = k + 1
       a(i, j) = k + 10
     Next j
    Next i
    Call sub1(a, n)
End Sub
Private Sub sub1(a() As Integer, n As Integer)
    Dim i As Integer, j As Integer, t As Integer, k As Integer
    k = n + 1
    For i = 1 To Int(n / 2)
      For j = 1 To n–1
      t = a(i, j)
      a(i, j) = a(k–j, i)
      a(k–j, i) = a(k–i, k–j)
      a(k–i, n + i–j) = a(j, k–i)
      a(j, k–i) = t
      Next j
    Next i
End Sub
```

解析： 本题主要考函数调用传递的参数是数组。

当 n=3 时，a 数组是二维数组 a(3,3)，经过赋值后得 $a = \begin{bmatrix} 11 & 12 & 13 \\ 14 & 15 & 16 \\ 17 & 18 & 19 \end{bmatrix}$，调用函数 sub1

将数组 a 按地址传递，在子函数中修改数组元素的值则数组的值就变化；For i = 1 To Int(n/2)

循环次数只有 1 次，For j = 1 To n − 1 循环次数为 2 次。

正确答案 a(1,1)是 17，a(2,2)是 15， a(3,3)是 13。

5．Sub 过程 Main()是本程序的起始过程，其他为窗体模块中的事件过程。当说明语句 A 被注释，说明语句 B 有效时，执行本程序，分别单击命令按钮 Command1 和 Command2，在窗体上显示的输出内容是_____；若将说明语句 B 注释掉，而使说明语句 A 有效（删去语句前的注释号），执行本程序，分别单击命令按钮 Command1 和 Command2，在窗体上显示的输出内容是_____。

```
Public x As Integer
Sub Main()
        x = 5  :    Form1.Show  :     Form1.Print x;
End Sub
'Dim y As Integer                      '说明语句A
Private Sub Command1_Click()
        Dim y As Integer              '说明语句B
        y = x * 2   :           Print y;
End Sub
Private Sub Command2_Click()
        y = x / 2   :           Print y;
End Sub
```

解析：本题是考变量的作用范围，其中包括全局变量 x，模块级变量 y 和过程级变量 y。

当 B 语句有效时，y 是过程级变量，只在过程中有效，在 Command1_Click 过程中是整型，而在 Command2_Click 过程中则是变体型；当 A 语句有效时，y 是模块级变量，在窗体 Form1 中都是整型。

正确答案：说明语句 B 有效时，输出内容是 5 10 2.5。

说明语句 A 有效时，输出内容是 5 10 2。

习　　题

一、选择题

1．定义两个过程 Private Sub Sub1(Sr() As String)和 Private Sub Sub2(Ch() As String*6)，在调用中用 Dim S(3) As String*6 和 Dim A(3) As String 定义了两个字符串数组，下面调用语句中正确的有_____。

① Call Sub1(s)　② Call Sub1(A)　③ Call Sub2(A)　④ Call Sub2(S)

A. ①②　　　　　　B. ①③　　　　　　C. ②③　　　　　　D. ②④

2．若在应用程序的标准、窗体模块和过程 Sub1 的说明部分，分别用 Public G as Integer、Private G as Integer、Dim G as Integer 语句说明了 3 个同名变量 G。如果在过程 Sub1 中使用赋值语句 G=35，则该语句是给在_____说明部分定义的变量 G 赋值。

A. 标准模块　　　　B. 过程 Sub1　　　　C. 窗体模块　　　　D. 以上 3 个都是

3．在调用过程时，下述说明正确的是_____。

　　A．只能使用 Call 语句调用 Sub 过程

　　B．调用 Sub 过程时，实参必须用括号括起来

　　C．在表达式中调用 Function 过程时，可以不用括号把实参括起来

　　D．Function 过程也可以用 Call 语句调用

4．设有如下程序：

```
Option Base 1
Private Sub Command1_Click()
      Dim a(10) As Integer
      Dim n As Integer
      n=InputBox("输入数据")
      If n<10 Then
            Call GetArray(a,n)
      End If
End Sub

Private Sub GetArray(b() As Integer,n As Integer)
      Dim c(10) As Integer
      j=0
      For i=1 To n
            b(i)=CInt(Rnd *100)
            If b(i)/2=b(i)\2 Then
                  j=j+1
                  c(j)=b(i)
            End If
      Next i
      Print j
End Sub
```

以下叙述错误的是_____。

　　A．数组 b 中的偶数被保存在数组 c 中

　　B．程序运行结束后，在窗体上显示的是 c 数组中元素的个数

　　C．GetArray 过程的参数 n 是按值传送的

　　D．如果输入的数据大于 10，则窗体上不显示任何信息

5．以下叙述错误的是_____。

　　A．如果过程定义为 Static 类型，则该过程中的局部变量都是 Static 型

　　B．事件过程可以像通用过程一样由用户定义过程名

　　C．Sub 过程中不能嵌套定义 Sub 过程

　　D．Sub 过程中可以嵌套调用 Sub 过程

6．在窗体上放置一个按钮 Command1，编写如下程序：

```
Private Sub Command1_Click()
    Dim a   As Integer, b As Integer
    a = 10
    b = 30
    S1 a, b
    Print "a="; a; "b="; b
```

```
    End Sub

    Sub S1(ByVal x As Integer, ByVal y As Integer)
        Dim t As Integer
        t = x
        x = y
        y = t
    End Sub
```

运行程序，单击按钮则在窗体上显示_____。

  A．a=30 b=10   B．a=30 b=30

  C．a=10 b=30   D．a=10 b=10

7．在窗体上放置一个按钮 Command1，编写如下程序：

```
Private Sub Command1_Click()
    Dim a(1 To 4) As Integer
    Dim i As Integer
    a(1) = 5
    a(2) = 6
    a(3) = 7
    a(4) = 8
    subp a()
    For i = 1 To 4
        Print a(i)
    Next i
End Sub

Sub subp(b() As Integer)
    Dim i As Integer
    For i = 1 To 4
        b(i) = 2 * i
    Next i
End Sub
```

运行程序，单击按钮则在窗体上显示_____。

A. 2	B. 5	C. 10	D.出错
4	6	12	
6	7	14	
8	8	16	

8．在 VB 中被调函数参数列表里的参数可以使用 Optional 关键字来表示参数可选，以下叙述错误的是_____。

  A．在参数表中如果含有 Optional 关键字则该参数是可选的

  B．在参数表中 Optional 关键字后面的所有参数是可选的

  C．在参数表中如果 Optional 关键字后面有多个参数，只有含有 Optional 关键字的一个参数是可选的

  D．如果传递的参数是 Variant 型又是可选的，可以在过程体中通过 IsMissing 函数来测试调用时是否传递该参数

9．在窗体上放置两个标签 Label1、Label2 和一个命令按钮 Command1，编写下面程序：

```
Private Sub Command1_Click()
    Dim a   As String
    a = Val(Label2.Caption)
    Call Func(Label1, a)
    Label2.Caption = a
End Sub

Sub Func(L As Label, ByVal a As Integer)
    L.Caption = "1234"
    a = a * a
End Sub

Private Sub Form_Load()
    Label1.Caption = "ABCD"
    Label2.Caption = 10
End Sub
```

运行程序，单击按钮则在两个标签中分别显示_____。

    A．ABCD 和 10   B．1234 和 100
    C．ABCD 和 100   D．1234 和 10

10．执行完下列程序后，立即窗口输出的内容为_____。

```
Option Explicit
Private Sub Command1_click()
    Dim K as Integer
    K=5
    Call Static_Variable(k)
    Debug.Print "第一次调用：K="; K
    K=5
    Call Static_Variable(K)
    Debug.print "第二次调用：K="; K
End sub

Private Sub Static_variable(ByRef N as Integer)
    Static Sta As Integer
    Sta=N+Sta
    N=Sta+N
End Sub
```

    A．第一次调用：K=5   B．第一次调用：K=10
        第二次调用：K=15   第二次调用：K=10
    C．第一次调用：K=10   D．第一次调用：K=5
        第二次调用：K=15   第二次调用：K=5

二、填空题

1．本程序是一个可以进行多数制转换的应用程序。图 6-36 是其运行界面。

Option Explicit

```
Dim x As Integer
Private Function covert(x As Integer) As String        '将十进制数转换成二进制数的过程
    Dim r As Integer, i, n As Integer, cov, c As String
    r = x Mod 2
    Do While _____
        cov = cov & Str(r)
        _____
        r = x Mod 2
    Loop
    For i = _____To 1 Step -1
        c = c & Mid(cov, i, 1)
    Next i
    covert = c
End Function
Private Sub cmd1_Click()
    If Text2.Text <> "" Then Text2.Text = ""
    x = _____
    Text2.Text = covert(x)
End Sub
Private Sub Cmd2_Click()
    If Text2.Text <> "" Then Text2.Text = ""
    x = Val(Text1.Text)    :    Text2.Text = Oct(x)
End Sub
Private Sub Cmd3_Click()
    If Text2.Text <> "" Then Text2.Text = ""
    x = Val(Text1.Text)  :  Text2.Text = Hex(x)
End Sub
Private Sub Cmd4_Click()
    End
End Sub
```

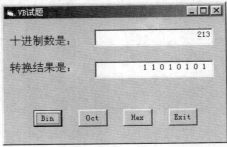

图 6-36　运行界面

图 6-36 的窗体上，文本框对象 Text1 的 Alignment 取值是_____，MultiLine 属性取值是_____。

2. 执行下面程序，第一行打印结果是_____，第二行打印结果是_____。

```
Option Explicit
Private Sub Form_Click()
    Dim I As Integer, J As Integer
```

```
            I = 1: J = 2
            Call Test(I, J)
            Print I, J
            Call Test(I, I)
            Print I, J
        End Sub
        Private Sub Test(M As Integer, N As Integer)
            Static Sta As Integer
            M = M + N :    N = N + M + Sta :    Sta = Sta + M
        End Sub
```

3．下面程序单击窗体时，文本框 Text1 的内容是_____，文本框 Text2 的内容是_____。

```
    Private Sub Form_Click()
        Dim st As String, st1 As String, st2 As String
        st = "ASFRSDCFRSKX"
        Call cs(st, st1, st2)
        Text1 = st1 : Text2 = st2
        End Sub
    Private Sub cs(s As String, st1 As String, st2 As String)
        Dim tem As String, i As Integer
        For i = 1 To Len(s)
            tem = Mid(s, i, 1)
            If tem = "S" Then
                st1 = st1 :    st2 = st2 & "at"
            ElseIf tem = "R" Then
                st1 = st1 & "T"   :      Exit For
            Else
                st1 = st1 & tem   :      st2 = st2 & tem
            End If
        Next i
    End Sub
```

4．运行下面程序，单击窗体后在窗体上显示的第一行结果是_____；第二行结果是_____。

```
    Private Sub Form_Click()
        Print digit(1234, 2)
        Print digit(1234, 3)
    End Sub
    Private Function digit(n As Integer, k As Integer) As Integer
        digit = 0
        Do While k > 0
            digit = n Mod 10
            n = n \ 10   :      k = k - 1
        Loop
    End Function
```

5．窗体输出第三行是_____，窗体输出第四行是_____。

```
    Private Sub Form_click()
        Dim y As Integer
```

```
            For y = 1 To 5
                    Print Tab(2 * y–1);
                    Call triangle(y)
            Next y
    End Sub
    Private Sub triangle(b As Integer)
            Dim i As Integer
            For i = 1 To b
                    Print "$";
            Next i
            Print
    End Sub
```

6．写出下面程序执行结果的第一行是_____，最后一行是_____。

```
    Private Sub Form_Click()
            Dim A(5) As Integer
            For I = 1 To 5
            A(I) = I
            Next I
            Call F1(A)
            For I = 1 To 5
            Print A(I)
            Next I
    End Sub
    Private Sub F1(S() As Integer)
            For I = 1 To 5
            If S(I) < 8 Then
                    For J = I To 5
                            S(J) = S(J) + J
                    Next J
                    Call F1(S)
            End If
            Next I
    End sub
```

7．当 Sub Value 过程中的形参表中存在 ByVal 关键字时，执行本程序，单击窗体，在窗体上显示的第一行内容是_____，第二行内容是_____；若将形参表中的 ByVal 关键字删除，再执行本程序，单击窗体后在窗体上显示的第一行内容是_____，第二行内容是_____。

```
    Private Sub Value (ByVal m As Integer ,ByVal n As Integer )
            m=m*2
            n=n-5
            Print"m=";m,"n=";n
    End Sub

    Private Sub Form_Click( )
            Dim x As Integer , y As Integer
            x=10:y=15
            Call Value (x,y)
```

```
        Print"x=";x,"y=";y
End Sub
```

8．写出下面程序的运行结果_____。

```
Option Explicit
Private Function Func(ByVal a As Integer, ByVal b As Integer)
        Static m As Integer, i As Integer
        i = m + 1 + i
        m = i + a + b
        Func = m
End Function

Private Sub Form_Click()
        Dim k As Integer, m As Integer, p As Integer
        m = 1
        k = 4
        p = Func(k, m)
        Print "p="; p
        p = Func(k, m)
        Print "p="; p
End Sub
```

9．运行下面程序，当单击窗体时，窗体上显示的内容的第一行是_____，第二行是_____。

```
Private Sub Test(x As Integer)
        x=x*2+1
        If x<6 Then
                Call Test(x)
        End If
        x=x*2+1
        Form1.Print x
End Sub

Private Sub Form_Click( )
        Test 2
End Sub
```

10．在窗体上放置一个按钮 Command1，编写如下程序：

```
Private Sub Command1_Click()
        Static x As Integer
        Static y As Integer
        y = 1
        y = y + 5
        x = x + 5
        Print x, y
End Sub
```

运行程序单击 3 次按钮后，窗体显示的结果为_____。

数据库应用

Visual Basic 具有强大的数据库访问功能，提供了数据控件以及可视化数据库工具和数据访问接口（ADO）等功能强大的工具，利用 Visual Basic 能够开发各种数据库应用系统。

7.1 数据库基本知识

数据库按其数据组织方式可以分为层次数据库、网状数据库和关系数据库。其中关系数据库是目前最流行的数据库，以表存储数据，并通过关系将这些表联系起来，可以采用结构化查询语言 SQL 对数据进行处理。

1. 数据库（DataBase）

数据库是数据的集合，就像存储数据的仓库，关系型数据库中的数据以二维的关系表组织数据。数据库以数据库文件保存，数据库文件是独立于应用程序的，并可以为多个应用程序使用。

Visual Basic 中可以访问多种类型数据库，包括 Access、MySQL、FoxPro 等小型数据库以及 SQL Server、Oracle 等中大型数据库。

2. 数据表（Table）

数据表是按行和列排列的关系表，每一行为一个记录，每一列为一个字段，所有的记录组成二维的表格。如图 7-1 所示为学生数据库中的 3 个表格，分别是学生信息表（Student）、学生成绩表（Score）和系别表（Department）。

3. 字段（Field）

在二维数据表中每一列为一个字段，数据表头的每一列为字段的名称。每个字段都分配数据类型、最大长度及其他属性。

例如，图 7-1（a）的 Student 表（学生信息）中有学号、姓名、系别代码、家庭住址、性别和出生日期字段。其中学号是字符型，长度为 10；性别是布尔型；出生日期是日期型。

4. 记录（Record）

在二维数据表中每一行数据为一个记录，每个记录由多个字段组成，任意两个记录都不可能完全相同。

例如，图 7-1（a）的 Student 表（学生信息）中每行表示一个学生的记录。

	学号	姓名	系别代码	家庭住址	性别	出生日期
▶	2003010101	李小明	0001	北京市	-1	1983-1-18
	2003010102	赵雷	0001	江苏省	-1	1982-5-24
	2003010103	王强	0001	河南省	-1	1980-7-9
	2003010104	陈敏	0001	安徽省	0	1982-6-3
	2003020105	袁成	0002	上海市	-1	1984-7-5

(a) 学生信息表（Student）

学号	姓名	语文	数学	英语
2003010101	李小明	86	94	98
2003010102	赵雷	78	82	87
2003010103	王强	65	56	70
2003010104	陈敏	88	87	93
2003010105	袁成	75	79	69

(b) 学生成绩表（Score）

	系别代码	系别
▶	0001	文学院
	0002	数科院
	0003	计算机学院
	0004	商学院
	0005	机械学院

(c) 系别表（Department）

图 7-1 数据表

5. 索引（Index）和关键字

索引是比表搜索更快的排序列表，每个索引输入项指向其相关的数据库行，如果查询在寻找记录时能浏览索引，就可以执行得更快。关键字是表的字段，为了快速检索而被索引，关键字可以是唯一或非唯一。

例如，在图 7-1（a）的 Student（学生信息表）中，学号是表的关键字，可以唯一标识学生的，可以使用学号字段来添加索引。

6. 关系

数据库是由多个表组成，表与表之间用不同的方式关联就是关系表。

例如，学生管理数据库 StudentAd 中有 3 个表，Student 表（学生信息）与 Score 表（学生成绩）之间由"学号"字段关联，Student 表（学生信息）与系别表（Department）之间由"系别代码"字段关联。

学生管理数据库 StudentAd 的组成如图 7-2 所示。

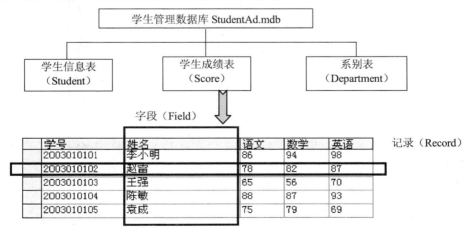

图 7-2 数据库与表

7.2 使用可视化数据管理器创建数据库

VB 默认的数据库是 Access 数据库，文件的扩展名为.mdb，可以在 Access 中创建，也可以在 VB 的可视化数据管理器中创建。

7.2.1 创建数据库

可视化数据管理器（visual data manager，VisData）是 VB 提供的数据库设计工具，可以用来建立、修改数据库，进行 SQL 语句测试和建立查询。

1．启动数据管理器

选择"外接程序"菜单→"可视化数据管理器"菜单项，就可以启动数据管理器，出现 VisData 窗口，如图 7-3 所示。

2．创建数据库

选择 VisData 窗口的"文件"菜单→"新建"菜单项→Microsoft Access…菜单项→Version 7.0 MDB 菜单项，在出现的文件对话框中输入数据库名 StudentAd.mdb，则在数据管理器中出现如图 7-3 中"数据库窗口"和"SQL 语句"两个子窗口。新建的数据库不含任何数据表。

图 7-3　数据管理器

如果要打开已经存在的数据库，则选择"文件"菜单→"打开数据库"菜单项。

3．建立数据表

将鼠标指针移到"数据库窗口"区域内，单击鼠标右键出现快捷菜单，如图 7-3 所示选择"新建表"菜单项，则出现"表结构"窗口，包括 Access 类型的数据表各个字段的名称、类型、宽度等。如图 7-4 所示在"表结构"窗口中创建 Student 表（学生信息），添加 6 个字段。

- 表名称（Table Name）：指数据表的名称。

- 大小（Size）：指字段的宽度，一般以字段存放数据的最大宽度为准。
- 类型（Type）：指字段的数据类型，包括 Text、Integer、Long、Single、Double、Date/Time、Currency、Boolean、Memo（可变长的文本）、Binary 和 Byte 型。

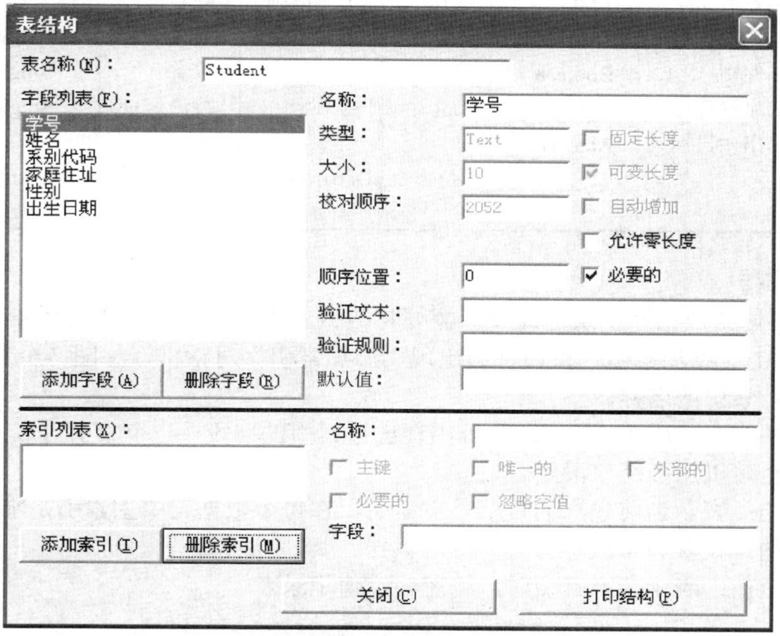

图 7-4　设计表结构

单击表结构中的"添加字段"按钮，出现"添加字段"对话框，如图 7-5 所示。

- "固定字段"和"可变字段"表示字段的长度是否可以变化。
- "允许零长度"表示是否允许零长度字符串为有效字符串。
- "必要的"指出字段是否要求非 Null 值。
- "顺序位置"用于确定字段的相对位置，如果用户输入的字段值无效则显示"验证文本"信息。
- "验证规则"确定可以添加什么样的数据。

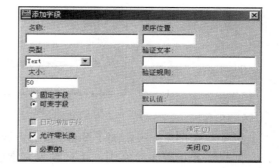

图 7-5　"添加字段"对话框

- "默认值"指定插入记录时字段的默认值。

当字段添加完按"确定"按钮，数据表设计完后，单击图 7-4 中的"生成表"按钮则生成了一张新表。如果需要删除字段可单击图 7-4 中的"删除字段"按钮。

根据上述方法，创建 3 个数据表：Student 表、Score 表和 Department 表，各表的字段设置如表 7-1 所示。

表 7-1　数据表字段

表名	字段名	数据类型	长度	表名	字段名	数据类型	长度
Student （学生信息）	学号	Text	10	Score （学生成绩）	学号	Text	10
	姓名	Text	16		姓名	Text	16
	系别代码	Text	4		语文	Single	
	性别	Boolean			数学	Single	
	家庭住址	Text	50		英语	Single	
	出生日期	Date/Time					
				Department （系别）	系别代码	Text	4
					系别	Text	10

4．添加索引

为了提高搜索数据库记录的速度，需要将数据表中的某些字段设置为索引（Index）。在图 7-4 中单击"添加索引"按钮，会出现"添加索引"对话框，如图 7-6 所示。

- 名称：索引的名称。
- 索引的字段：从"可用字段"框中选出被索引的字段，一个索引可以由一个字段建立，也可以用多个字段组合建立。
- 主要的：表示当前建立的索引是主索引，在每个数据表中主索引是唯一的。
- 唯一的：设置该字段不会有重复的数据。
- 忽略空值：表示搜索索引时，将忽略空值记录。

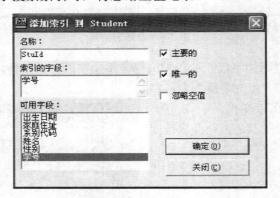

图 7-6　添加索引

例如，在图 7-6 中添加了 StuId 索引，索引字段为"学号"。

如果需要设置多个索引，可在设置完索引单击"确定"按钮后，再设置下一个。如果要删除索引可在图 7-4 中单击"删除索引"按钮。

5．输入记录

数据表设计好后，在 VisData 右侧的"数据库窗口"中以树状结构显示了数据库的多个表，用鼠标右键单击某个表名，在下拉菜单中选择"打开"菜单项就可输入记录。

例如，在"数据库窗口"用鼠标右键单击 Student 表，选择"打开"菜单项显示数据表。如果单击工具栏的 按钮则以单个记录方式显示（如图 7-7（a）），单击工具栏的 按钮则以网格控件方式显示（如图 7-7（b））。

在图 7-7（a）中单击"添加"按钮，添加新记录，单击"更新"按钮将新记录保存，单击"删除"按钮删除记录，单击"查找"按钮可以输入查找表达式来查找符合条件的记录。

在图 7-7（b）中可以修改和编辑各记录，用↑、↓键可以在记录间移动，在最后一个记录时单击↓键就可以添加新记录。

| | (a) 单个记录显示 | | (b) 多记录显示 | |

图 7-7　显示 Score 表

6. 建立查询

数据库中的表有很多记录，有时需要查找符合某些条件的记录，这些记录又组成一张新表，这张新表就是查询（Query）。

例如，在学生成绩表 Score 中要查找语文成绩大于 80 的记录，在 VisData 窗口建立查询的步骤如下：

① 用鼠标右键单击"数据库窗口"，或用鼠标右键单击 Score 表，在下拉菜单中选择"新建查询"菜单项，则出现"查询生成器"窗口，如图 7-8 所示。

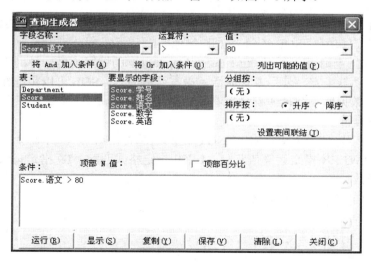

图 7-8　创建查询

② 在"查询生成器"窗口单击"表："框中的表名 Score。

③ 在"要显示的字段："中选择在查询表中需要显示的字段，选择"Score.学号"、"Score.姓名"和"Score.语文"；单击选择"升序"。

④ 单击"字段名称"的下拉箭头选择"Score.语文"，在"运算符"下拉列表中选择">"，在"值"文本框中输入 80。

⑤ 单击"将 And 加入条件"或"将 Or 加入条件"按钮，在"条件："文本框中显示

查询的 SQL 语句。如果还有其他条件则继续输入条件。

　　⑥ 单击"显示"按钮则出现"SQL 查询"消息框，将查询条件用 SQL 语言显示。单击"运行"按钮，出现"这是 SQL 传递查询吗？"消息框，单击"否"按钮，则可生成查询，如图 7-9 所示。

　　⑦ 单击"保存"按钮将查询保存，输入查询名为 ScoreYW。在 VisData 窗口的显示如图 7-10 所示。在左侧"数据库窗口"显示 StudentAd 数据库中有 3 个表和 1 个查询，查询 ScoreYW 的 SQL 语句显示在右侧的"SQL 语句"窗口中。

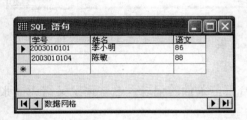

图 7-9　生成查询

图 7-10　VisData 窗口显示

7.2.2　结构化查询语言 SQL

　　在 VisData 窗口中除了能够使用查询生成器生成查询，还可以直接 VisData 窗口右侧的"SQL 语句"窗口中写 SQL 语句来实现查询。

　　SQL 是结构化查询语言（structure query language）的缩写，是一种用于数据库查询和编程的语言，它功能丰富、使用方式灵活、语言简洁易学。SQL 可以实现建立数据库，查询、更新、维护数据库，数据库安全控制等一系列的操作。

　　1. SQL 运算符

　　SQL 运算符可以使用 AND、OR、NOT 逻辑运算符，<、<=、>、>=、<>比较运算符，还可以使用 BETWEEN 指定运算值范围，LIKE 指定格式匹配，IN 指定记录。

　　2. SQL 函数

　　SQL 语言中可以使用下列函数。

- AVG：求平均值。
- COUNT：计数。
- SUM：求和。
- MAX：求最大数。
- MIN：求最小数。

　　3. SQL 语句

　　（1）Create 语句创建一个新数据表

　　语法：

　　CREATE TABLE 数据表([字段名称 1]数据类型(长度),[字段名称 2]数据类型(长度)，…)

例如，建立 Department 数据表：

CREATE TABLE Department ([系别] Text(10),[系别代码] Text(4))

（2）SELECT 语句从数据库中筛选一个记录集

语法：

SELECT 字段列表 FROM 子句 WHERE 子句 GROUP BY 子句 HAVING 子句 ORDER BY 子句

说明：

- 字段列表：指定选择的多个字段名，各字段名之间用 ","分隔，用 "*"可表示所有的字段名。当包含多个表中的字段时可采用 "数据表.字段名"的格式。
- FROM 子句：指定查询数据表，各数据表之间用 ","分隔。
- WHERE 子句：指定查询的条件，使用 SQL 运算符组成运算表达式。
- ORDER BY 子句：在查询时进行排序，采用 "ORDER BY 字段名 关键字"的格式。关键字有 ASC 和 DESC 两种，ASC 为升序排列，DESC 为降序排列。

例如，下面都是 SELECT 语句。

① 生成 Score 表中所有记录的查询，"*"表示所有字段。

SELECT * FROM Score

② 生成 Student 表中部分字段的查询。

SELECT Student.学号, Student.姓名, Student.性别, Student.家庭住址
FROM Student

③ 生成 Score 表中 "语文"大于 80 的 3 个字段的查询。

SELECT Score.学号, Score.姓名, Score.语文 FROM Score
WHERE (Score.语文 > 80)

④ 由 Student 表中 "出生日期"字段运算生成 "年龄"字段。

SELECT Student.学号, Student.姓名,YEAR(DATE())-YEAR(Student.出生日期) AS 年龄
FROM Student

⑤ 由 Score 表和 Student 表将两个表的所有字段生成查询。

SELECT Score.学号, Score.姓名, Score.语文, Score.数学, Score.英语, Student.家庭住址,
Student.性别, Student.出生日期
FROM Score, Student
WHERE (Score.学号 = Student.学号)

⑥ 生成 Score 表的 "语文"、"数学"和 "英语"字段平均值的查询，用 AVG 函数计算平均值。

SELECT avg(Score.语文) as 语文平均, avg(Score.数学) as 数学平均,
avg(Score.英语) as 英语平均
FROM Score

⑦ 生成 Score 表和 Student 表中按"系别代码"计算出各系的"语文总分"。

SELECT Student.系别代码,Sum(Score.语文) as 语文总分
FROM Score, Student
WHERE (Score.学号 ＝ Student.学号)
Group by Student.系别代码

（3）INSERT 语句在数据表中添加记录

语法：

INSERT INTO 数据表(字段名 1,字段名 2,…) VALUES (数据 1,数据 2,…)

例如，向 Department 表中添加一记录：

INSERT INTO Department(系别代码,系别) VALUES('0006','电气学院')

（4）DELETE 语句删除符合条件的记录

语法：

DELETE(字段名) FROM 数据表 WHERE 子句

说明： 一般删除整条记录，因此字段名省略不写。

例如，将 Student 表中"学号"为"2003010103"的记录删除：

DELETE FORM Student WHERE 学号='2003010103'

（5）UPDATE 语句更改符合条件的记录

语法：

UPDATE 数据表 SET 新数据值 WHERE 子句

例如，将 Score 表中所有"语文"小于 80 的都改为 80：

UPDATE Score SET 语文=80 WHERE 语文<80

4. 用 SQL 语句建立查询

在 VisData 窗口右侧的"SQL 语句"窗口中直接输入 SQL 语句，在图 7-10 中单击"执行"按钮就可以生成查询，单击"清除"按钮清除 SQL 语句，单击"保存"并输入查询名就可以保存查询。

7.3　Data 控件的使用

在控件箱中的 Data 控件是 VB 用于数据库操作的控件，使用 Data 控件只需要编写很少量的代码就可以访问多种数据库中的数据。将 Data 控件放置在窗体上就可以看到 Data 控件的外观，如图 7-11 所示。

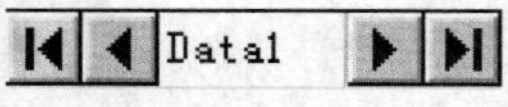

图 7-11　Data 控件

◀为移动到前一个记录，▶为移动到下一个记录，◀◀为移动到最前第一个记录，▶▶为移动到最后一个记录。

7.3.1 Data 控件的常用属性和数据感知控件

1. Data 控件的常用属性

（1）Connect 属性

Connect 属性用来指定该数据控件所要访问的数据库格式，默认值为 Access，还包括 dBASE、FoxPro、Excel 等，如图 7-12 是 Connect 属性列表框。

在运行时设置 Connect 属性，可以使用代码：

Data1.Connect="Access"

（2）DatabaseName 属性

DatabaseName 属性是用于确定数据控件使用的数据库，包括其完整的路径。如果要访问的是 Access 数据库，就可以单击 ... 按钮将其设置为 .mdb 文件。

在运行时设置 DatabaseName 属性，可以使用代码：

Data1.DatabaseName="C:\StudentAd.mdb"

图 7-12 Data 控件属性

（3）RecordSource 属性

RecordSource 属性用于指定数据控件所访问的记录来源，可以是数据表名，也可以是查询名。在属性窗口中单击下拉箭头在列表中选出数据库中的记录来源。

例如，当 DatabaseName 属性选择了 StudentAd.mdb 数据库，单击 RecordSource 属性下拉列表就自动显示了 3 个表名和查询名，可以选择其中一个。

（4）RecordsetType 属性

RecordsetType 属性用于指定数据控件存放记录的类型，包含表类型记录集、动态集类型记录集和快照类型记录集，默认为动态集类型。

- 表类型记录集（Table）：包含实际表中所有记录，这种类型可对记录进行添加、删除、修改、查询等操作，直接更新数据。
- 动态集类型记录集（Dynaset）：可以包含来自于一个或多个表中记录的集合即能从多个表中组合数据，也可只包含所选择的字段。这种类型可以加快运行的速度，但不能自动更新数据。
- 快照类型记录集（Snapshot）：与动态集类型记录集相似，但这种类型的记录集只能读不能更改数据。

2. 数据感知控件

与 Data 控件绑定的控件称为数据感知控件，使用数据感知控件可以将 Data 控件访问的数据库在窗体显示出来。

控件箱中的常用控件有 Label、TextBox、CheckBox、Image、OLE、PictureBox、ListBox 和 ComboBox 等，都能和 Data 控件绑定。

（1）数据感知控件的属性设置

数据感知控件要与 Data 控件绑定必须要设置 DataSource 和 DataField 两个属性。

- DataSource 属性：用于在下拉列表中选择想要绑定的 Data 控件名称，通过 Data 控件与数据库文件联系起来。

图 7-13 为数据感知控件 Text1 的属性，当窗体上放置了一个 Data 控件为 Data1，在 DataSource 属性的下拉列表中选择 Data1。

图 7-13　数据感知控件属性

- DataField 属性：用于在下拉列表中选择要显示的字段名称。

说明：标签和文本框控件经常用于显示 Data 控件的一个字段；图像框和图片框用于绑定二进制类型的图片字段；列表框（ListBox）和组合框（ComboBox）的下拉选项列表中并不显示 Data 控件的字段，必须用 AddItem 语句编程添加进去。

（2）绑定数据控件的步骤

数据感知控件绑定的过程不需要加入任何程序代码，就可以通过数据感知控件显示数据库内容，与 Data 控件绑定的步骤如下：

① 将 Data 控件（Data1）放置在窗体中，将数据感知控件 Text1 放置在窗体中。

② 设置 Data1 的 DatabaseName 属性为 C:\StudentAd.mdb 文件，设置 Data1 的 RecordSource 属性为 Score 表。

③ 设置 Text1 的 DataSource 属性为 Data1，设置 Text1 的 DataField 属性为"姓名"字段。这样姓名字段就可以在文本框中显示了。

【例 7-1】 创建一个学生成绩输入界面，使用文本框输入学生成绩表 Score 的各字段：姓名、语文、数学和英语。

界面设计：4 个文本框 Text1～Text4 分别用来显示表 Score 的姓名、语文、数学和英语字段，4 个标签显示信息，1 个 Data 控件 Data1 与数据库 StudentAd.mdb 绑定。运行界面如图 7-14 所示。

属性设置如表 7-2 所示。

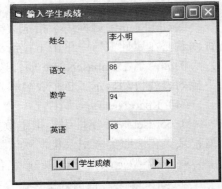

图 7-14　运行界面

表 7-2　属性设置表

对象名	属性名	属性值	对象名	属性名	属性值
Form1	Caption	输入学生成绩	Text2	Text	空
Data1	Caption	学生成绩		DataSource	Data1
	DatabaseName	C:\StudentAd.mdb		DataField	语文
	RecordSource	Score	Text3	Text	空
Label1	Caption	姓名		DataSource	Data1
Label2	Caption	语文		DataField	数学
Label3	Caption	数学	Text4	Text	空
Text1	Text	空		DataSource	Data1
	DataSource	Data1		DataField	英语
	DataField	姓名	Label4	Caption	英语

- 移动记录

单击 Data1 控件◀则向前移动一个记录，单击▶按钮移动到下一个记录，单击◀◀按钮移动到最前第一个记录，单击▶▶按钮移动到最后一个记录。

- 修改记录

在文本框中可以修改各记录的字段内容，会自动修改到数据库中。

7.3.2　Data 控件的记录集

在 VB 中，数据库中的表是不允许被直接访问的，只能通过记录集（Recordset）对数据表进行浏览和操作。记录集是一个对象，一个记录集是数据库中的一组记录，可以是数据表（Table）或查询（Query）。

使用"数据控件对象.Recordset"访问数据控件的记录集。

1. Data 控件记录集的常用方法

（1）AddNew 方法

AddNew 方法用于添加一个新记录，新记录的每个字段如果有默认值将以默认值表示，如果没有则为空白。

例如，给 Data1 控件对应的记录集添加新记录：

Data1.Recordset.AddNew

（2）Delete 方法

Delete 方法用于删除当前记录的内容，在删除后当前记录移到下一个记录。

（3）Edit 方法

Edit 方法用于对可更新的当前记录进行编辑修改。

（4）Find 方法群组

Find 方法群组是用于查找记录，其中 FindFirst 是从第一个记录向后查找，FindLast 是从最后一个记录向前查找，FindNext 是从当前记录向后查找，FindPrevious 是从当前记录向前查找。

例如，在 Score 表中查找学号为"2003010104"的记录：

```
Data1.Recordset.FindFirst "学号='2003010104'"
If Data1.Recordset.NoMatch Then                    '如果没找到
    MsgBox "找不到学号为 2003010104 的学生"
End If
```

当使用 Find 或 Seek 方法找不到相符的记录时，NoMatch 属性为 True。

（5）Move 方法群组

Move 方法群组用于移动记录，包含 MoveFirst、MoveLast、MoveNext 和 MovePrevious 方法，这四种方法分别是移到第一个记录、移到最后一个记录、移到下一个记录和移到前一个记录。

当在最后一个记录时，如果使用了 MoveNext 方法时就移到记录的边界，EOF 的值会变为 True，如果再使用 MoveNext 方法就移出记录集范围会出错，出现如图 7-15 所示的出错提示。对于 MovePrevious 方法如果前移也是同样的结果。

因此使用 MoveNext 方法时应该在移到 EOF 的值变为 True 时，就不再向后移，而要移到最后一个记录，程序代码如下：

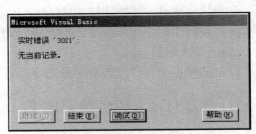

图 7-15　出错提示

    Data1.Recordset.MoveNext
    If　Data1.Recordset.EOF　Then　Data1.Recordset.MoveLast

（6）Update 方法

Update 方法用于将修改的记录内容保存到数据库中。

2．Data 控件记录集的常用属性

（1）BOF 和 EOF 属性

BOF 和 EOF 属性可以用来设置记录指针的位置。当记录集打开后，记录指针指在第一个记录，BOF 属性为 False，再向前移一次 BOF 属性为 True，移到记录集边界没有当前记录行；当记录指针移到最后一个记录时，EOF 属性为 False，再向后移一次 EOF 属性为 True，移到记录集的边界，没有当前记录行。

（2）RecordCount 属性

RecordCount 属性返回记录集的记录总数，是只读属性。当记录集更新频繁时，为获得 RecordCount 属性的准确值，应在获取 RecordCount 属性之前先调用一次 MoveLast 方法。

（3）BookMark 属性

BookMark 属性用于返回或设置当前记录指针的书签。

例如，在 Score 表中查找学号为"2003010104"的记录，并用书签记住位置，下次可以重新定位到该位置，程序代码如下：

```
Dim BookMark1
Data1.Recordset.FindFirst "学号='2003010104'"
BookMark1= Data1.Recordset.BookMark                 '保存书签
...
Data1.Recordset.BookMark=BookMark1                  '重新定位到书签位置
```

【例 7-2】　使用 5 个文本框 Text1～Text5 输入数据表 Score 的学号、姓名、语文、数学和英语字段，并使用按钮实现记录的移动、添加、删除和修改操作。

界面设计：文本框 Text1～Text5 用来输入数据表 Score 的学号、姓名、语文、数学和英语字段；1 个 Data 控件 Data1 与数据库 StudentAd.mdb 绑定，Data 控件运行时设置为不可见；8 个按钮 Command1～Command8，其中 Command1～Command4 实现将记录集的记录移到第一个、前一个、下一个和最后一个，Command5～Command7 实现对记录的添加、删除和修改操作，Command8 用来结束程序。运行界面如图 7-16 所示。

属性设置：

- Data1 的 DatabaseName 和 RecordSource 属性与例 7-1 中一样设置，并将 Visible 属性设置为 False。

- 文本框 Text1～Text5 作为数据感知控件，与例 7-1 中一样设置其 DataSource 和 DataField 属性。
- 按照图 7-16 设置各按钮和标签的 Caption 属性。

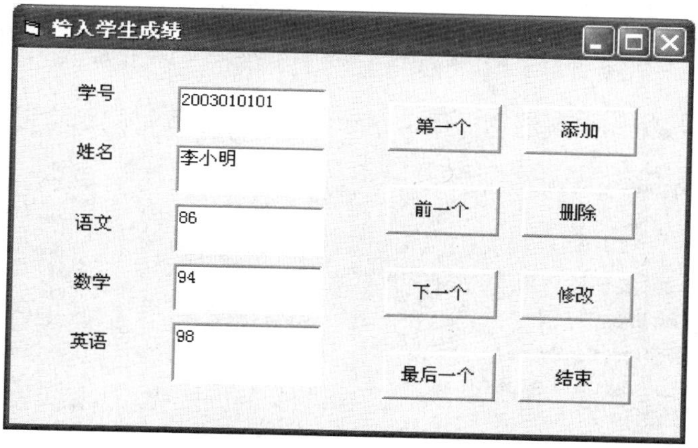

图 7-16 运行界面

程序代码如下：

```
Private Sub Command1_Click()
'单击第一个按钮
    Data1.Recordset.MoveFirst
End Sub
```

```
Private Sub Command2_Click()
'单击前一个按钮
    Data1.Recordset.MovePrevious
    If Data1.Recordset.BOF Then
        Data1.Recordset.MoveFirst
    End If
End Sub
```

```
Private Sub Command3_Click()
'单击下一个按钮
    Data1.Recordset.MoveNext
    If Data1.Recordset.EOF Then
        Data1.Recordset.MoveLast
    End If
End Sub
```

```
Private Sub Command4_Click()
'单击最后一个按钮
    Data1.Recordset.MoveLast
End Sub
```

单击"添加"按钮添加新记录，并将记录指针移到最后一个记录。

```
Private Sub Command5_Click()
'单击添加按钮
    Data1.Recordset.AddNew
    Data1.Recordset.Update
    Data1.Recordset.MoveLast
End Sub
```

单击"删除"按钮先出现消息框提示删除信息，如果确定就删除记录。

```
Private Sub Command6_Click()
'单击删除按钮
    Dim msg
    msg = MsgBox("要删除吗?", vbYesNo, "删除记录 ")
    If msg = vbYes Then
        Data1.Recordset.Delete
        Data1.Recordset.MoveLast
    End If
End Sub
```

单击"修改"按钮修改记录，并将修改内容及时保存到数据库中。

```
Private Sub Command7_Click()
'单击修改按钮
    Data1.Recordset.Edit
    Data1.Recordset.Update
End Sub
```

```
Private Sub Command8_Click()
'单击结束按钮
    End
End Sub
```

7.4 ADO 数据对象访问技术

ADO 是 ActiveX 数据对象，是由 Microsoft 公司推出的最新、功能最强的应用程序接口。

7.4.1 ADO Data 控件的使用

由于 ADO Data 控件不是 VB 的内部控件，因此在使用之前必须将其添加到控件箱中。通过用鼠标右键单击控件箱，在快捷菜单中选择"部件"菜单项，打开"部件"对话框选择 Microsoft ADO Data Control 6.0（OLEDB）复选框，则在控件箱中增加了 ADO Data 控件 的图标。

将 ADO Data 控件放置到窗体中，ADO Data 控件的外观如图 7-17 所示，默认控件名为 Adodc1。

1. ADO Data 控件的常用属性

（1）ConnectionString 属性

ConnectionString 属性是一个字符串，用来建立到数据源的连接。可以是 OLE DB 文件（.UDL）、ODBC 数据源（.DSN）或连接字符串，当连接打开时 ConnectionString 属性为只读。

在窗体中放置 ADO Data 控件 Adodc1，在属性窗口单击 ConnectionString 属性右侧的 按钮，打开如图 7-18 所示的属性页。

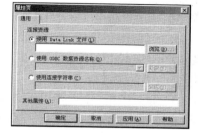

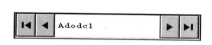

图 7-17　ADO Data 控件

图 7-18　属性页

- 使用 Data Link 文件：指定一个连接到数据源的自定义连接字符串，单击右边"浏览"按钮打开数据链接文件（.udl）建立 OLE DB 连接。
- 使用 ODBC 数据资源名称：使用一个系统定义的数据源名称（.DSN），创建 ODBC 数据连接即开放式数据库连接。单击右侧的下拉箭头选择一个.DSN 文件，或单击"新建"按钮创建一个 ODBC。
- 使用连接字符串：定义一个到数据源的连接字符串。单击"生成"按钮，则出现"数据链接属性"对话框。在"提供程序"选项卡中选择提供者名称，在其他选项卡中设置连接以及其他所需信息。

例如，在"提供程序"选项卡中选择 Microsoft Jet 3.51 OLE DB Provider，如图 7-19（a）所示，单击"下一步"按钮，在出现的"连接"选项卡中选择 C:\StudentAd.mdb 文件如图 7-19（b）所示，单击"测试连接"按钮，成功后单击"确定"按钮，则创建 ADO Data 控件的连接就完成了。

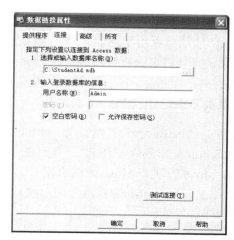

(a) "提供程序"选项卡

(b) "连接"选项卡

图 7-19　建立 OLE DB 连接

（2）RecordSource 属性

RecordSource 属性返回或设置记录的来源，可以是数据库表名、查询名或 SQL 语句。

在 Adodc1 的属性窗口中单击 RecordSource 右侧的 **…** 按钮，则显示如图 7-20 所示的属性页。

"命令类型"下拉列表有以下 4 种类型。

- 8-adCmdUnknown：默认为未知命令。
- 1-adCmdText：用 SQL 语句作为记录源，然后在下面的"命令文本"框中输入 SQL 语句。
- 2-adCmdTable：设置一个表或存储过程名。
- 4-adCmdStoredProc：显示数据库中所有有效的查询和存储过程。

例如，在"命令类型"中选择单击 2-adCmdTable，在"表或存储过程名称"的下拉列表中选择 Score 表，然后单击"确定"按钮，Adodc1 控件就连接到 StudentAd.mdb 数据库的 Score 表。

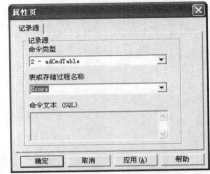

图 7-20　RecordSource 属性页

（3）UserName 属性

UserName 属性是用户名称，当数据库受密码保护时，需要指定该属性。这个属性可在设置 ConnectionString 属性时在图 7-19（b）中设置。

（4）Password 属性

Password 属性设置 ADO Recordset 对象创建过程中所使用的口令。当访问一个受保护的数据库时是必须的，这个属性也是在图 7-19（b）中设置。该属性设置值是只写的，不能从 Password 属性中读出。

2. ADO Data 控件记录集的常用方法

ADO Data 控件对数据的操作主要由记录集 Recordset 对象的属性和方法来实现。

（1）AddNew 方法

AddNew 方法是创建新记录，与 Data 控件记录集的 AddNew 方法相同。

（2）Delete 方法

Delete 方法可以用于删除 Recordset 的记录，删除完记录后与数据库绑定的控件上还显示该记录，直到将记录指针移到其他记录。

语法：

记录集.Delete affectRecord

说明： affectRecord 省略或为 adAffectCurrent 是指删除当前记录，affectRecord 为 adAffectGroup 是指删除符合 Filter 条件的记录，必须先设置 Filter 条件。

（3）Move 方法和 Move 方法群组

Move 方法和 Move 方法群组用于移动 Recordset 对象记录指针的位置，Move 方法可以移动到任意位置。

语法：

记录集.Move 移动的记录数[, 开始位置]

说明：

- 移动的记录数：指移动的记录行数，为长整型。
- 开始位置：adBookmarkCurrent（默认）从当前记录开始，adBookmarkFirst 为从第一条记录开始，adBookmarkLast 为从最后一条记录开始。

与 Data 控件记录集的相应方法相同，MoveFirst、MoveLast、MoveNext 和 MovePrevious 方法分别移动到指定 Recordset 对象中的第一个、最后一个、下一个或上一个记录并使该记录成为当前记录。

（4）Update 方法

Update 方法用于保存对 Recordset 对象的当前记录所做的所有更改。使用 Update 方法保存自从调用 AddNew 方法，或自从现有记录的任何字段值发生更改之后，对 Recordset 对象的当前记录所作的所有更改。

（5）Find 方法

Find 方法用来查找指定的记录，并指定查找的条件。

语法：

记录集.Find(准则,跳行,搜索方向,起始位)

说明：

- 准则：是一个字符串，用来指定查找的条件。
- 跳行：用来指定跳的行数。
- 搜索方向：adSearchForward 是向前搜索，adSearchBackward 是向后搜索。
- 起始位：指定搜索的起始位置，adBookmarkCurrent 从当前记录，adBookmarkFirst 从第一个记录，adBookmarkLast 从最后一个记录。

【例 7-3】 使用 ADO Data 控件实现对 StudentAd.mdb 数据库的 Score 表（学生成绩）的输入和显示。

界面设计：文本框 Text1～Text5 用来输入数据表 Score 的学号、姓名、语文、数学和英语字段；1 个 ADO Data 控件 Adodc1；4 个按钮 Command1～Command4 实现对记录的添加、删除、修改和移动操作。

（1）在工具箱中添加 ADO Data 控件，并放置在窗体中为 Adodc1。

（2）设置窗体控件属性

设置 Adodc1 控件的 ConnectionString 连接到 StudentAd.mdb 数据库，如图 7-19（b）所示，设置 RecordSource 属性将记录源设置到 Score 表，如图 7-20 所示。

设置文本框 Text1～Text5 的 Text 属性为空，设置 DataSource 属性为 Adodc1，设置 DataField 属性分别为学号、姓名、语文、数学和英语字段。

设置按钮 Command1 ～ Command4 的 Caption 属性，如图 7-21 所示。

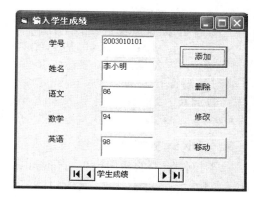

图 7-21　运行界面

程序代码如下：

```
Private Sub Command1_Click()
'单击添加按钮
    Adodc1.Recordset.AddNew
End Sub
```

单击"删除"按钮删除当前记录，并将记录指针移动到最后一个记录，使控件不再显示已删除记录。

```
Private Sub Command2_Click()
'单击删除按钮
    Dim msg
    msg = MsgBox("要删除吗?", vbYesNo, "删除记录 ")
    If msg = vbYes Then
        Adodc1.Recordset.Delete
        Adodc1.Recordset.MoveLast
    End If
End Sub
```

```
Private Sub Command3_Click()
'单击修改按钮
    Adodc1.Recordset.Update
End Sub
```

单击"移动"按钮出现输入框，在输入框中输入移动数可以移动记录指针到任意位置，如果输入的移动数超出范围，则移到最后一个记录。

```
Private Sub Command4_Click()
'单击移动按钮
    Dim n As Integer
    n = Val(InputBox("请输入移动记录数", "移动记录"))
    If n = 0 Then
        Exit Sub
    Else
        Adodc1.Recordset.Move n
        If Adodc1.Recordset.EOF Then
            MsgBox "移动出界!", vbOKOnly, "移动"
            Adodc1.Recordset.MoveLast
        End If
    End If
End Sub
```

3．ActiveX 数据感知控件

除了控件箱中的常用控件 PictureBox、Label、TextBox、CheckBox、Image、OLE、ListBox 和 ComboBox 能和 ADO Data 控件绑定，ActiveX 控件中的 DataGrid、DataCombo、DataList、MSChart、RichTextBox 等也能和 ADO Data 控件绑定。

DataGrid 控件用于浏览和编辑完整的数据库表和查询，下面介绍创建 DataGrid 控件的步骤：

① 在使用 DataGrid 控件之前必须在控件箱中添加部件，在"部件"选项卡中选择 Microsoft DataGrid Control 6.0（OLEDB）复选框，则 DataGrid 控件 就添加在控件箱中。

② 在窗体上创建 ADO Data 控件，并设置 ConnectionString 和 RecordSource 属性，连接数据源。

③ 在窗体上放置 DataGrid 控件就出现空白的表格，并将 DataSource 属性设置到 ADO Data 控件，然后用鼠标右键单击该 DataGrid 控件，然后选择"检索字段"菜单项，就会用数据源的记录集来自动填充该控件。也可以使用"属性页"选项卡来设置该控件的适当属性，重新设置该网格的大小和需要显示的列。

【例 7-4】 使用 DataGrid 控件显示 StudentAd.mdb 数据库的学生信息和学生成绩，需要显示学号、姓名、性别、语文、数学和英语字段，当单击"查询"按钮可将符合所选性别的记录在 DataGrid 控件中显示。

① 在窗体中放置 DataGrid 控件 DataGrid1。

② 在窗体上创建 ADO Data 控件 Adodc1，并设置 ConnectionString 连接到 StudentAd.mdb 数据库；RecordSource 属性为数据源，必须使用 SQL 语句如下：

SELECT Score.学号, Score.姓名, Score.语文, Score.数学, Score.英语, Student.性别
FROM Score, Student where (Score.学号=Student.学号)

因此 RecordSource 属性的设置如图 7-22（a）所示；"命令类型"设置为 1-adCmdText，在"命令文本"框中输入 SQL 语句。

③ 设置 DataGrid 控件 DataSource 属性为 Adodc1。

④ 用鼠标右键单击 DataGrid1 控件，选择"检索字段"菜单项，则 DataGrid1 控件的表格中的各列字段用数据源的记录集来填充。

⑤ 用鼠标右键单击 DataGrid1 控件，选择"属性"菜单项打开属性页，如图 7-22（b）所示。

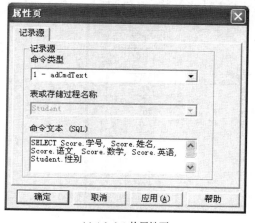

(a) Adodc1 的属性页

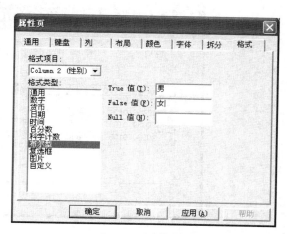

(b) DataGrid1 的属性页

图 7-22　属性页

选择"列"选项卡可以排列各列的字段顺序；选择"布局"选项卡调整表格的部件；选择"格式"选项卡将性别字段显示为"男"和"女"。在图 7-22（b）中在"格式"选项卡中将性别字段的显示设置为"男"和"女"。

⑥ 程序设计。

当单击"查询"按钮时，将所选性别的记录显示在 DataGrid1 中。

程序代码如下：

```
Private Sub Command1_Click()
'单击查询按钮
    Dim SQLString As String
    Dim sex As Boolean
    If Option1.Value = True Then
        sex = True
    Else
        sex = False
    End If
    SQLString = "SELECT Score.学号, Score.姓名, Score.语文, Score.数学,Score.英语," _
    & "Student.性别  FROM Score, Student " _
    & "Where (Score.学号  = Student.学号) and ( Student.性别  =" & sex & ")"
    Adodc1.RecordSource = SQLString
    Adodc1.Refresh
    DataGrid1.Refresh
End Sub
```

运行界面如图 7-23 所示，如果单击"查询"按钮，将根据所选"性别"重新使用 SQL 语句设置 Adodc1 的数据源。则 DataGrid1 显示符合查询条件的记录。

使用↑、↓键可以在表格 DataGrid1 中移动记录指针，并可以直接修改记录内容。

学号	姓名	性别	语文	数学	英语
2003010101	李小明	男	86	94	98
2003010102	赵雷	男	78	82	87
2003010103	王强	男	65	56	70
2003020105	袁成	男	75	79	69

图 7-23　运行界面

7.4.2　数据窗体向导

如果觉得 ADO Data 控件的使用比较麻烦，还可以使用数据窗体向导。数据窗体向导是 ADO Data 控件提供的将一组控件绑定到某个数据源的简单方法，包括了用户界面和所需要的代码。

使用数据窗体向导应先将其添加到"外接程序"菜单中，步骤如下：

① 选择"外接程序"菜单→"外接程序管理器"菜单项。

② 出现"外接程序管理器"窗体，如图 7-24 所示。选择"VB6 数据窗体向导"，单击"加载/卸载"复选框将数据窗体向导加载。则在"外接程序"菜单就出现了"数据窗体向导"菜单项。

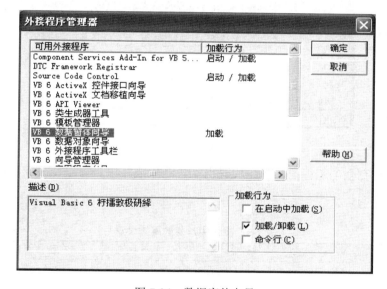

图 7-24　数据窗体向导

【例 7-5】 使用数据窗体向导在窗体的文本框中显示 StudentAd.mdb 数据库的 Score 表（学生成绩）各字段。

① 选择"外接程序"菜单→"数据窗体向导"菜单项，出现"数据窗体向导"窗口第一屏。

② 单击"下一步"按钮，出现第二屏选择数据库格式，选择 Access。

③ 单击"下一步"按钮，出现第三屏输入数据库名称，输入 C:\StudentAd.mdb。

④ 单击"下一步"按钮，出现第四屏选择窗体名称、布局和绑定类型，如图 7-25（a）所示。选择以"单个记录"形式绑定 ADO 数据控件，窗体名称为 Form1。

⑤ 单击"下一步"按钮，出现第五屏选择记录源为表 Score 和需要显示的字段，如图 7-25（b）所示。

⑥ 单击"下一步"按钮，在第六屏选择在界面上显示的按钮控件。

⑦ 出现"完成"界面，单击"完成"按钮就自动生成窗体。运行界面如图 7-26 所示。

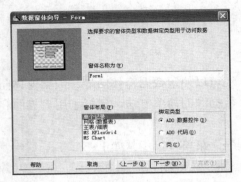 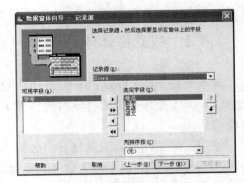

(a) 第四屏　　　　　　　　　　　　　　(b) 第五屏

图 7-25　数据窗体向导

![Score]

图 7-26　运行界面

这个窗体是完全可运行的，程序代码也已自动生成，用户可以修改窗体的布局和程序代码。窗体的属性设置如表 7-3 所示。

表 7-3　窗体中对象的属性设置

对象类型	对象名	属　　性	属　性　值
Ado Data	datPrimaryRS	ConnectionString	C:\StudentAd.mdb
		RecordSource	Score
Label	lblLabels	Index	0、1、2、3、4
		Caption	学号: 姓名: 数学: 英语: 语文:
Text	txtFields	Index	0、1、2、3
		Text	空
Command	cmdAdd	Caption	添加
	cmdDelete	Caption	删除
	cmdUpdate	Caption	更新
	cmdRefresh	Caption	刷新
	cmdClose	Caption	关闭

7.4.3　ADO 编程模型

1. ADO、DAO 和 RDO

在 VB 中可以使用 3 种数据访问接口：

- ADO 是 ActiveX 数据对象（active data object），是访问 OLE DB 中所有列席数据的对象模型。
- DAO 是数据访问对象（data access object），访问 Jet 本地或 SQL 数据的对象模型。
- RDO 是远程数据对象（remote data object），访问 ODBC 中关系数据的对象模型。

ADO 是最简单、最灵活的数据访问接口，可以访问各种类型的数据，而 RDO 和 DAO 只能访问关系数据，因此最好使用 ADO。

2．ADO 编程模型

ADO 访问数据是通过 OLE DB 来实现的。它是连接应用程序和 OLE DB 数据源之间的一座桥梁，提供的编程模型可以完成几乎所有的访问和更新数据源的操作。ADO 对象模型定义了一个可编程的分层对象集合，它支持部件对象模型和 OLE DB 数据源，对象模型相对简单，易于使用。

使用 ADO 对象模型的 Connection，Command 和 Recordset 对象编程之前，应将 ADO 函数库设置为引用项目。选择"工程"菜单→"引用"菜单项，出现"引用"对话框，选择 Microsoft ActioveX Data Object 2.1 Library 来实现，如图 7-27 所示。

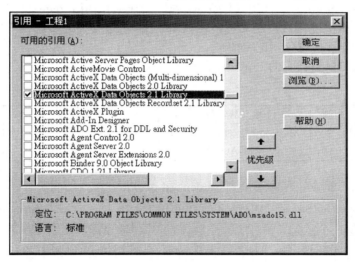

图 7-27　引用部件

ADO 对象模型含有 7 种对象：Connection 对象、Command 对象、Recordset 对象、Field 对象、Parameter 对象、Error 对象和 Property 对象。ADO 对象模型的核心主要是 Connection 对象、Command 对象和 Recordset 对象。

- Connection（连接）对象用于建立与数据源的连接。通过连接，可使应用程序访问数据源。在建立连接之前，应用程序创建一个连接字符串，包括数据库连接、用户名、密码、游标类型和路径信息等。
- Command（命令）对象描述将对数据源执行的命令。在建立 Command 后，可以发出命令操作数据源。一般情况下，命令可以在数据源中添加、删除或更新数据，或者在表中查询数据。
- Recordset（记录集）对象只代表记录集，是基于某一连接的表或是 Command 对象的执行结果，由记录组成。

3. 使用 ADO 编程

使用 ADO Data 控件可以不用编程就实现数据库表的显示和输入，使用 ADO 对象模型则可以编程实现对数据库的处理，比 ADO Data 控件更灵活，功能更强大。

（1）Connection 对象

使用 Connection 对象创建与 StudentAd 数据库连接的步骤如下：

① 创建 Connection 对象。

例如，创建一个新 Connection 对象：

```
Dim cnnStudent As ADODB.Connection
Set cnnStudent = New Connection
```

或者

```
Dim cnnStudent As New Connection
```

② 设置 ConnectionString 属性。

设置 ConnectionString 属性用来建立到数据源的连接，用 Provider 指定提供者的名称，用 Data Source 指定连接数据源名称，用 User ID 指定打开连接时使用的用户名称，用 Password 指定打开连接时使用的密码。

不同的 OLE DB 提供者的 Provider 参数如表 7-4 所示。

表 7-4 Provider 参数

Provider	参　数　值	Provider	参　数　值
Microsoft Jet	Microsoft.Jet.OLEDB.3.51	Microsoft ODBC Driver	MSDASQL
Oracle	MSDAORA	SQL Server	AQLOLEDB

例如，将 Connection 对象连接到 StudentAd 数据库：

```
cnnStudent.ConnectionString = "Microsoft.Jet.OLEDB.3.51;Data Source =C:\StudentAd.mdb"
```

③ 打开连接。

使用 Open 命令打开一个连接，打开连接后就可以连接执行命令或处理结果。

例如，打开连接：

```
cnnStudent.Open
```

或者

```
cnnStudent.ConnectionString = "Provider=Microsoft.Jet.OLEDB.3.51;Data Source =C:\StudentAd.mdb"
```

④ 关闭连接。

使用完连接后，可以使用 Close 方法断开与数据源的连接。在使用完连接就关闭连接是比较好的编程习惯。

例如，关闭连接：

```
cnnStudent.Close
```

（2）Command 对象

Command 对象是一类特定的命令，用于对数据源执行特定操作。以数据库对象表、视图、存储过程为基础，或以 SQL 命令为基础。

（3）Recordset 对象

Recordset 对象是用来查看和修改数据库内容的主要方式。

• 创建 Recordset 对象

例如，创建一个 Recordset 对象：

Dim rsScore As Recordset

Set rssScore = New Recordset

• 打开 Recordset 对象

语法：

记录集.Open Source,ActiveConnection,CursorType,LockType,Options

说明： Source 是记录源，可以是表或 SQL 语句。ActiveConnection 是 Connection 对象，CursorType 决定打开记录集时使用的游标类型（adOpenForwardOnly、adOpenKeyset、adOpenDynamic、adOpenTatic），LockType 决定打开记录集时使用的加锁类型（adLock ReadOnly、adLockPessimistic、adLockOptimistic、adLockBatchOptimistic）。

例如，打开 Score 表记录集：

rsScore.Open "score", cnnStudent, adOpenKeyset, adLockOptimistic

• 访问记录集的字段

记录集打开后就可以访问记录的各字段了，使用 Field 访问字段。

例如，访问 Score 表记录集的姓名字段有几种方法：

rsScore.Fields(1)

或者

rsScore.Fields("姓名")

或者

rsScore!姓名

• 记录集的方法

记录集同样支持 AddNew、Delete、Move、Find、Update 和 Close 方法。

【例 7-6】 使用 ADO 编程模型在窗体的文本框中输入和操作 StudentAd.mdb 数据库的 Score 表（学生成绩）的各字段。

界面设计：在窗体界面上放置 5 个文本框数组 Text1(0)～Text1(4)分别用来显示 Score 表的学号、姓名、语文、数学、英语字段，4 个按钮数组 Command1(0)～Command1(3)分别用来移动记录到第一个、前一个、下一个和最后一个。运行界面如图 7-28 所示。

程序代码如下：

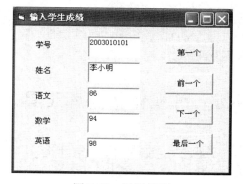

图 7-28 运行界面

```
Dim cnnStudent As ADODB.Connection
```

```
Dim rsScore As Recordset

Private Sub Command1_Click(Index As Integer)
'单击移动按钮
    Dim i As Integer
    With rsScore
        Select Case Index
            Case 0
                .MoveFirst
            Case 1
                .MovePrevious
                If .BOF Then .MoveFirst
            Case 2
                .MoveNext
                If .EOF Then .MoveLast
            Case 3
                .MoveLast
        End Select
        For i = 0 To 4
            Text1(i).Text = .Fields(i)
        Next i
    End With
End Sub
```

```
Private Sub Form_Load()
'装载窗体
    Dim i As Integer
    Set cnnStudent = New Connection
    Set rsScore = New Recordset
    cnnStudent.ConnectionString = "Provider=Microsoft.Jet.OLEDB.3.51;Data Source =
C:\Student Ad.mdb"
    cnnStudent.Open
    rsScore.Open "score", cnnStudent, adOpenKeyset, adLockOptimistic
    rsScore.MoveFirst
    '在文本框中显示字段
    For i = 0 To 4
        Text1(i).Text = rsScore.Fields(i)
    Next i
End Sub
```

7.5 可视化数据库工具

7.5.1 数据环境设计器

数据环境设计器（Data Environment）为数据库应用程序的开发提供了一个交互式的、在设计时使用的环境，能够可视化地创建和修改表、表集和报表的数据环境。Data

Environment 设计器保存在.dsr 文件中。

1. 给工程添加一个数据环境设计器

由于数据环境设计器是一种 ActiveX 设计器，因此在使用之前，首先应将它添加到工程中去，有两种方法添加数据环境设计器：

（1）在工程中添加一个数据环境设计器

要添加一个数据环境设计器对象到 VB 工程中，选择"工程"菜单→"添加 Data Environment"菜单项，则数据环境设计器窗口就会出现在工程资源管理器窗口。

（2）使用数据工程

VB 提供了"数据工程"模板，可以自动在工程中添加数据环境设计器和一个报表设计器。

选择"文件"菜单→"新建工程"菜单项，在出现的"新建工程"对话框中选择"数据工程"模板，则新建了一个数据工程，包括一个窗体、一个数据环境设计器和一个报表设计器。

为了通过数据环境对象访问数据库,在数据环境设计器中至少有一个 Connection 对象，创建数据环境设计器后就有一个 Connection1，如图 7-29 所示。可以在属性窗口中修改 DataEnvironment1 对象和 Connection1 对象的属性。

图 7-29　数据环境设计器

2. 连接对象

Connection 对象用于管理到数据库的连接，必须在数据环境对象中将 Connection 对象连接到数据源，在 Data Environment 设计器中定义一个 Connection 对象的步骤如下：

① 在 Connection 对象 Connection1 上单击鼠标右键，在快捷菜单中选择"属性"菜单项，则会出现"数据链接属性"选项卡（与设置 ADO Data 控件的 ConnectionString 属性设置的方法相同）。

② 在"提供者"选项卡中选择 Microsoft Jet 3.51 OLE DB Provider。

③ 单击"下一步"按钮，在出现的"连接"选项卡中，选择数据库名称，例如，输入"C:\StudentAd.mdb"；然后，单击"测试连接"按钮，如果测试连接成功则建立了连接。

3. 命令对象

一旦创建了数据库的连接，就可以使用 Command 对象，它可以建立在数据表、视图、SQL 查询基础上，也可在命令对象之间建立一定的关系，从而获得一系列相关的数据集合。

命令对象必须与连接对象结合在一起使用。

定义一个 Command 对象步骤如下：

① 用鼠标右键单击数据环境窗口中的 Connection 对象 Connection1，选择"添加命令"菜单项，或单击工具栏中"添加命令" 按钮来创建命令对象。

② 则添加了 Command1 命令对象，用鼠标右键单击 Command1 对象，选择"属性"菜单项打开"属性"选项卡，如图 7-30（a）所示。在属性选项卡中输入它所使用的数据源。

例如，将数据库对象设置为"表"，对象名称通过下拉箭头选择表 Score，则在 Data Environment 设计器中就可看到 Command、Recordset、Connection 和 Field 对象，数据环境的结构如图 7-30（b）所示。

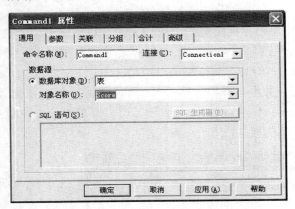

(a) Command 对象属性　　　　　　　　　　　(b) 数据环境设计器

图 7-30　定义 Command 对象

4．创建用户界面

使用数据环境的命令来创建一个用户界面是非常简单的。只要打开一个窗体，并把命令对象从 Data Environment 设计器窗口拖到窗体中去，在 Command 对象中定义的所有字段都自动添加到窗体中了。

例如，将数据环境设计器中的 Command1 对象拖放到窗体中，则所有的字段都用文本框显示，窗体中的控件属性已自动设置了，运行界面如图 7-31 所示。

当运行应用程序，可以看到窗体中就显示出第一个记录的数据。用户可以添加控件和程序代码。

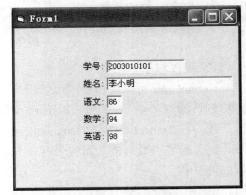

图 7-31　运行界面

5．使用代码访问 Data Environment 设计器

创建了 Command 对象以后，记录集的名字就自动定为"rs+Command 对象名"，就可以使用代码来访问记录集。

例如，添加了 Command1 命令，rsCommand1 就是对应的 Recordset 对象名。如果要向下移动 Score 表记录集中的记录指针，程序代码如下：

denStudent.rsCommand1.MoveNext

7.5.2 数据视图窗口

数据视图（Data View）窗口提供了图形化方法来组织数据库对象，可以与任意数据库相连接，可以查阅数据库的结构，查看和更新数据库中包含的数据。

1. 打开数据视图

选择"视图"菜单→"数据视图窗口"菜单项就可以打开数据视图，在"数据视图"窗口中可以看到工程与数据库的当前连接。

2. 数据链接和数据环境连接

数据视图显示一个树状结构，有两个文件夹：即数据链接（Data Links）和数据环境连接（Data Environment Connection）。当在工程添加了数据链接和数据环境设计器时，数据视图窗口如图 7-32 所示。

- 数据链接：包含了数据链接的集合，每个数据链接都指定一种到 OLE DB 数据的连接，无论当前是什么工程，数据视图窗口中数据链接文件夹的内容都是相同的。如图 7-32 中添加了 DataLink1。

- 数据环境连接：包含本工程的 Data Environment 对象集合，每个 Data Environment 对象都由一个或多个 Connection 对象组成的。如图 7-32 中添加了 Connection1 对象，包含了表和视图，其中 Score 表中有 5 个字段，视图中有一个 ScoreYW 查询。

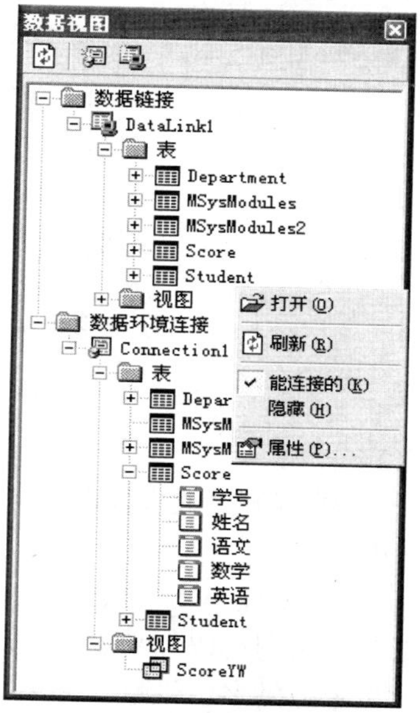

在数据视图中可以打开和编辑任何表或视图，通过单击鼠标右键选择"打开"菜单项或双击表名可以打开并编辑数据表，选择"属性"菜单项可以设置属性；可以将表和视图拖放到数据环境设计器并可以查询设计器的内容。

图 7-32 数据视图

7.5.3 查询设计器

查询的生成在前面介绍过，采用数据管理器（VisData）和 SQL 语句都可以，VB 还提供了可视化的查询设计器（query designer），生成查询更加方便。

下面介绍使用查询设计器来生成一个查询，将 Student、Score 和 Department 3 个表中的学号、姓名、系别、性别、语文、数学和英语字段组合起来生成查询。生成的查询如图 7-33 所示。

姓名	性别	学号	数学	英语	语文	系别
李小明	1	2003010101	94	98	86	文学院
赵雷	1	2003010102	82	87	78	文学院
王强	1	2003010103	56	70	65	文学院
陈敏	0	2003010104	87	93	88	文学院
袁成	1	2003020105	79	69	75	数科院

图 7-33 查询显示

生成查询的步骤：

① 首先配置一个数据源，可以用数据环境作数据源。选择"工程"菜单→"添加 Data Environment"菜单项向工程中添加一个数据环境设计器对象 DataEnvironment1，自动有一个 Connection1 对象，将 Connection1 连接到 StudentAd.mdb；添加命令 Command1 连接到 Score 表数据源。

② 打开查询设计器。单击数据环境设计器的 Command1 命令，在快捷菜单中选择"添加子命令"菜单项，添加一个 Command2 命令，在如图 7-30（a）属性页的"通用"选项卡中选择"SQL 语句"，单击"SQL 生成器"按钮，则出现如图 7-34 所示的空白查询设计器窗口。

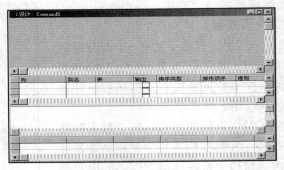

图 7-34　查询设计窗口

③ 打开"数据视图"窗口，将 Student、Score 和 Department 3 个表拖放到查询设计窗口中。

④ 通过单击 Student 表的"学号"字段与 Score 表的"学号"字段建立关联，并将 Score 表的"系别代码"和 Department 表的"系别代码"字段建立关联。单击要显示的字段，包括学号、姓名、性别、系别、语文、数学和英语字段。单击鼠标右键，选择"运行"菜单项，则在查询设计窗口中显示满足条件的记录，如图 7-35 所示。

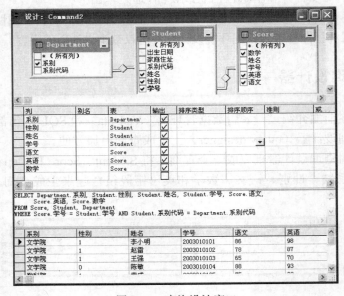

图 7-35　查询设计窗口

在图 7-35 中分为 4 栏,最上面为各数据表的关联,第二栏为显示的字段名,第三栏为 SQL 语句,最下面一栏显示满足查询的记录。

⑤ 关闭查询设计窗口,出现"保存"对话框,将查询保存为 Command2,在数据环境设计器有两个 Command 对象:Command1 和 Command2,如图 7-36(a)所示。

⑥ 在数据环境设计器窗口中用鼠标右击 Command2,在快捷菜单中选择"属性",选择"关联"选项卡,将 Command1 与 Command2 通过"学号"字段关联,如图 7-36(b)所示。

(a) 数据环境设计器

(b) 属性设置

图 7-36　数据环境设计

7.6　设计报表

7.6.1　报表设计器

对于一个完整的数据库应用程序来说,制作并打印报表是不可缺少的环节。VB 6.0 提供了 DataReport 对象作为数据报表设计器(data report designer),DataReport 对象可以从任何数据源创建报表,数据报表设计器可以联机查看、打印格式化报表或将其导出到正文或 HTML 页中。

1. 给工程添加一个数据报表设计器

选择"工程"菜单→"添加 DataReport"菜单项,就可以将数据报表设计器添加到工程中,则出现如图 7-37 所示的 DataReport1 对象。

如果报表设计器不在"工程"菜单上,则在控件箱中用鼠标右击"部件"选择"设计器"菜单项,并在选项卡中单击 DataReport 把设计器添加到菜单上。

也可以选择"文件"菜单→"新建工程"菜单项,在出现的"新建工程"对话框中选择"数据工程"模板,则新建的一个数据工程中包括一个窗体、一个数据环境设计器和一个报表设计器。

2. 数据报表设计器的组成

数据报表设计器由 DataReport 对象、Section 对象和 Data Report 控件组成。

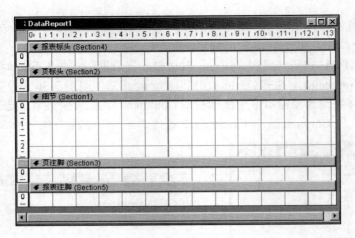

图 7-37   DataReport1 窗体

（1）DataReport 对象

DataReport 对象与 VB 的窗体相似，具有一个可视化的设计器和一个代码模块，可以使用设计器创建报表的布局，也可以在代码模块中添加代码。

（2）Section 对象

数据报表设计器的每一个部分由 Section 对象表示，如图 7-37 中的 Section1～Section5。设计时，每一个 Section 由一个窗格表示，可以在窗格中放置和定位控件，也可以编程改变其外观和行为。

- 报表标头：指显示在一个报表开始处的文本，报表只有一个标头。例如，用来显示报表标题、作者或数据库名。
- 页标头：指在每一页顶部出现的信息。例如，用来显示每页的报表标题。
- 分组标头、注脚：指数据报表中的"重复"部分。每一个分组标头与一个分组注脚相匹配，用于分组。
- 细节：指报表的最内部的"重复"部分（记录），与数据环境中最低层的 Command 对象相对应。
- 页注脚：指在每一页底部出现的信息。例如，在页注脚显示页码。
- 报表注脚：指报表结束处出现的文本。例如，用来显示摘要信息、地址或联系人姓名。报表注脚出现在最后一个页标头和页注脚之间。

（3）Data Report 控件

当一个新的数据报表设计器被添加到工程时，在窗体的控件箱出现"数据报表"和 General 两个选项卡，如图 7-38 所示。但在数据报表设计器上只能使用"数据报表"的控件，不能使用 General 的控件（内部控件）或 ActiveX 控件。

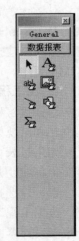

图 7-38   控件箱

数据报表选项卡有下列控件。

- RptLabel 控件：用于在报表上放置标签、标识字段或 Section。

- RptTextBox 控件：显示所有在运行过程中应用程序通过代码或命令提供的数据。
- RptImage 控件：用于在报表上放置图形，该控件不能被绑定到数据字段。
- RptLine 控件：用于在报表上绘制直线。
- RptShape 控件：用于在报表上放置矩形、三角形或圆形（椭圆形）。
- RptFunction 控件：是一个特殊的文本框，用于在生成报表时进行统计计算。

7.6.2　报表的设计

下面介绍使用数据报表设计器设计报表的步骤，在报表上显示以 Score 表（学生成绩）为数据源的 Command1 命令，显示每个学生的学号、姓名、语文、数学和英语字段。

1．指定数据源

用数据环境设计器配置一个数据源。

例如，使用数据库 StudentAd.mdb 的 Connection1 连接对象，建立一个以 Score 表为数据源的 Command1 命令对象。

2．将数据报表设计器添加到工程中

选择"工程"菜单→"添加 DataReport"菜单项，将数据报表设计器添加到工程中，则出现未设计的 DataReport1 对象。

3．设置 DataReport 对象属性

在属性页设置 DataReport1 对象的属性，将 DataSource 属性设置为数据环境对象 DataEnvironment1；DataMember 属性设置为 Command1 命令。

4．检索结构

在 DataReport1 上单击鼠标右键，选择"检索结构"菜单项，出现对话框"用新的数据层次代替现在的报表布局吗？"，单击"是"按钮，则在报表设计器中就添加了与 Command1 命令对应的分组，自动出现了"分组标头"和"分组注脚"。

5．添加控件

可以通过报表设计器的工具栏来设计报表中的数据项。不过更快捷的方法是直接将数据环境设计器中的各数据字段拖放到 DataReport1 对象的相应部分中。设计好的 DataReport1 界面如图 7-39 所示。

（1）在报表标头中设置报表名

从控件箱中选择 RptLabel 控件，拖放到"报表标头"中设置报表名，将 Caption 属性设置为"学生成绩表"，字体设置为"三号"、"粗体"。

（2）在分组标头中设置学号和姓名

从数据环境设计器的 Command1 中拖放学号和姓名字段到"分组标头"，则每个字段自动出现一个标签和一个文本框。各字段对应的文本框的 DataMember 和 DataField 属性自动设置为相应的 Command 和 Field 对象。

（3）在细节中显示语文、数学和英语

在细节中放置语文、数学和英语字段，从数据环境设计器的 Command1 中将语文、数学和英语字段拖放到"细节"，则出现相应的标签和文本框。

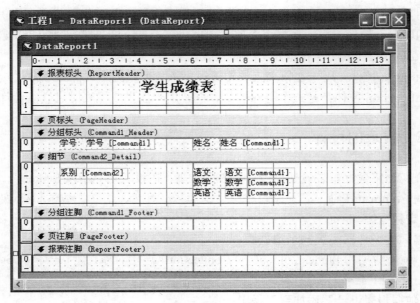

图 7-39   查询显示

（4）在细节中显示系别

从数据环境设计器的 Command2 中将系别字段拖放到"细节"，然后将系别字段的标签删除。

6．设置布局

（1）设置网格

为了方便控件位置的放置，将 DataReport1 的 GridX 和 GridY 属性都设置为 5。

（2）添加直线

使用控件箱中的 RptLine 在报表标头的标题下面添加两条直线，在细节下面也添加一条直线。

（3）调节各控件的布局

调节各控件的大小和布局，页标头没有控件因此将高度调窄，细节部分的高度调整得尽可能窄，因为细节是重复的部分，避免不必要的空间，显示的报表如图 7-40 所示。

7．显示数据报表

有两种方法可以在运行时显示数据报表。

（1）选择"工程"菜单→"属性"菜单项，将"启动对象"设置为 DataReport1，则启动工程时就显示数据报表。

（2）使用程序代码显示数据报表。

使用 Show 方法显示数据报表：

DataReport1.Show

在运行时单击 form1 窗体中的 cmdShow 按钮，显示报表。

8．打印报表

打印一个数据报表有两种方法：使用"打印"按钮或使用 PrintReport 方法打印。

（1）使用"打印"按钮

当运行显示数据报表时，如图 7-40 所示，单击工具栏中的"打印"■按钮，则出现"打印"对话框，然后可以进行打印设置。

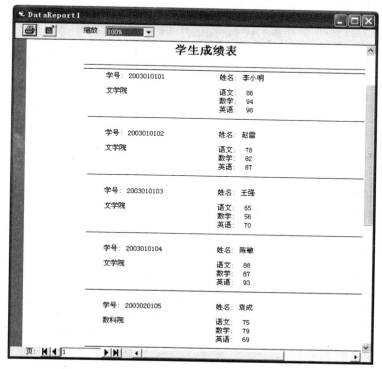

图 7-40　报表显示

（2）使用 PrintReport 方法

PrintReport 方法用于在运行时打印用数据报表设计器创建的数据报表。

语法：

对象.**PrintReport**(showDialog,页面范围,起始页,终止页)

说明：

- showDialog：表示是否显示"打印"对话框，默认为 False 不显示，设置为 True 则显示"打印"对话框。
- 页面范围：0-rptRangeAllPages（默认），指所有页面；1-rptRangeFromTo 为指定范围的页面。

例如，不显示打印对话框，打印 1～2 页，程序代码如下：

DataReport1.PrintReport False, rptRangeFromTo, 1, 2

7.6.3　向报表添加 Function 控件

在生成报表有时不是数据表的数据而是需要经过统计得到的值，可以使用数据报表设计器控件箱中的 Function∑控件。

1．Function 控件的内置函数

Function 控件有各种内置函数，仅在分组内的所有记录都被处理后，才可以计算值，因此，Function 控件只能被放置在比所计算数据层次高一级的部分中。例如，被放置在分组注脚中或报表注脚中。Function 控件包含的函数如表 7-5 所示。

表 7-5　Function 控件包含的函数

函数名	功　　能	函数名	功　　能
Sum	合计一个字段的值	Standard Deviation	显示一列数字的标准偏差
Min	显示一个字段的最小值	Standard Error	显示一列数字的标准错误
Max	显示一个字段的最大值	Value Count	显示包含非空值的字段数
Average	显示一个字段的平均值	Row Count	显示一个报表部分中的行数

2．创建 Function 控件的步骤

在数据报表设计器中创建一个 Function 控件的步骤如下：

① 在适当的注脚部分绘制一个 Function 控件。

② 设置 Function 控件的 DataMember 属性为数据环境的一个 Command 对象，DataField 属性为一个可运算的数值字段，设置 FunctionType 属性为一种运算函数。

在前面创建的数据报表 DataReport1 中添加 3 个 Function 控件 Function1、Function2 和 Function3，计算每门课程的平均成绩，Function 控件的属性设置如表 7-6 所示。

表 7-6　Function 控件的属性

属性	属性值	属性	属性值	属性	属性值
Name	Function1	Name	Function2	Name	Function3
DataMember	Command1	DataMember	Command1	DataMember	Command1
DataField	语文	DataField	数学	DataField	英语
FunctionType	1-rptFuncAve	FunctionType	1-rptFuncAve	FunctionType	1-rptFuncAve

修改报表设计界面，将标签放置在"页标头"，将文本框放置在"细节"中，将 Function1、Function2 和 Function3 放置在"报表注脚"中，并在"报表注脚"中添加一个标签，报表设计界面如图 7-41 所示。

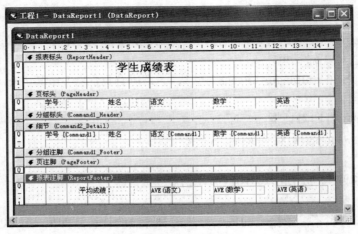

图 7-41　报表设计界面

在运行时显示报表如图 7-42 所示。

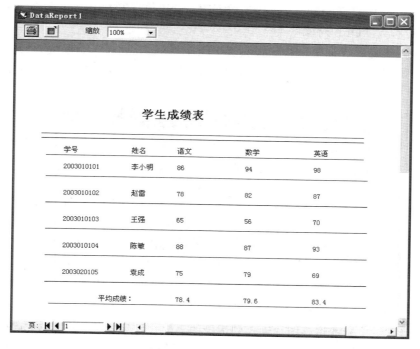

图 7-42　报表设计界面

7.7　多媒体数据库

当有多媒体数据如声音、图像等需要存放在数据库中时，例如学生信息表中包括学生的电子照片已经是非常普遍了，因此不仅需要能存储数据的数据库，还需要能存储影像、声音或动画的多媒体数据库。

多媒体数据存放在数据库中时可以采用两种方式：将多媒体数据直接存放在字段中和只在字段中存放文件名。

7.7.1　将多媒体数据存放在字段

将多媒体数据直接存放在字段中有两种方式：使用 Access 应用程序添加多媒体数据字段，在窗体中使用 Data 控件由数据感知控件或 OLE 控件输入。

1. 在 Access 应用程序添加多媒体数据字段

由于 VisData 窗口不能添加多媒体数据，因此需要通过像 Access 等数据库处理软件在输入记录时直接将图形、图像、声音或动画直接输入到数据库的字段中，这是较方便的方式。

例如，在 StudentAd.mdb 数据库中，将 Student 表的学生信息中增加一个"照片"字段，将每个学生的照片存放在该字段中。在 Access 中输入"照片"字段内容的步骤如下：

① 在 Access 中打开 StudentAd.mdb 数据库，设计数据表 Student，增加"照片"字段，将数据类型设置为"OLE 对象"类型。

② 在输入记录的界面中，用鼠标右键单击记录的"照片"字段，在快捷菜单中选择"插入对象"菜单项，出现如图 7-43 所示的"插入对象"窗口，选择"由文件创建"选项，单击"浏览"按钮选择一个照片的图像文件。

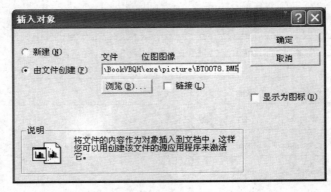

图 7-43　报表设计界面

单击"确定"按钮就将该图片输入到记录的"照片"字段了。在 VB 的 VisData 窗口中，数据表中字段没有"OLE 对象"类型，图形或图像数据对应的为长二进制型（Binary）。

2．使用 Data 控件由数据感知控件或 OLE 控件输入

在 VB 中输入多媒体数据到数据表中，可以通过在窗体界面中的 Data 控件与数据感知控件或 OLE 控件绑定，从数据感知控件或 OLE 控件中输入多媒体数据。

对于 StudentAd.mdb 数据库的 Student 表中的"照片"字段，需要使用图片数据，可以使用图像框或图片框来载入。通常，由于图像框占用较少的内存空间，并且具有 Stretch 属性可以限制图片显示的大小，因此，建议使用图像框控件。

7.7.2　在字段中存放文件名

在字段中存放文件名的方式是不把多媒体数据存放在数据库的字段中，而是将该多媒体数据文件的文件名存放在字段中。在显示多媒体字段内容时先读出该字段中的文件名，并通过多媒体控件打开或播放多媒体文件。这样，不但不影响效率，还便于管理。

例如，在 StudentAd.mdb 数据库的 Student 表中的添加一个"照片"字段，为文本型，输入该字段的内容为图像文件名。

【例 7-7】　创建一个输入学生照片的窗体界面，在界面中输入学生的照片到"照片"字段。

界面设计：在界面中放置 4 个文本框 Text1～Text2 分别用来输入"学号"和"姓名"字段；在窗体中使用 Data 控件 Data1 来与数据库 StudentAd.mdb 的 Student 表连接；使用 CommonDialog 控件 CommonDialog1 来打开文件对话框，将文件名输入到"照片"字段；使用 1 个图像框控件 Image1 来显示照片。

① 在工具箱中添加 Microsoft Common Dialog Control 6.0，在窗体上创建一个 CommonDialog 控件 CommonDialog1。

② 在 VisData 窗口中给 Student 表添加一个"照片"字段，文本型长度为 100。

③ 设置各控件的属性，如表 7-7 所示。

表 7-7　设置窗体对象的属性

对象名	属性	属性值	对象名	属性	属性值
Form1	Caption	输入学生信息	Text1	Text	空
Data1	Visible	False		DataSource	Data1
	DataBase	C:\StudentAd.mdb		DataField	学号
	RecordSource	Student	Text2	Text	空
Image1	Strech	True		DataSource	Data1
Command1	Caption	打开图片		DataField	姓名
Command2	Caption	前一个	Command3	Caption	后一个

④ 程序设计。

功能要求：单击"打开图片"按钮，使用 CommonDialog1 打开文件对话框，在文件对话框中选择图片文件，在图像框 Image1 中显示图片，并将图片文件名放到"照片"字段中。单击"前一个"按钮，将记录集指针向前移一个，同时将"照片"字段的图形文件名装载到 Image1 图像框中；单击"后一个"按钮，将记录集指针向后移一个，同时将"照片"字段的图片文件名装载到 Image1 图像框中。

设计界面如图 7-44（a）所示，运行界面如图 7-44（b）所示。

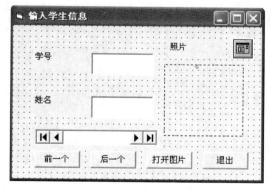
(a) 设计界面

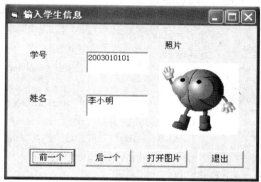
(b) 运行界面

图 7-44　输入学生照片

程序代码如下：

单击"前一个"按钮，将记录指针向前移一个，如果"照片"字段有文件名就装载图形文件到 Image1 图像框中，否则就不显示图形。

```
Private Sub Command1_Click()
'单击前一个按钮
    Data1.Recordset.MovePrevious
    If Data1.Recordset.BOF Then Data1.Recordset.MoveFirst
```

```
        If Data1.Recordset.Fields("照片") <> "" Then
            Image1.Picture = LoadPicture(Data1.Recordset.Fields("照片"))
        Else
            Image1.Picture = LoadPicture("")
        End If
End Sub
```

单击"后一个"按钮，将记录指针向后移一个，如果"照片"字段有文件名就装载图形文件到 Image1 图像框中，否则就不显示图形。

```
Private Sub Command2_Click()
'单击后一个按钮
    Data1.Recordset.MoveNext
    If Data1.Recordset.EOF Then Data1.Recordset.MoveLast
    If Data1.Recordset.Fields("照片") <> "" Then
        Image1.Picture = LoadPicture(Data1.Recordset.Fields("照片"))
    Else
        Image1.Picture = LoadPicture("")
    End If
End Sub
```

单击"打开图片"按钮，打开"文件"对话框，并将打开的图形文件名添加到"照片"字段。

```
Private Sub Command3_Click()
'单击打开图片按钮
    With CommonDialog1
        .InitDir = "C:\"
        .Filter = "BMP文件(*.bmp)|*.bmp|GIF文件(*.gif)|*.gif|JPG文件(*.jpg)|*.jpg"
        .Action = 1
        Image1.Picture = LoadPicture(.FileName)          '装载图片框的图形文件
        Data1.Recordset.Edit
        Data1.Recordset.Fields("照片") = .FileName
        Data1.Recordset.Update
    End With
End Sub
```

```
Private Sub Command4_Click()
'单击退出按钮
    End
End Sub
```

程序分析：
- "文件"对话框的 Filter 属性是用来设置打开文件的类型。
- 修改了 Data1.Recordset 的"照片"字段，使用 Update 方法将数据保存到数据库中。

习 题

一、选择题

1. 下面控件中不能作为数据感知控件的有_____。
   A. Label   B. CheckBox   C. Image   D. Frame
2. 数据控件用于设置指定数据控件所访问的记录来源的属性是_____。
   A. RecordSource   B. DataSource   C. DatabaseName   D. RecordSetType
3. _____不能作为 VB 6.0 与数据库引擎的接口。
   A. 数据控件   B. 数据访问对象   C. ADO 控件   D. 通用对话框控件
4. 文本框控件与 Data 控件绑定到一起时，文本框的 DataSource 属性指定了文本框所要绑定的_____。
   A. 数据库名   B. 数据表名   C. 字段名   D. 以上都不是
5. 报表设计器的控件箱中没有_____控件。
   A. Label   B. PictureBox   C. Image   D. TextBox
6. 数据库文件与应用程序文件分开，它可以为_____应用程序所使用。
   A. 单个   B. 一个用户   C. 多个   D. 固定的

二、填空题

1. 数据库的数据模型有_____、_____和_____。
2. 用 SQL 语言实现查询 Student 表学生信息中"学号"在 2003010103 后面的所有记录，则 SQL 语句为_____。
3. 数据控件的 4 个按钮分别是用来_____、_____、_____和_____。
4. 利用数据控件的记录集对象可以实现对数据库记录内容的存取访问等操作。若要判断记录指针是否指向了记录集的末尾，可以通过访问其_____属性来实现，若返回值为 True，则说明指针_____；若要判断查找是否成功，可通过访问记录集对象的_____来实现。
5. 记录集的类型有_____、_____和_____类型。
6. VB 可使用 Access 数据库，Access 数据库文件的扩展名为_____。
7. 在 VB 中可以使用 3 种数据访问接口：_____、_____和_____。
8. ADO 对象模型的核心主要是_____对象、_____对象和_____对象。

三、上机题

1. 使用 VisData 窗口中，创建一个数据库 Books.mdb，其中 Book 如表 7-8 所示。

表 7-8 数据表 Book

书号	书名	单价	书号	书名	单价
001	计算机应用基础	20	004	Flash 6 应用实例	24
002	VB6.0 实用教程	25	005	C 程序设计	36
003	VB 典型题型分析	35			

使用数据管理器进行如下操作：

① 设置每个字段的数据类型；

② 在数据管理器中添加一个记录，"书号"为"006"；

③ 创建一个查询"单价"大于"30"的记录；

④ 创建一个查询按"单价"排序。

2. 建立一个 Data 控件，在窗体中显示和操作表 7-8 所示的 Book 表，使用文本框来显示表中的字段，添加 8 个按钮，分别实现记录的添加、删除、修改、上一题、下一题、第一个、最后一个和退出。

3. 使用 ADO Data 控件与数据库 Books.mdb 的 Book 表连接，使用文本框来显示表中的字段，添加 6 个按钮，分别实现记录的添加、删除、修改、上一题、下一题和退出。

4. 在窗体上各创建一个 DBGrid 控件，与 ADO Data 控件绑定，显示 Book 表，单击"添加"和"删除"按钮在 Book 表中添加或删除记录。

5. 建立一个数据库 Books.mdb 文件，建立两个数据表，一个为书信息表 Book，表结构如表 7-8 所示；另一个为订书成绩表 Order，包括书号、数量、日期、客户、字段。在数据环境设计器中设计 Data Environment 对象和 Command1、Command2，并在数据环境设计器中显示。

6. 使用查询设计器，设计出查询显示数据库 Books.mdb 中 Book 表和 Order 表中的书号、书名、单价和数量，增加一个字段计算"单价*数量"。

7. 在报表设计器中显示 Books.mdb 数据库的书信息表 Book，显示出每本书的价格。

（1）显示每本书的信息。

（2）显示上题中查询设计器设计的查询。

（3）计算所有书的总价格。

CHAPTER 8 第8章

图形和文本

现在的应用程序界面制作越来越精美，用户使用起来也更加方便，美观的界面设计必须使用图形和多媒体技术。Visual Basic 为用户提供了简洁有效的图形图像处理功能。

8.1 绘制图形

8.1.1 坐标系

坐标系用于确定容器中点的位置，任何容器的默认原点坐标都是容器的左上角（0,0）。如图 8-1 所示，坐标系包括横坐标（X 轴）和纵坐标（Y 轴），从原点出发向右方向为 X 轴的正方向，垂直向下是 Y 轴的正方向。x 值是指点与原点的水平距离，y 值是指点与原点的垂直距离。

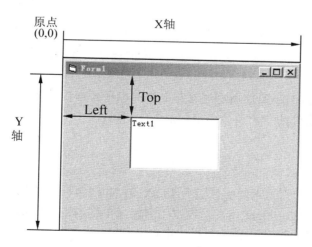

图 8-1　坐标系

VB 中的容器包括窗体（Form）、框架（Frame）和图片框（PictureBox）等。因此在图 8-1 中文本框的位置坐标是以窗体为容器的坐标，而不是屏幕的坐标。

坐标系的原点、方向和刻度都可以通过设置而改变。

8.1.2 坐标刻度

坐标系的每个轴都有自己的刻度单位，默认使用缇（twip）为单位，567 缇等于 1cm。设置对象的 ScaleMode 属性可以改变坐标系的刻度，使用对象的刻度属性 ScaleTop、ScaleLeft、ScaleWidth 和 ScaleHeight 以及 Scale 方法可以设置对象的坐标系。

1．ScaleMode 属性

ScaleMode 属性是用来设置坐标系的标准刻度，ScaleMode 属性的设置值如表 8-1 所示。

表 8-1　ScaleMode 属性设置值

设　置　值	描　　　述
0-User	用户定义，通过设置 ScaleWidth、ScaleHeight、ScaleTop 或 ScaleLeft 属性来定义新坐标系
1-Twip	缇（默认），567 缇等于一厘米
2-Point	磅，72 磅等于一英寸
3-Pixel	像素，像素是监视器或打印机分辨率的最小单位
4-Character	字符，打印时一个字符有 1/6 英寸高、1/12 英寸宽
5-Inch	英寸
6-Millimeter	毫米
7-Centimeter	厘米

例如，以下为设置对象刻度单位的语句：

```
Picture1.ScaleMode = 3          '设置图片框Picture1的刻度单位为像素
ScaleMode = 4                   '设置窗体的刻度单位为字符
```

2．刻度属性

对象的属性"按分类序"显示时，"缩放"类的属性有 ScaleTop、ScaleLeft、ScaleWidth 和 ScaleHeight，都是设置坐标系的用户定义刻度的属性。当设置了刻度属性时，ScaleMode 属性自动为 0。

ScaleLeft 和 ScaleTop 属性指定对象左上角的水平和垂直坐标。

例如，设置在窗体的左上角原点坐标值为(10,10)：

```
ScaleLeft = 10
ScaleTop = 10
```

程序分析：原点即左上角的坐标值变为(10,10)，即横坐标起点是 10，纵坐标起点为 10。

ScaleWidth 和 ScaleHeight 属性是设置用户定义刻度，根据对象内可用区域的当前宽度和高度（不包括边框、菜单栏和标题栏）来定义刻度。

例如，定义窗体的刻度：

```
ScaleWidth = 10
ScaleHeight = 5
```

程序分析：当前窗体的横坐标刻度为 1/10 宽度；纵坐标刻度为 1/5 高度。如果窗体的大小被调整，刻度单位仍保持。

3．Scale 方法

Scale 方法用于为窗体、图片框或 Printer 对象设置新的坐标系。

语法：

[对象.]Scale(x1, y1) – (x2, y2)

说明：

- x1 和 y1 的值为对象左上角的坐标，决定了 ScaleLeft 和 ScaleTop 属性值。
- x2 和 y2 的值为对象右下角的坐标，两个 x 坐标的差值和两个 y 坐标的差值，分别决定了 ScaleWidth 和 ScaleHeight 属性值。

例如，将窗体与前面设置的刻度相同，左上角和右下角分别设置为（10,10）和（20,15），运行界面如图 8-2 所示。

```
Private Sub Form_Load()
'装载窗体
    Scale (10, 10)–(20, 15)
    Text1.Move 15
End Sub
```

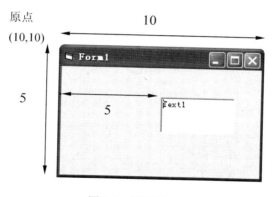

图 8-2　界面显示

程序分析：可以看到文本框 Text1 放置在窗体横坐标的中间。

8.1.3　设置颜色

在进行图形处理时，窗体和控件都有决定其显示颜色的属性，为图形或文本设置颜色属性，在属性分类中的"外观"类中有下面几种属性。

- BackColor：设置背景色。
- ForeColor：设置前景色，前景色是指图形方法或 Print 方法使用的颜色。
- BorderColor：设置边框颜色，可用于 Shape 控件。
- FillColor：设置填充颜色，可用于 Circle 方法创建的圆或 Line 方法创建的方框以及 Shape 控件的内部填充颜色。

1．RGB 函数

RGB 函数用于在运行时指定颜色值，是比较常用的函数。对计算机来说，屏幕显示的颜色可以调成 16 色、256 色，甚至达到成千上万色彩的真彩色模式。其实，不管使用哪一种显示模式都是运用 3 种原色：红色、绿色和蓝色。

语法：

RGB（红，绿，蓝）

说明：红、绿、蓝是指 3 种颜色的成分，取值都在 0～255 之间。如果超过 255 也看成是 255。每种颜色是由 3 种颜色的相对亮度组合而成的。表 8-2 为三原色相对亮度组合的颜色。

例如，将窗体的背景色设置为黄色：

Form1.BackColor=RGB(255,255,0)

表 8-2　三原色相对亮度组合

颜　色	红色值	绿色值	蓝色值
黑色	0	0	0
蓝色	0	0	255
绿色	0	255	0
青色	0	255	255
红色	255	0	0
洋红色	255	0	255
黄色	255	255	0
白色	255	255	255

2．QBColor 函数

QBColor 函数用来设置所对应颜色的 RGB 颜色码。

语法：

QBColor(颜色参数)

说明：颜色参数是在 0～15 之间的颜色值，每种颜色值对应的颜色如表 8-3 所示。例如，将窗体的前景色设置为蓝色：

Form1.ForeColor=QBColor(1)

3．通过内部常数来设置颜色

VB 将经常使用的颜色值定义为内部常数，内部常数如表 8-4 所示。

表 8-3　QBColor 指定的颜色

颜色参数	颜　色	颜色参数	颜　色
0	黑色	8	灰色
1	蓝色	9	亮蓝色
2	绿色	10	亮绿色
3	青色	11	亮青色
4	红色	12	亮红色
5	洋红色	13	亮洋红色
6	黄色	14	亮黄色
7	白色	15	亮白色

表 8-4　常用颜色值常数

颜色常数	十六进制数	颜色
vbBlack	&H0	黑色
vbRed	&HFF	红色
vbGreen	&HFF00	绿色
vbYellow	&HFFFF	黄色
vbBlue	&HFF0000	蓝色
vbMagenta	&HFF00FF	洋红色
vbCyan	&HFFFF00	青色
vbWhite	&HFFFFFF	白色

8.1.4　图形控件

在 VB 的控件箱中的图形控件包括直线控件和形状控件。

直线控件（Line）　用于在窗体、框架或图片框中绘制简单的线段。形状控件（Shape）用于在窗体、框架或图片框中绘制几何形状，如矩形、正方形、椭圆、圆角矩形和圆角正方形等。

Line 和 Shape 控件只是用于画图，没有任何事件。

直线控件和形状控件可以通过常用属性来设置其线型、颜色等，常用属性如表 8-5 所示。

表 8-5　常用属性

控　件	属　性	功　能
Line 和 Shape	BorderColor	线段的颜色
	BorderStyle	线段的线型，是实线还是虚线
	BorderWidth	线段的粗细
Line	x1、y1	起点坐标
	x2、y2	线段的长短
Shape	Shape	预定义的形状，如表 8-6 所示
	FillColor	图形的填充色
	FillStyle	图形底纹，有 8 种底纹
	BackStyle	图形背景式样：0-Transparent　透明
		1-Opaque　不透明

形状控件的 Shape 属性提供了 6 种预定义的形状，如表 8-6 所示。

表 8-6　预定义形状

设　置　值	常　数	描　述	形　状
0-Rectangle	vbShapeRectangle	矩形（默认）	▭
1-Square	vbShapeSquare	正方形	□
2-Oval	vbShapeOval	椭圆形	⬭
3-Circle	vbShapeCircle	圆形	○
4-RoundedRectangle	vbShapeRoundedRectangle	圆角矩形	▭
5-RoundedSquare	vbShapeRoundedSquare	圆角正方形	□

【例 8-1】　使用组合框显示形状控件的形状、底纹和颜色。

界面设计：使用 3 个组合框 Combo1～Combo3 来实现形状控件的形状、底纹和颜色属性的设置。运行界面如图 8-3 所示。

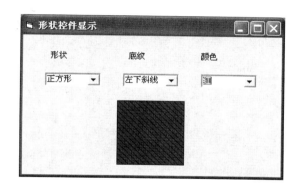

图 8-3　界面显示

程序代码如下：

```
Private Sub Form_Load()
'装载窗体初始化组合框
    Combo1.AddItem "矩形"
    Combo1.AddItem "正方形"
    Combo1.AddItem "椭圆形"
    Combo1.AddItem "圆形"
    Combo1.AddItem "圆角矩形"
    Combo1.AddItem "圆角正方形"
    Combo2.AddItem "实心"
    Combo2.AddItem "透明"
    Combo2.AddItem "垂直线"
    Combo2.AddItem "水平线"
    Combo2.AddItem "左下斜线"
    Combo2.AddItem "右下斜线"
    Combo2.AddItem "十字交叉线"
    Combo2.AddItem "斜交叉线"
    Combo3.AddItem "红"
    Combo3.AddItem "黄"
    Combo3.AddItem "蓝"
    Shape1.BackStyle = 1            '设置为不透明
End Sub


Private Sub Combo1_Click()
'单击选择形状
    Shape1.Shape = Combo1.ListIndex
End Sub


Private Sub Combo2_Click()
'单击选择底纹
    Shape1.FillStyle = Combo2.ListIndex
End Sub


Private Sub Combo3_Click()
'单击选择颜色
    Select Case Combo3.ListIndex
    Case 0
        Shape1.BackColor = vbRed
    Case 1
        Shape1.BackColor = vbYellow
    Case 2
        Shape1.BackColor = vbBlue
    End Select
End Sub
```

8.1.5 绘图方法

VB 除了使用图形控件来画图，也可以直接使用绘图方法来绘图。

1. Cls 方法

Cls 方法用于清除所有图形方法和 Print 方法显示的文本或图形，并将光标移到原点位置。但不能清除界面中的控件。

例如，清除图片框中的文本或图形：

Picture1.cls

2. CurrentX 和 CurrentY 属性

CurrentX 和 CurrentY 属性用于设置当前的水平和垂直坐标，即下一次绘图或打印的起点坐标，只能在运行时使用。

3. AutoRedraw 属性

AutoRedraw 属性是自动重画。AutoRedraw 属性默认时为 False，则图形不具有持久性，当窗体被覆盖或扩大窗体都会使图形丢失。AutoRedraw 属性为 True 时，图形具有持久性，当窗体被其他窗体覆盖，重新移出时窗体、图片框中的图形和用 Print 方法显示的文本的会重新显示。

运行时在程序中设置 AutoRedraw，可以在画持久图形（如背景色或网格）和临时图形之间切换。当 AutoRedraw 设置为 False 时，则以前的输出成为背景图形的一部分，用 Cls 方法清除绘图区时不会删除背景图形；把 AutoRedraw 改为 True，再用 Cls 方法可以清除背景图形。

4. Pset 方法

Pset 方法用于画点，即设置指定点处像素的颜色。

语法：

[对象.]Pset [Step] (x, y)[, 颜色]

说明：

- 对象是指绘图的容器对象，如果省略则指当前窗体。
- (x, y)是画点处的坐标，为 Single 型。
- Step 表示与当前坐标的相对位置。
- 颜色用来设置画点的颜色，如果没有颜色参数，则为前景色。

使用 Pset 方法与定时器结合，每画完一点都延时一下，就实现动画地绘制曲线。

【例 8-2】 使用画点的方法画出正弦曲线，单击"正弦曲线"按钮用动画的方式画正弦曲线，单击"平移曲线"按钮画出一组正弦曲线。

① 界面设计。使用 1 个图片框 Picture1 作为容器，2 个按钮 Command1 和 Command2 分别为"正弦曲线"和"平移曲线"按钮，1 个计时器 Timer1 用来实现动画。

② 设置定时器 Interval 属性为 10，每 10 毫秒定时一次，Enabled 属性为 False，则程序启动时定时器无效。

③ 程序设计。装载窗体时设置图片框的坐标系，并清除图片框内容。

```
Private Sub Form_Load()
'装载窗体
    Picture1.AutoRedraw = True
    Picture1.Scale (0, 0)-(640, 480)
    Picture1.Cls
End Sub

Private Sub Command1_Click()
'单击正弦曲线按钮
    Timer1.Enabled = True              '定时器有效
End Sub
```

定时器时间到就画一点，计算每点的横坐标和纵坐标的值，用红色的点连成正弦曲线。如图 8-4（a）所示为单击"正弦曲线"按钮运行界面。

```
Private Sub Timer1_Timer()
'正弦曲线的动画绘制
    Dim x As Integer, y As Integer
    Dim scaleY As Single
    Static i As Integer
    '正弦曲线一半高度为Picture1的四分之一
    scaleY = Picture1.ScaleHeight / 4
    Picture1.CurrentX = 0
    Picture1.CurrentY = Picture1.ScaleHeight / 2
    i = i + 1
    x = i / 180 * scaleY
    y = Sin(3.14 / 180 * i) * scaleY
    Picture1.PSet Step(x, -y), vbRed
End Sub
```

程序分析：将变量 i 定义为静态变量，每次调用完仍保留其值。

单击"平移曲线"按钮，可以使用循环绘制一组正弦曲线，每条曲线垂直平移。运行界面如图 8-4（b）所示。

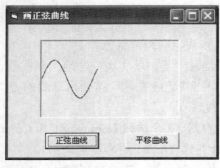

（a）正弦曲线

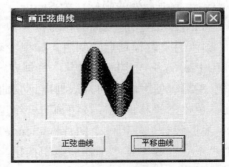

（b）平移曲线

图 8-4　运行界面

```
Private Sub Command2_Click()
'单击平移曲线按钮
    Dim m As Integer, n As Integer
    Dim scaleY As Single
    Dim x As Integer, y As Integer
    scaleY = Picture1.ScaleHeight / 4
    For m = -100 To 100 Step 10
        For n = 0 To 360
            Picture1.CurrentX = Picture1.ScaleWidth / 4
            Picture1.CurrentY = Picture1.ScaleHeight / 2 + m
            x = n / 180 * scaleY
            y = Sin(3.14 / 180 * n) * scaleY
            Picture1.PSet Step(x, -y), vbBlue
        Next n
    Next m
End Sub
```

5．Line 方法

Line 方法用于画线，可以画单个线段，也可以画矩形。

语法：

[对象].Line [[Step](x1, y1)]– [Step](x2, y2) [,颜色],[B][F]

说明：

- (x1, y1)：为起点坐标，如果省略则为当前坐标。带 Step 关键字时表示与当前坐标的相对位置。
- (x2, y2)：为终点坐标。带 Step 关键字时表示与起点坐标的相对位置。
- B：表示利用对角坐标画矩形。
- F：表示当使用了 B 选项，用边框颜色填充矩形。

例如，下面两条语句画线的功能相同：

```
Line (500, 500)–(1500, 1000)
Line (500, 500)–Step(1000, 500)
```

【例 8-3】 在图片框中使用 Line 方法画矩形。

功能要求：在文本框 Text1 和 Text2 中输入矩形的长和宽的长度，在图片框 Picture1 中画矩形。运行界面如图 8-5 所示。

```
Private Sub Command1_Click()
'单击画图按钮
    Dim W As Integer, H As Integer
    W = Val(Text1.Text)
    H = Val(Text2.Text)
    If W <> 0 And H <> 0 Then
        Picture1.Line (0, 0)–Step(W, 0)
        Picture1.Line –Step(0, H)
```

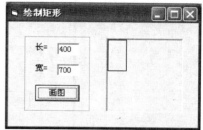

图 8-5 运行界面

```
        Picture1.Line –Step(–W, 0)
        Picture1.Line –Step(0, –H)
    End If
End Sub
```

程序分析：Line 方法起点省略时，是以当前坐标为起点。

图 8-5 所示的图形中的矩形也可以使用一句 Line 来实现画矩形，如果不设置颜色参数时逗号不能省略：

```
Picture1.Line (0, 0)–(W, H), , B
```

6．Circle 方法

Circle 方法可用于在对象上画圆、椭圆或圆弧。

语法：

[对象.]Circle [Step](x, y), 半径[,颜色, 起点, 终点, 纵横比]

说明：

- (x, y)：是圆、椭圆或圆弧的中心坐标。带 Step 关键字时表示与当前坐标的相对位置。
- 起点和终点：是指以弧度为单位的圆弧的起点和终点位置，取值在 $-2\pi \sim 2\pi$ 之间。当起点或终点加负号时，画圆弧后再画一条连接圆心到端点的线。
- 纵横比：决定是画圆还是椭圆，可以是整数也可以是小数，但不能是负数。当纵横比大于 1 时，椭圆沿垂直轴线拉长，而小于 1 时则沿水平轴线拉长。
- 半径是圆、椭圆或圆弧的半径，如果画椭圆则对应其长轴，如果纵横比小于 1，半径是水平方向的；而大于等于 1，则是垂直方向。
- 执行完 Circle 方法后，当前坐标为中心点坐标。

【例 8-4】 在图片框中使用 Circle 方法画四色的饼图。

功能要求：从 4 个文本框 Text1～Text4 中输入班级中优、良、及格和不及格的人数，计算所占的百分比，然后分别用不同的颜色绘制出椭圆的饼图。运行界面如图 8-6 所示。

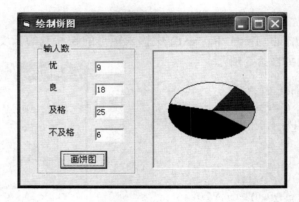

图 8-6　界面显示

程序代码如下：

```
Private Sub Command1_Click()
'单击画饼图按钮
        Const PI = 3.1415926
        Dim x1 As Single, y1 As Single, z1 As Single, w1 As Single
        Dim x As Single, y As Single, z As Single, w As Single
        Dim r As Single, MidX As Single, MidY As Single
        Dim Sum As Single
        Picture1.FillStyle = 0          '设置填充式样
        x1 = Val(Text1.Text)
        y1 = Val(Text2.Text)
        z1 = Val(Text3.Text)
        w1 = Val(Text4.Text)
        Sum = x1 + y1 + z1 + w1
        '计算百分比
        x = x1 / Sum
        y = y1 / Sum
        z = z1 / Sum
        w = w1 / Sum
        '计算图片框的中心点位置
        MidX = Picture1.Width / 2
        MidY = Picture1.Height / 2
        r = Picture1.Width / 2 - 300
        If x <> 0 And y <> 0 And z <> 0 Then
        '画四色椭圆
            Picture1.FillColor = vbRed
            Picture1.Circle (MidX, MidY), r, , -2 * PI, -2 * PI * x, 2 / 3

            Picture1.FillColor = vbYellow
            Picture1.Circle (MidX, MidY), r, , -2 * PI * x, -2 * PI * (x + y), 2 / 3

            Picture1.FillColor = vbBlue
            Picture1.Circle (MidX, MidY), r, , -2 * PI * (x + y), -2 * PI * (x + y + z), 2 / 3

            Picture1.FillColor = vbGreen
            Picture1.Circle (MidX, MidY), r, , -2 * PI * (x + y + z), -2 * PI, 2 / 3
        End If
End Sub
```

程序分析：

- Picture1 的 FillStyle 属性设置为 0，表示以实心填充。
- Circle 方法将起点和终点的角度换算成弧度，起点和终点加负号时，画完圆弧后再画一条连接圆心到圆弧的线。
- 纵横比为 2 / 3 表示水平方向的椭圆。

7．PaintPicture 方法

PaintPicture 方法用于在 Form、PictureBox 或打印机上绘制出图形文件的内容，图形文件类型包括.bmp、.wmf、.emf、.cur 和.ico 等。

语法：

[对象].PaintPicture 图片, x1, y1, [宽度 1, [高度 1, x2[, y2[, 宽度 2[, 高度 2[,位操作常数]]]]]]

说明：

- 对象：指目标对象，可以是 Form、 PictureBox 或 Printer，默认为当前窗体。
- 图片：指源图形文件，可以是 Form 或 PictureBox 的 Picture 属性指定的图形文件。
- x1,y1：指在目标对象上绘制图片的坐标（x，y），由对象的 ScaleMode 属性决定度量单位。
- 宽度 1,高度 1：目标对象的宽度或高度，由对象的 ScaleMode 属性决定度量单位。如果省略，则指整个图片的宽度或高度。
- x2, y2：指源图片内剪贴区的左上角坐标，默认为(0, 0)。
- 宽度 2,高度 2：指源图片内剪贴区的宽度或高度，默认为整个图片的宽度或高度。如果宽度 1、高度 1 比宽度 2、高度 2 大或小，将适当地拉伸或压缩图片。
- 位操作常数：用来定义在将图片绘制到对象上时执行的位操作。

例如，将窗体中的 Picture1 中的图片的部分图片放大显示在 Picture2 中，运行界面如图 8-7 所示，左边是源位图，右边是放大的目标位图。

程序代码如下：

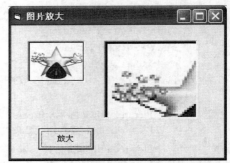

图 8-7　绘制图片界面

```
Picture2.PaintPicture  Picture1.Picture,  0,  0,  Picture2.
Width, Picture2.Height, 0, 0, 500, 600
```

源图片是 Picture1 的从(0,0)位置开始宽度为 500 高度为 600 的部分图片，显示到 Picture2 中，目标图片从(0,0)位置开始宽度为 Picture2.Width 高度为 Picture2.Height。

8.2　彩色位图图像处理

对图形不仅需要进行放大或缩小的简单操作，还需要对图像的亮度、分辨率、锐化和灰度等方面进行处理。

高质量的彩色图像的颜色由红（R）、绿（G）、蓝（B）3 种颜色组成，每个像素由 3 个字节表示，每个字节分别表示一个颜色，为 0～255 的值。图形是由表示行列坐标的整数构成的二维数组，因此对彩色位图图像的处理就是对图形像素的整数运算。

1. 彩色图像颜色值的获取

在窗体中可以用图片框控件（PictureBox）来显示图形，图形装入图片框后，使用 Piont 方法获取图像上指定像素的颜色值。

语法：

对象.Point(x，y)

说明：x 和 y 为对象中某个像素的位置坐标。如果由 x 和 y 坐标所引用的点位于对象之外，Point 方法将返回-1。Point 方法返回值为长整型。

例如，获取(i,j)位置的像素颜色值：

```
Dim Col As Long
Col = Picture1.Point(i,j)
```

2．彩色位图颜色值的分解

像素颜色值是一个长整型的数值，使用 4 个字节，最上位字节的值是 0，其他 3 个字节依次为 B、G、R，取值范围为 0～255。可以使用 RGB 函数来设置像素的颜色值，用 Pset 方法将每个像素画到图片框中。

设置图像像素颜色的方法：

```
Dim Col As Long
Dim Red As Integer, Green As Integer, Blue As Integer
Col = Picture1.Point(i,j)
Red = Col& And &HFF
Green = ((Col& And &HFF00) \ 256) Mod 256
Blue = (Col& And &HFF0000) \ 65536
Picture2.PSet (x,y), RGB(Red, Green, Blue)
```

Col	0	B	G	R
	0	0	0	FF
Red	0	0	0	R

通过颜色值的存储内容，取 Red 的运算如图 8-8 所示。

图 8-8　取 Red 运算

3．绘制彩色位图的步骤

① 定义一个三维数组，用来存放每个像素的颜色值。

例如，三维数组 ImageP（2，x，y）用来存放（x，y）坐标的像素值，第一维对应于颜色 0、1、2 表示红、绿、蓝；x 对应于图形像素的行；y 对应于图形像素的列。

② 使用 Point 方法用双重循环来读取每个像素的值，存放在三维数组 ImageP（2，x，y）中。

③ 对颜色进行效果运算后，再将每个像素的颜色用 Pset 方法画到图片框中。

【例 8-5】 将图片框的图像进行反转显示。

① 定义一个三维数组。

② 在窗体中放置两个图片框 Picture1 和 Picture2，设置 Picture1 的 Picture 属性为图形文件.bmp，设置 Picture1 和 Picture2 的 ScaleMode 属性设置为 3（Pixel）。

③ 单击"扫描图形"按钮 Command1，获取图片框 Picture1 中每个像素的颜色值存放在三维数组 ImageP 中。

程序代码如下：

```
'定义一个ImageP三维数组
Dim ImageP() As Integer
```

```
Private Sub Command1_Click()
'单击扫描图形按钮
        Dim i As Integer, j As Integer
        Dim Red As Integer, Green As Integer, Blue As Integer
        Dim Col As Long
        Dim x As Integer, y As Integer
        Form1.MousePointer = 11                       '设置鼠标为沙漏形状
        x = Picture1.Width
        y = Picture1.Height
        '按图片框的大小重新定义数组
        ReDim ImageP(2, x, y)
        Picture1.AutoRedraw = True
        For j = 0 To Picture1.Height −1
            For i = 0 To Picture1.Width −1
                    Col = Form1.Picture1.Point( i,j)
                    Red = Col& And &HFF
                    Green = ((Col& And &HFF00) \ 256) Mod 256
                    Blue = (Col& And &HFF0000) \ 65536
                    ImageP(0, i, j) = Red
                    ImageP(1, i, j) = Green
                    ImageP(2, i, j) = Blue
            Next
        Next
        Form1.MousePointer = 0
End Sub
```

④ 单击"反转图片"按钮将 Picture1 图片框的像素值进行反转运算，用 Pset 方法画到图片框 Picture2 中。

反转图片就是将图形中每个像素的颜色改为其互补色，例如，纯黑色像素的互补色为白色。反转处理的算法：新像素数值=255−原像素值。

程序代码如下：

```
Private Sub Command2_Click()
'单击反转图片按钮
        Dim i, j As Integer
        Dim Red, Green, Blue As Integer
        Form1.MousePointer = 11
        For j = 0 To Picture2.Height −1
            For i = 0 To Picture2.Width −1
                    Red = 255 − ImageP(0, i, j)
                    Green = 255 − ImageP(1, i, j)
                    Blue = 255 − ImageP(2, i, j)
                    Picture2.PSet (i, j), RGB(Red, Green, Blue)
            Next
        Next
        Form1.MousePointer = 0
End Sub
```

运行界面如图 8-9 所示。

图 8-9 界面显示

8.3 设置文本

在界面设计时使用不同的字体会显示出不同的效果，例如，楷体秀丽，魏碑刚劲，对不同的内容采用不同的字体可以具有更强的感染力。

Windows 系统提供了一套完整的基本字体，具有特定的大小、风格、粗细，这些字体大部分都是 TrueType 字体。当选择了一种 TrueType 字体，它将变换成选定的磅数大小，并以位图显示在屏幕上。

8.3.1 文本字体

1．Font 属性

窗体、控件和打印机都具有用于设置字体的 Font 属性。Font 属性实际上是一个 Font 对象，在设计时 Font 对象不能直接使用，需要在属性窗口中通过双击“属性”窗口中的 ⋯ 按钮打开“字体”对话框，在对话框中对字体进行设定，如图 8-10 所示。

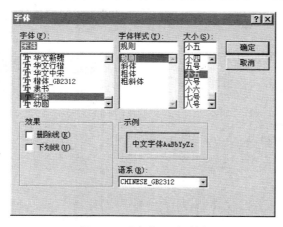

图 8-10 “字体”对话框

在运行时，通过设定 Font 对象属性来设置字体的特征。Font 对象的属性如表 8-7 所示。Font 对象的属性与早期 VB 版本的 FontName、FontBold 等保持兼容。

表 8-7　Font 对象的属性

属 性 名	数据类型	描　　述
Name	String	字体的名字，例如，宋体、Arial 等
Size	Single	字体的大小（每磅=1/72 英寸）
Bold	Boolean	粗体
Italic	Boolean	斜体
StrikeThrough	Boolean	删除线
Underline	Boolean	下划线
Weight	Integer	字体的粗细,值越大字体越粗

例如，设置窗体 Form1 的字体为 12 号粗体：

```
Form1.Font.Size = 12
Form1.Font.Bold = True
```

如果文本是由对象的属性指定，该对象中的所有文本都适用字体属性。如果文本是用 Print 方法显示的，则字体属性改变之后使用 Print 方法的所有文本都适用。

2．TextHeight 和 TextWidth 方法

TextHeight 和 TextWidth 方法用于返回 Form、PictureBox 或打印机的当前字体的高度和宽度。

语法：

[对象]. TextHeight（字符串）

[对象]. TextWidth（字符串）

说明：TextWidth 和 TextHeight 用于确定文本显示需要的水平和垂直空间。TextWidth 是通过 Scale 方法和刻度属性设置坐标系来设置，TextWidth 将返回最长行的宽度；如果字符串含有嵌入的回车符，TextHeight 将返回各行的累加高度，包括每行上下的前导空间。

【例 8-6】 单击窗体时用 Print 方法居中显示"学生管理系统"的文本，对不同大小的窗体都能居中显示。

运行后结果显示如图 8-11 所示。

```
Private Sub Form_Click()
'单击窗体
    Dim msg As String
    Form1.Font.Size = 20
    Form1.Font.Bold = True
    Form1.Font.Name = "宋体"
    msg = "学生管理系统"
    CurrentX = (ScaleWidth - TextWidth(msg)) / 2
    Print msg
End Sub
```

图 8-11　运行界面

8.3.2　打印

1．使用"打印"菜单

如果用户希望打印当前窗体和窗体中的代码，甚至整个工程的所有窗体和程序代码，可以选择"文件"菜单→"打印设置"菜单项，选择打印用的打印机及相关参数；然后再使用"文件"菜单→"打印"菜单项，设定打印的范围、打印对象及打印质量等。如图 8-12 所示为"打印"对话框，可以选择打印"窗体图像"和"代码"。

图 8-12　"打印"对话框

2．Printer 对象

Printer 对象用于把程序的运行结果打印出来。

Printer 对象的属性包括：

PaperSize——打印纸规格	Height——纸张物理高度
Width——纸张物理宽度	Orientation——横向还是纵向
ColorMode——单色还是彩色	Duplex——是否双面
Page——当前页号	Zoom——扩大或缩小
Port——打印机端口	Copies——打印份数
PaperBin——送纸方式	PrintQuality——打印质量

Printer 对象的属性应通过程序代码进行设置，在设计时不可用。初始化时为 Windows "控制面板"中设置的打印机属性。在一页当中，一旦设置了某个属性，就不能改变，对这些属性的改变只能影响以后各页。

3．PrintForm 方法

PrintForm 用于将指定的窗体 Form 的图像逐位发送给打印机。

语法：

[对象].PrintForm

说明：对象如果省略，则为带焦点的 Form 对象。

PrintForm 将打印 Form 对象的全部内容，即使窗体的某部分在屏幕上不可见。只有当 AutoRedraw 属性为 True 时 PrintForm 才打印 Form 或 PictureBox 控件上的图形。

习　　题

一、选择题

1. 使用 RGB 函数来设置颜色时，RGB(0,0,0)为_____。

    A．白色　　　　　　B．红色　　　　　　C．蓝色　　　　　　D．黑色

2. 在使用 VB 进行图形操作时，有关坐标系说明中错误的是_____。

    A．VB 只有一个统一的，以屏幕左上角为坐标原点的坐标系

    B．在调整窗体上的控件大小和位置时，使用以窗体左上角为原点的坐标系

    C．所有图形及 Print 方法使用的坐标系均与容器有关

    D．VB 坐标系的 Y 轴，上端为 0，越往下越大

3. 当使用 Scale 方法设置坐标刻度时，ScaleMode 属性应为_____。

    A．Twip（缇）　　　　　　　　　　B．用户定义刻度

    C．Pixel（像素）　　　　　　　　　D．Character（字符）

4. 以下_____对象不含有用于设置字体的 Font 属性。

    A．窗体　　　　B．CommandButton　　　C．菜单　　　　　D．Printer

5. 若要以程序代码方式设置在窗体中显示文本的字体大小，则可用窗体对象的_____属性来实现。

    A．FontName　　B．Font　　　　　　C．FontSize　　　　D．TextWidth

6. Line 方法不能用来画_____。

    A．点　　　　　B．线　　　　　　　C．弧线　　　　　　D．矩形

7. 直线控件（Line）和形状控件（Shape）不能在_____中绘制简单的线段。

    A．窗体　　　　B．图片框　　　　　C．标签　　　　　　D．框架

8. 关于 Cls 方法下面说法错误的是_____。

    A．可以清除所有用图形方法画的图形

    B．可以清除所有用 Print 方法显示的文本

    C．可以清除所有创建的控件

    D．不能清除界面的背景颜色

二、填空题

1. 使用下面两条画线的语句功能相同：

    Line (500, 500)–(1000, 300)

    Line (500, 500)–Step(_____)

2. 任何容器的默认坐标系统，(0,0)坐标都是从容器的_____开始。

3. _____方法用于返回 Form 当前字体的垂直高度。

4. 使用 Line 方法在窗体上画一条从左上角到右下角的对角线

    _____。

5. 使用 Circle 方法画一个半径为 500，圆心在（1000,1000）的半圆

    _____。

6. 使用 Shape 控件画一个椭圆，则其 Shape 属性应设置为_____。

三、上机题

1. 使用 Line 方法在窗体上画出 10 行 10 列的表格，要求表格画满整个窗体。

2. 使用 Pset 方法在窗体上画一个矩形。

3. 在窗体上用画椭圆的方法画出两个重叠的椭圆，一个是水平椭圆，一个是垂直椭圆。

4. 利用定时器控件和形状控件设计一个"红绿灯"变换的程序，每隔 0.5 秒变换一次。

5. 在窗体的垂直居中显示字符 Visual Basic，如图 8-13 所示。

6. 在窗体上放置两个图片框 Picture1 和 Picture2，在 Picture1 中装载图片，单击按钮将图片对称变换到 Picture2 中。

图 8-13 显示文字

CHAPTER *9* 第 9 章

鼠标和键盘

9.1 鼠标

窗体和大多数控件都能响应鼠标的事件，利用鼠标事件跟踪鼠标的操作，判断按下的是哪一个鼠标键等，大大地增强了用户操作的方便性。

9.1.1 鼠标事件

在程序运行时，有时需要对鼠标指针的位置和状态变化作出响应，因此除了常用的 Click 和 DblClick 事件之外，还需要使用鼠标事件，鼠标事件包括 MouseUp、MouseDown 和 MouseMove。

1. 鼠标事件的格式

鼠标事件包括 MouseUp、MouseDown 和 MouseMove，分别是当释放鼠标、按下鼠标和移动鼠标时触发的。

MouseUp、MouseDown 和 MouseMove 鼠标事件的语法格式是统一的。

语法：

Private Sub 对象_鼠标事件（Button As Integer, Shift As Integer, X As Single, Y As Single）

说明：

- Button 表示是哪个鼠标键被按下或释放。用 0、1、2 这 3 位表示鼠标的左、右、中键，每位用 0、1 表示被按下或释放，3 位的二进制转换成十进制就是 Button 的值，如图 9-1 所示，表 9-1 列出了按钮与常数值的对应关系。

			2	1	0
0	0	...			

图 9-1　Button 键

表 9-1　Button 常数值

十 进 制	二 进 制	常　　数	按下按钮
0	000		无
1	001	VbLeftButton	左按键
2	010	vbRightButton	右按键
3	011	vbMiddleButton	中按键
4	100	VbLeftButton+vbRightButton	左、右按键
5	101	VbLeftButton+vbMiddleButton	左、中按键
6	110	VbRightButton+vbMiddleButton	右、中按键
7	111	VbLeftButton+vbRightButton+vbMiddleButton	左、右、中按键

- Shift 表示当鼠标键被按下或被释放时，Shift、Ctrl、Alt 键的按下或释放状态。用 0、1、2 这 3 位分别表示鼠标的 Shift、Ctrl、Alt 键，3 位的二进制转换成十进制数就是 Shift 的值。Shift、Ctrl、Alt 键切换常数如表 9-2 所示。

表 9-2　Shift 的常数值

常数	值	描述
vbShiftMask	1	Shift 键被按下
vbCtrlMask	2	Ctrl 键被按下
vbAltMask	4	Alt 键被按下

- X、Y 表示鼠标指针的坐标位置。如果鼠标指针在窗体或图片框中，用该对象内部的坐标系，其他控件则用控件对象所在容器的坐标系。

关于鼠标键事件有几点说明：

- 移动鼠标连续触发 MouseMove 事件。
- 按下鼠标键，触发 MouseDown 事件。
- 释放鼠标键，触发 MouseUp 事件。
- MouseUp 事件之后，触发 Click 事件。
- 鼠标事件可以区分鼠标的左、右、中键与 Shift、Ctrl、Alt 键，并可识别和响应各种鼠标状态。Click 和 DblClick 事件不能识别鼠标的左、右、中键与 Shift、Ctrl、Alt 键。
- 鼠标事件是由鼠标指针所在的窗体或控件来识别的。如果按下鼠标不放，则对象将继续识别所有鼠标事件（即使指针已离开对象仍继续识别），直到用户释放鼠标为止。

2．MouseDown 和 MouseUp 事件

MouseDown 和 MouseUp 事件分别当鼠标按下和释放时触发，通常可以用来在运行时调整控件的位置，或实现某些图形效果。MouseDown 事件更常用些。

【例 9-1】　在窗体中制作一个画线和画方块的程序。

界面设计：放置 1 个图片框 Picture1 用来绘图，3 个按钮 Command1～Command3，其中 Command1 和 Command2 分别为"直线"和"方块"。

功能要求：单击 Command1 或 Command2 按钮后，在图片框中单击鼠标当鼠标按下时确定一个端点，当鼠标释放时确定另一个端点来画直线或画方块。Command3 在图片框中清除图形。运行界面如图 9-2 所示。

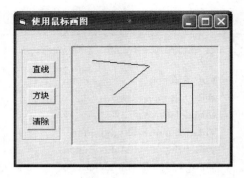

图 9-2　运行界面

程序代码如下：

```
Dim C1 As Integer
Dim X1 As Integer, Y1 As Integer
```

```
Private Sub Command1_Click()
'单击直线按钮
    C1 = 1
End Sub

Private Sub Command3_Click()
'单击方块按钮
    C1 = 2
End Sub
```

```
Private Sub Form_Load()
'装载窗体
    C1 = 0
End Sub
```

在图片框中按下鼠标键时确定一个端点。

```
Private Sub Picture1_MouseDown(Button As Integer, Shift As Integer, X As Single, Y As Single)
'在图片框中按下鼠标键
    If Button = 1 Then
        X1 = X
        Y1 = Y
    End If
End Sub
```

在图片框中释放鼠标键则确定另一个端点，根据单击的按钮，在图片框中由两端点画直线和画方块。

```
Private Sub Picture1_MouseUp(Button As Integer, Shift As Integer, X As Single, Y As Single)
'在图片框中释放鼠标键
    If Button = 1 Then
        Select Case C1
        Case 1
            Picture1.Line (X1, Y1)–(X, Y)
        Case 2
            Picture1.Line (X1, Y1)–(X, Y), , B
```

```
        End Select
    End If
End Sub
```

```
Private Sub Form_Load()
'装载窗体
    C1 = 0
End Sub
```

程序分析：使用 C1 用来区别所按的按钮，决定是画圆还是画方块。

3．MouseMove 事件

MouseMove 事件是鼠标在屏幕上移动时触发的，窗体和控件都能识别 MouseMove 事件，当鼠标指针在对象的边界范围内时该对象就能接收 MouseMove 事件，除非有另一个对象捕获了鼠标。

当移动鼠标时，MouseMove 事件不断发生，但并不是对鼠标经过的每个像素都会触发，当鼠标指针移动得越快则在两点之间触发的 MouseMove 事件越少。应用程序能接二连三地触发大量的 MouseMove 事件。因此，MouseMove 事件不应去做需要大量时间的工作。

Button 参数对于 MouseMove 事件与 MouseDown 和 MouseUp 事件不同，MouseMove 事件的 Button 值表示所有按键的状态，而 MouseDown 和 MouseUp 事件的 Button 的值无法检测是否同时按下两个以上的按键。

【例 9-2】　在图片框中绘制连续的线和方块。

使用 MouseMove 事件可以连续地画线和方块，当鼠标移动时在不断触发的 MouseMove 事件中画线和方块。运行界面如图 9-3 所示。

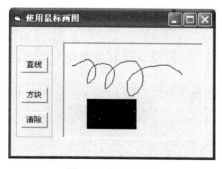

图 9-3　运行界面

程序代码如下：

```
Dim C1 As Integer, C2 As Integer
Dim X1 As Integer, Y1 As Integer
```

```
Private Sub Form_Load()
'装载窗体
    C1 = 0
    C2 = 0
End Sub
```

```
Private Sub Command1_Click()
```

Visual Basic 教程（第 3 版）

```
'单击直线按钮
    C1 = 1
End Sub
```

```
Private Sub Command2_Click()
'单击清除按钮
    Picture1.Cls
End Sub
```

```
Private Sub Command3_Click()
'单击方块按钮
    C1 = 2
End Sub
```

当第一次按下鼠标时，开始画线或方块，第二次按下鼠标就停止。

```
Private Sub Picture1_MouseDown(Button As Integer, Shift As Integer, X As Single, Y As Single)
'在图片框中按下鼠标键
    If Button = 1 And C2 = 0 Then
        C2 = 1
        Select Case C1
        Case 1
            Picture1.CurrentX = X
            Picture1.CurrentY = Y
        Case 2
            X1 = X
            Y1 = Y
        End Select
    Else
        C2 = 0
    End If
End Sub
```

当在图片框中移动鼠标时，不断地画线和画方块，实现连续画线和方块。

```
Private Sub Picture1_MouseMove(Button As Integer, Shift As Integer, X As Single, Y As Single)
'在图片框中移动鼠标
    If Button = 1 And C2 = 1 Then
        Select Case C1
        Case 1
            Picture1.Line –(X, Y)
        Case 2
            Picture1.Line (X1, Y1)–(X, Y), , BF
        End Select
    End If
End Sub
```

9.1.2　改变鼠标指针

在 Windows 环境中可以用不同形状的鼠标指针来反映信息。例如，在调整窗口的大小时使用箭头形状的鼠标指针，在移动窗体时用十字线形状的鼠标指针。鼠标指针可以通过

MousePionter 和 MouseIcon 属性来设置。

1．MousePionter 属性

对象的 MousePionter 属性用于设置鼠标指针的形状。在运行时对于控件，当鼠标经过时就会显示 MousePionter 属性设置的形状；对于窗体，当鼠标经过空白区域或窗体中的 MousePionter 属性为 0 的控件时，就会显示窗体的 MousePionter 属性设置的形状。

MousePionter 属性的设置值与形状如表 9-3 所示。

表 9-3　MousePionter 属性值

常　　数	值	描　　述
vbDefault	0	（默认）形状由操作系统决定
vbArrow	1	箭头
vbCrosshair	2	十字线
VbIbeam	3	I 型
vbIconPionter	4	图标（矩形内的小矩形）
vbSizePionter	5	尺寸线（指向东、南、西、北的箭头）
vbSizeNESW	6	右上-左下尺寸线（指向东北、西南的双箭头）
vbSizeNS	7	垂直尺寸线（指向南、北的双箭头）
vbSizeNWSE	8	左上-右下尺寸线（指向东南、西北的双箭头）
vbSizeWE	9	水平尺寸线（指向东、西的双箭头）
vbUpArrow	10	向上的箭头
vbHourglass	11	沙漏（表示等待状态）
vbNoDrop	12	禁止形状（不允许放下）
vbArrowHourglass	13	箭头和沙漏
vbArrowQuestion	14	箭头和问号
vbSizeAll	15	四向尺寸线（表示缩放）
vbCustom	99	通过 MouseIcon 属性指定的自定义图标

例如，当程序运行需要等待时，鼠标指针的形状为沙漏型：

Form1.MousePionter =11

2．MouseIcon 属性

当 MousePionter 属性设置为 99 时，可以使用 MouseIcon 属性来确定鼠标指针的形状。有两种方法设置 MouseIcon 属性。

* 在属性窗口中选择 MouseIcon 属性，单击 ... 按钮，出现"加载图标"对话框，选择一个图形文件为鼠标指针形状，可以是.ico 或.cur 文件。
* 在程序中使用 LoadPicture 函数来加载图形文件。

例如，将经过窗体时鼠标指针设置为用户定义的图标：

Form1.MouseIcon = LoadPicture("c:\windows\winupd.ico")

9.2　键盘事件

键盘事件是用户敲击键盘时触发的事件。通常对于接受文本输入的控件，在键盘事件中进行编程检测输入数据的合法性或对于不同键值的输入实现不同的操作，还有些使用鼠标操作的功能也可以通过键盘来实现。

键盘事件包括 KeyPress、KeyDown 和 KeyUp 事件。窗体以及可接受键盘输入的控件如 TextBox、CommandButton、PictureBox、ComboBox 等控件都可识别这 3 种键盘事件。

1.　查看键盘按键的 ASCII 码值

如果不清楚键盘各按键的 ASCII 码值，可以通过对象浏览器窗口来查看。

在工具栏单击"对象浏览器"按钮，打开"对象浏览器"如图 9-4 所示。在搜索栏键入 KeyCodeConstants，单击搜索 🔍 按钮。在"成员"栏出现各种键盘按键常数，选择某一个按键常数就可以在下面的描述中显示按键的 ASCII 码值。

例如，回车键则 ASCII 码为 13，字母"a"则 ASCII 码为 97，字母"A"则 ASCII 码为 65，相应的小写字母比大写字母的 ASCII 码值大 32。数字"0"键对应的是 48，"0"～"9"按键的 ASCII 码值在 48～57 之间。

2.　KeyPress 事件

KeyPress 事件是当键盘有键按下时触发的。KeyPress 事件检测的键有 Enter、Tab、BackSpace 以及键盘上的字母、数字和标点符号键，对于其他功能键、编辑键和定位键，则不作响应。

图 9-4　查看键代码

语法：

Private Sub　对象_KeyPress(KeyAscii As Integer)

说明：

- 对象：是接受键盘事件的对象，由具有焦点的对象接收。
- KeyAscii：是按键对应的 ASCII 码值。将 KeyAscii 改为 0 时可取消本次击键，这样对象便接收不到按键的字符。

一个窗体仅在它没有有效控件或 KeyPreview 属性被设置为 True 时才能接收 KeyPress 事件。如果 KeyPreview 属性被设置为 True，窗体将先于该窗体上的控件接收此事件。

KeyPress 事件过程在截取 TextBox 或 ComboBox 控件所输入的击键时可以立即测试击键的有效性，也可用于识别键盘是否按键，或是否按下特定键如回车，数字，字母等。

【例 9-3】　在文本框中输入学生的学号和密码，并在输入时检测按键的有效性。

功能要求：在输入用户名的文本框中输入用户名，在按键时判断如果不是字母键则将按键取消并将焦点设置在文本框，输入用户名超过 8 位时提示出错。运行界面如图 9-5 所示，是当输入用户名超过 8 位时的显示。

图 9-5　运行界面

程序代码如下：

```
Private Sub Text1_KeyPress(KeyAscii As Integer)
'在用户名文本框按键
    If KeyAscii < 65 Or KeyAscii > 122 Or (KeyAscii < 97 And KeyAscii > 90) Then
    '按键不是大小写字母
        KeyAscii = 0
        Text1.SetFocus
    End If
    If Len(Text1.Text) > 8 Then
    '超过8位
        MsgBox "用户名超过8位", vbOKOnly, "输入出错"
        KeyAscii = 0
        Text1.SetFocus
    End If
End Sub
```

程序分析：小写字母的 ASCII 码值为 65～90，大写字母的 ASCII 码值为 97～122。

3. KeyDown 和 KeyUp 事件

KeyDown 事件是当按下按键时触发，KeyUp 事件是当释放按键时触发，这两个事件提供了最低级的键盘响应，可以报告键盘的物理状态。

语法：

Private Sub 对象_KeyDown(KeyCode As Integer, Shift As Integer)

Private Sub 对象_KeyUp(KeyCode As Integer, Shift As Integer)

说明：

- KeyCode：是所按键的 ASCII 码值。KeyDown 和 KeyUp 事件除了可识别 KeyPress 事件可识别的键，还可识别键盘上的大多数键，如功能键、编辑键、箭头键和数字小键盘上的键。键盘上的数字键与小键盘上数字键的 ASCII 码值不同，尽管它们按的数字字符相同。

- Shift：表示 Shift、Ctrl、Alt 键的按下或释放状态。用 0、1、2 这 3 位分别表示鼠标的 Shift、Ctrl、Alt 键。常用的 Shift、Ctrl、Alt 键组合常数在前面表 9-2 中已介绍。

键盘事件彼此之间不相互排斥，当按下键盘上的某个键时，将产生 KeyPress 和 KeyDown 事件。如果是 KeyPress 事件不能检测的键（如箭头键），那么仅触发 KeyDown 事件。

KeyDown 和 KeyUp 事件有几点说明：

- KeyDown 和 KeyUp 事件中的 Keycode 是以所按键为准，对于有上档字符和下档字符的键以下档字符的 ASCII 码值为准，因此大小写字母的 Keycode 相同，必须使用 Shift 参数区分，例如，字母 a 的 Keycode 为 65。而 KeyPress 事件的 KeyAscii 参数是以字符为准的。
- 如果窗体上有菜单控件定义了快捷键，则按下快捷键时将触发菜单控件的 Click 事件而不是键盘事件。
- 如果窗体上的命令按钮的 Default 属性设置为 True，则按 Enter 键时触发命令按钮的 Click 事件而不是键盘事件。如果命令按钮的 Cancel 属性设置为 True，则按 Esc 键时触发命令按钮控件的 Click 事件。
- 如果窗体上控件的 TabStop 属性设置为 True，则按 Tab 键时是将焦点从一个控件移到另一个控件。

虽然 KeyDown 和 KeyUp 事件可应用于大多数键，它们最经常地还是应用于扩展的字符键（如 F1、Esc）、定位键、键盘修饰键和按键的组合，区别数字小键盘和常规数字键。

【例 9-4】 在图片框中用键盘键控制小球的运动。

功能要求：在图片框 Picture1 中放置 1 个形状控件 Shape1，窗体还有 2 个按钮 Command1 和 Command2 分别为"开始"和"结束"，单击"开始"按钮黄色小球 Shape1 出现，单击箭头键←和→小球向左和右移动，单击空格键小球向上或向下跳动。

窗体中对象的属性设置如表 9-4 所示。

表 9-4　窗体中对象的属性设置

对 象 名	属 性	属 性 值
Form1	Caption	运动小球
Shape1	Shape	3-Circle
	FillStyle	0-Solid
	FillColor	&H0000FFFF&
	Visible	False
Command1	Caption	开始
Command2	Caption	结束

程序代码如下：

```
Dim C1 As Integer
Private Sub Command1_Click()
'单击开始按钮
    Shape1.Visible = True
    Picture1.SetFocus
End Sub

Private Sub Picture1_KeyDown(KeyCode As Integer, Shift As Integer)
'在图片框中按键
```

```
        Select Case KeyCode
            Case 37                                              '按向左键
                Shape1.Move Shape1.Left–100
            Case 39                                              '按向右键
                Shape1.Move Shape1.Left + 100
            Case 32                                              '按空格键
                If C1 = 0 Then
                    Shape1.Move Shape1.Left, Shape1.Top –1000
                    C1 = 1
                Else
                    Shape1.Move Shape1.Left, Shape1.Top + 1000
                    C1 = 0
                End If
        End Select
End Sub
```

```
Private Sub Command2_Click()
'单击结束按钮
    End
End Sub
```

程序分析：箭头键←的 ASCII 码值为 37，→的 ASCII 码值为 39，空格键为 32。运行界面如图 9-6 所示。

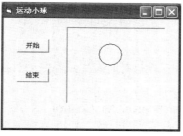

图 9-6　运行界面

9.3　拖放

鼠标拖放操作是用户按下鼠标按钮，将一个对象从一个地方拖动到另一个地方，然后释放鼠标按钮，将对象重新定位、复制和移动等。

拖放包括两个操作：拖动（drag）和放下（drop）。拖动是按下鼠标键并移动控件，而放下是指释放鼠标键。拖放中原来位置的对象是源对象，将要放下位置的对象为目标对象。

1. 属性

（1）DragMode 属性

DragMode 属性确定拖放操作是自动方式还是手动方式。默认值为 0 手动方式，可以用手动方式来确定拖放操作何时开始或结束，当 DragMode 属性设置为 1 自动方式时，能够对一个对象执行自动拖放操作。

（2）DragIcon 属性

DragIcon 属性是设置拖动操作时显示的图标，默认源对象的灰色轮廓作为拖动的图标，也可以设置为.ico 图标文件作为拖动操作的图标。

2．事件

（1）DragDrop 事件

DragDrop 事件是当一个完整的拖放动作完成时触发，即将一个控件拖动到一个对象上，并释放鼠标按钮，或使用 Drag 方法并将其动作参数设置为 2（Drop）时触发。DragDrop 事件可用来控制在拖动操作完成时将会发生的情况。

语法：

Private Sub 对象_DragDrop(Source As Control, X As Single, Y As Single)

说明：

- Source：指正在被拖动控件即源对象，可在事件过程采用设置控件的属性和方法。Source 声明为 As Control 是指控件，可以像使用控件一样使用它，Source 控件不包括 Menu、Timer、Line 和 Shape 控件。例如，设置源对象的属性：

  Source.Visible = False

  由于只知道 Source 是控件，而不知道 Source 是哪种控件，应小心使用 Source。可以使用 If 结构来对于不同控件编写不同的操作。

- X, Y：松开鼠标按钮时鼠标指针在目标对象中的坐标值，通常用目标坐标系统来表示。

（2）DragOver 事件

DragOver 事件是当拖放操作正在进行时发生，当拖动对象越过一个控件时触发该事件。

语法：

Private Sub 对象_DragOver(Source As Control, X As Single, Y As Single, State As Integer)

说明：

- Source：鼠标指针的位置所在的目标对象。
- X, Y：松开鼠标按钮时鼠标指针在目标对象中的坐标值。
- State：表示控件的状态。0（vbEnter）为进入，指拖动正进入目标对象内；1（vbLeave）为离去，指拖动正离开目标对象；2（vbOver）为经过，指拖动正越过目标对象。

DragOver 事件可对鼠标在目标对象上进入、离开或停顿等进行监控，通常用于确定在拖动开始后和控件放在目标上之前发生些什么。

3．方法

Drag 方法用于在代码中对象的拖放行动。Drag 方法可以启动、停止或取消手工拖动。

语法：

对象.Drag [Action]

说明： Action 用于确定是启动、停止或取消手工拖动操作。0（vbCancel）为取消手工拖动，1（vbBeginDrag）为启动拖动，2（vbEndGrag）为结束拖动，并触发 DragDrop 事件。启动手工拖动的代码通常放在源对象的 MouseDown 事件中。

拖放操作的步骤如下：

① 设置 DragMode 属性为 1，使对象可以自动被拖放。

② 设置 DragIcon 属性决定对象被拖动时鼠标指针的形状，可以是任何位图或图标。

③ 为目标对象编写 DragDrop 和 DragOver 事件。

【例 9-5】 在窗体中将图像框进行拖放。

功能要求：在窗体中放置 4 个图像框 Image1～Image4，1 个框架 Frame1 和 1 个标签 Label1，将 3 个小图像框 Image1～Image3 拖放到大图像框 Image4 中，就会将图像放置到 Image4 中，并将文本在标签 Label1 中显示。

属性设置如表 9-5 所示，设计界面如图 9-7（a）所示，运行界面如图 9-7（b）所示，显示将 Image1 中的图片拖放到 Image4 中。

表 9-5　窗体中对象的属性设置

对象名	属性	属性值	对象名	属性	属性值
Form1	Caption	拖放对象	Image3	Picture	设置 3 个图形文件
Image1	DragMode	1-Automatic	Image4	Stretch	True
Image2	Stretch	True	Label1	Caption	空

（a）设计界面　　　　　　　　（b）运行界面

图 9-7　拖放对象

在图像框 Image4 中是目的对象，在拖放事件中将 Source 对象的图形装载到图像框 Image4 中，并根据 Source 所对应的拖动源对象，用分支结构显示标签 Label1 的内容。

程序代码如下：

```
Private Sub Image4_DragDrop(Source As Control, X As Single, Y As Single)
'在图像框中拖放图像
    Image4.Picture = Source.Picture
    If Source = Image1 Then
        Label1.Caption = "鸵鸟"
    ElseIf Source = Image2 Then
        Label1.Caption = "钟"
    Else
        Label1.Caption = "五角星"
    End If
End Sub
```

习　　题

一、选择题

1. 当移动鼠标时，有关 MouseMove 事件的说明中正确的是_____。
   A．MouseMove 事件不断发生
   B．MouseMove 事件只发生一次
   C．MouseMove 事件经过的每个像素都会触发
   D．当鼠标指针移动得越快则在两点之间触发的 MouseMove 事件越多

2. 能够区分各鼠标按钮与 Shift + Ctrl + Alt 组合键的过程是 _____。
   A．Click 　　　　B．DblClick 　　　　C．Load 　　　　D．MouseMove

3. 以下叙述错误的是_____。
   A．在 KeyUp 和 KeyDown 事件过程中，从键盘上输入 A 或 a 被看作相同
   B．在 KeyUp 和 KeyDown 事件过程中，从键盘上 1 和右侧小键盘上的 1 看作不同的数字
   C．KeyPress 事件中不能识别键盘上某个键的按下与释放
   D．KeyPress 事件中可以识别键盘上某个键的按下与释放

4. 下面程序：

```
Private Sub Form_KeyUp(KeyCode As Integer, Shift As Integer)
        Print Chr$(KeyCode + 2)
End Sub
```

   运行后，如果按下 A 键，则输出结果为_____。
   A．A 　　　　B．B 　　　　C．C 　　　　D．D

5. 与键盘操作有关的事件有 KeyPress、KeyUp 和 KeyDown 事件，当用户按下并且释放一个键后，这 3 个事件发生的顺序是_____。
   A．KeyDown、KeyPress、KeyUp 　　　　B．KeyDown、KeyUp、KeyPress
   C．KeyPress、KeyDown、KeyUp 　　　　D．没有规律

6. 编写以下事件过程：

```
Private Sub Form_MouseDown(Button As Integer, Shift As Integer, X As Single, Y As Single)
        If Button = 2 Then
            Print "AAAA"
        End If
End Sub
```

   程序运行后，为了在窗体中显示"AAAA"，应按下的鼠标键为_____。
   A．左 　　　　B．右 　　　　C．左右键同时 　　　　D．什么键也不按

二、填空题

1. 在执行 KeyPress 事件过程时，KeyAscii 是所按键的_____值，对于有上档字符和下档字符的键，当执行 KeyDown 事件过程时，KeyCode 是_____字符的_____值。

2. 对窗体编写如下事件过程：

```
Private Sub Form_MouseDown(Button As Integer, Shift As Integer, X As Single, Y As Single)
```

```
        If Button = 2 Then
            Print "****"
        End If
    End Sub
    Private Sub Form_MouseUp(Button As Integer, Shift As Integer, X As Single, Y As Single)
        Print "####"
    End Sub
```

程序运行后，如果单击鼠标右键，则在窗体中输出结果为_____。

3．把窗体的 KeyPreview 属性设置为 True，并编写如下两个事件过程：

```
    Private Sub Form_KeyDown(KeyCode As Integer, Shift As Integer)
        Print KeyCode;
    End Sub
    Private Sub Form_KeyPress(KeyAscii As Integer)
        Print KeyAscii
    End Sub
```

程序运行后，如果按下 a 键，则在窗体上输出的数值是_____和_____。

4．在如下事件过程中，在文本框 Text1 中只能接受 0～9 的数字字符，如果输入了其他字符则响铃（Beep）提示，并且消除该字符，在以下代码中填写代码。

```
    Private Sub Text1_KeyPress(KeyAscii As Integer)
        If KeyAscii < Asc(0) Or KeyAscii > Asc(9) Then
            Beep

            _____

        End If
    End Sub
```

5．_____事件是当拖放操作正在进行时触发的。

6．对象的_____属性用于设置鼠标指针的形状。

三、上机题

1．当鼠标单击窗体时，在鼠标指针处画各种随机颜色的小圆，如图 9-8 所示，编写 MouseDown 事件代码。

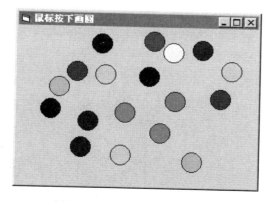

图 9-8　鼠标按下画圆运行界面

2. 在窗体中有 3 个文本框 Text1、Text2、Text3，两个按钮分别用于计算和退出。Text1 和 Text2 用于从键盘输入两个数，比较两个数的大小，Text3 显示大的数。

　　（1）编写 Text1 和 Text2 的 KeyPress 事件代码，当键盘按的键不是数字键时，文本框接收不到键值。单击"计算"后鼠标指针为沙漏形状，计算完则恢复。

　　（2）当鼠标移动到 Text3 时显示禁止形状。

3. 在窗体中显示图片框，在图片框中有一个按钮，按>键将按钮放大，按<键将按钮缩小，按 Esc 键可以结束程序。

4. 编写一个"回收站"的程序，程序运行后，把窗体上的图片框放入"回收站"上，释放鼠标按钮后，显示消息框，出现提问信息"是否删除？"，如果单击"是"按钮，则图片框从窗体中消失，单击"否"按钮，图片框回到原来位置。

文　　件

在程序运行中变量可以用来记录程序运行的结果，但程序运行结束后，变量就消失，因此如果希望将运行结果保留下来，必须使用文件来进行保存。

在第 4 章中已经较详细地介绍了文件系统控件即驱动器列表框、目录列表框和文件列表框，可以使用控件来查看文件系统的磁盘、目录和文件等信息。本章主要介绍文件的管理、文件的类型以及对文件的操作。

10.1　数据文件

为了能有效地存取文件的数据，必须以某种特定的方式来存储数据，这种特定的方式称为文件结构。对文件数据的读取和写入，必须按照文件结构去操作。

1．文件的基本概念

（1）字符

字符（Character）是数据的最小单位。凡是单一字节、数字、标点符号或其他特殊符号都以字符代表。汉字是由两个字符组成一个字。

（2）域

域（Field）是由几个字符组成的，如数据库有学号、姓名等字段，每个字段就是一个域。

（3）记录

在数据库中处理数据是以记录（Record）为单位，记录是由一群相关的域组成。例如，每个学生的成绩可视为一个记录，其中包含学号、姓名以及各科成绩构成的域。

（4）文件

由一些具有一个或一个以上的记录集合而成的数据单位称为文件（File）。例如，某个班有 50 个学生，这 50 个学生的记录就构成了一个学生成绩文件。

2．文件访问类型

在 VB 中有 3 种文件访问的类型：顺序访问文件、随机访问文件和二进制访问文件。

（1）顺序访问文件

顺序访问文件（sequential file）简称顺序文件，是普通的文本文件，文件中每一个字符都代表一个文本字符或者文本格式序列，用于读写在连续块中的文本。

（2）随机访问文件

随机访问文件（random access file）简称随机文件，是由相同长度的记录集合组成。适用于读写有固定长度记录结构的文本文件或二进制文件，或者是由用户定义类型的字段组成记录的文件。

（3）二进制访问文件

二进制访问文件（binary file）简称二进制文件，适用于读写任意结构的文件。除了没有数据类型或者记录长度之外，它与随机文件很相似。二进制存取方式与随机存取方式的不同在于二进制存取可以定位到文件的任一字节位置，而随机存取必须定位到记录的边界上。

VB 提供的大部分语句和函数对于 3 种文件类型都适用。表 10-1 列出可用于 3 种文件访问类型的语句和函数。

表 10-1　语句和函数

语句和函数	顺序型	随机型	二进制型	语句和函数	顺序型	随机型	二进制型
Close	√	√	√	Open	√	√	√
Get		√	√	Print #	√		
Input()	√		√	Put		√	√
Input #	√			Type…End Type		√	
Line Input #	√			Write #	√		

3．文件的存取步骤

虽然使用 3 种文件访问的数据类型不相同，但它们存取步骤相似，主要的步骤如下：

① 使用 Open 语句打开文件，并为文件指定一个文件号。

② 从文件中读取部分或全部数据到内存变量。

③ 对变量中的数据进行处理。

④ 将处理后的数据保存回文件。

⑤ 使用 Close 语句关闭文件。

10.1.1　顺序文件

顺序文件是一系列的 ASCII 码格式的文本行，是最简单的文件结构，数据按顺序排列存放，与文档中出现的顺序相同。每行的长度可以变化，任何文本编辑器都可以读写这种文件。

例如，学生信息数据文件，每个学生的记录（Record）包括学号、姓名、性别、家庭住址和系别 5 个域（Field），顺序文件只提供第一个记录的存储位置，要找其他记录必须从头读取，直到找到为止。数据存放按 ASCII 码格式，例如，存放一个 4 位数需要 4 个字节的存储空间。

1．顺序文件的打开与关闭

（1）打开文件

在对文件进行操作之前，必须用 Open 语句打开或建立一个文件。

语法：

Open 文件名 [For 模式] [Access 存取类型] [锁定] As [#]文件号 [Len=记录长度]

说明：

- 文件名：指定需打开的文件名，该文件名可能还包括文件夹及驱动器。
- 模式：用于指定文件访问的方式。如果未指定方式，则以 Random 访问方式打开文件。对顺序文件有 3 种方式，Append 为从文件末尾添加，Input 为顺序输入，Output 为顺序输出。
- 存取类型：指定访问文件可以进行的操作，可省略。包括 Read、Write 和 Read Write，分别为只读、只写和读写。
- 锁定：只在网络或多任务环境中使用，限定其他计算机打开文件的操作，可省略。包括 4 种方式，Shared 为可以与任何程序共享，Lock Read 为不能读，Lock Write 为不能写，Lock Read Write 为不能读写。
- 文件号：是整型表达式，范围在 1～511 之间。在执行 Open 语句时，文件与分配的文件号相关联。所有当前使用的文件号都必须唯一。
- 记录长度：是整型表达式，小于或等于 32 767 字节，是缓冲区字符数，默认值为 512 个字节，不适用于二进制访问的文件。

使用 Open 语句有以下几点说明：

- 如果文件名指定的文件不存在，用 Append、Binary、Output 或 Random 方式打开文件时，可以建立新文件；以 Intput 模式打开文件，将产生错误。
- 在 Input 模式下可以用不同的文件号打开同一个文件，但以 Output、Append 模式打开的文件在关闭前不能用不同的文件号重复打开。
- 以 Output 模式打开已存在的文件则写入的数据会覆盖掉原来的数据，以 Append 模式打开已存在的文件，则写入的数据会在原来的文件末尾添加。

例如，以 Append 方式打开顺序文件：

Open　文件名　FOR Append As[#]文件号

（2）关闭文件

文件读写完后，应使用 Close 语句及时关闭。关闭某文件时，所有与该文件相关联的缓冲区空间都被释放，文件与其文件号之间的关联将终结。如果没有关闭文件，会导致部分和全部信息丢失。

语法：

Close [[[#]文件号] [, [#]文件号]…]

说明： 若省略文件名参数，则将关闭用 Open 语句打开的所有活动文件。

例如，打开和关闭两个文件：

```
Dim i, FileName
For i = 1 To 2
    FileName = "Score" & i              '创建文件名
    Open FileName For Output As #i      '打开文件
Next i
Close                                    '关闭所有文件
```

2．顺序文件写操作

（1）Write # 语句

Write # 语句用于将表达式写到顺序文件中。

语法：

Write #文件号, [表达式列表]

说明：表达式列表由一个或多个数值或字符串表达式构成，表达式之间可用空格、分号或逗号隔开，如果没有表达式列表则插入一个空行。

Write# 语句以紧凑格式存放，自动地用逗号分开每个表达式，并且在字符串表达式两端加上双引号。在最后一个字符写入文件后会插入一个回车换行符(Chr(13) + Chr(10))。对于正数，在其前面不再留空格。

例如，把"2003010101，李小明"包括所有标点符号写入到文件中：

Write #1 , 2003010101，李小明

（2）Print # 语句

Print # 语句用于将一个或多个格式化数据写到顺序文件中。

语法：

Print #文件号, [表达式列表]

说明：表达式列表省略时向文件输出一个空行或回车换行符。多个表达式之间可用空格或分号隔开。

例如，把字符串"2003010101 李小明"写入文件号为 1 的文件中：

Print #1, "2003010101 "; "李小明"

3．顺序文件的读操作

（1）Input# 语句

Input# 语句用于从已打开的顺序文件中读出数据并赋给变量。

语法：

Input #文件号，变量列表

说明：变量列表由一个或多个变量组成，可以是简单变量、数组元素和用户定义类型的元素，用逗号分隔开多个变量。

Input# 语句有几点说明：

- 为了确保各个单独的数据域正确分隔，通常使用 Write # 语句与 Input # 语句匹配。
- 数据中的双引号符号（" "） 读出时将被忽略。
- 文件中数据项目的顺序必须与变量列表中变量的顺序相同，而且相同数据类型必须匹配。

（2）Line Input # 语句

Line Input# 语句用于从已打开的顺序文件中读出一行数据，并赋给字符变量或变体型

变量。

语法：

Line Input #文件号，变量名

说明：变量名为字符或变体型变量，也可以是字符串型数组元素。Line Input # 语句是一行一行地读出数据，可以读出除了数据行中的回车符 Chr（13）或回车换行符 Chr（13）＋Chr(10)之外的所有字符。通常用 Print # 语句与 Line Input #语句匹配。

（3）Input 函数

Input 函数返回以 Input 或 Binary 方式打开的文件中的字符。

语法：

Input(字符个数,[#]文件号)

说明：与 Input # 语句不同，Input 函数返回它所读出的所有字符，包括逗号、回车符、空白列、换行符、引号和前导空格等。

4．常用函数和语句

（1）FreeFile 函数

FreeFile 函数返回下一个可供 Open 语句使用的文件号，提供一个尚未使用的文件号。使用 FreeFile 函数获取可用的文件号是编程的良好习惯。

语法：

FreeFile[(文件号范围)]

说明：文件号范围指定一个范围，以便返回该范围之内的下一个可用文件号。当为 0（默认）时返回一个在 1～255 之间的文件号，当为 1 时则返回一个在 256～511 之间的文件号。

（2）Lof 函数

Lof 函数返回 Open 语句打开的文件大小，以字节为单位。

语法：

LOF(文件号)

（3）EOF 函数

EOF 函数表明是否到达顺序文件的结尾。使用 EOF 是为了避免在文件结尾处读数据而产生错误，对于顺序文件 EOF 函数告诉用户是否到达文件的最后一个字符或数据项。

语法：

EOF(文件号)

EOF 函数当到达文件尾部时返回 True，否则返回 False。

（4）Seek 语句

Seek 语句用来在用 Open 语句打开的文件中，设置下一个读写操作的位置，将相应的文件指针移到指定的记录位置。

语法：

Seek [#]文件号，位置

说明：位置是指下一个读写操作将要发生的位置，是介于 1～2 147 483 647 之间的数字。可以是整型或长整型。

【例 10-1】 在窗体中放置 3 个文件系统控件驱动器列表框、目录列表框和文件列表框，选择文本文件.txt，打开并将文件内容显示在文本框中。

界面设计：在窗体上放置驱动器列表框 Drive1、目录列表框 Dir1 和文件列表框 File1，一个文本框 Text1 用来显示文件内容，一个标签 Label1 用来显示文件名。

属性设置：文件列表框 File1 的 Patten 属性设置为*.txt；文本框 Text1 的 MultiLine 属性设置为 True，ScrollBars 属性设置为 3-Both。运行界面如图 10-1 所示。

图 10-1　运行界面

程序代码如下：

```
Private Sub Dir1_Change()
'改变目录
    File1.Path = Dir1.Path
End Sub
Private Sub Drive1_Change()
'改变驱动器
    Dir1.Path = Drive1.Drive
End Sub
Private Sub File1_Click()
    Dim NextLine
    Dim F1
    Dim FileN As Integer
    FileN = FreeFile
    Label1.Caption = File1.FileName
    F1 = Dir1.Path & "\" & File1.FileName
    '打开文件
    Open F1 For Input As #FileN
    Do While Not EOF(FileN)
     '按行读文件内容
        Line Input #FileN, NextLine
```

```
        Text1.Text = Text1.Text + NextLine + Chr(13) + Chr(10)
    Loop
    Text1.Refresh
End Sub
```

10.1.2　随机文件

随机文件是以随机方式存取的文件，由一组长度相等的记录组成，随机文件完成数据库方面的操作比较方便。

随机文件有如下特点：

- 随机文件的记录长度为固定长度。使用前每个字段所占字节必须事先定好。
- 记录包含有一个或多个字段（Field），记录必须是用户自定义标准类型。
- 每个记录都有一个记录号，随机文件打开后，既可读又可写，可以根据记录号访问文件中的任何一个记录，不需要像顺序文件一样按顺序进行。

例如，学生成绩数据文件，每个记录的学号字段占 10 B，姓名占 16 B，语文占 4 B，数学占 4 B，英语占 4 B。一个记录共占字节 10+16+4+4+4=38 个。每个记录都有记录号，只要指明是第几个记录号，就可以对该记录的数据进行读写。

1．定义记录类型

随机文件是由多个字段的记录组成，采用用户定义类型的变量对应文件中的记录。在标准模块中使用 Type…End Type 语句定义一个类型，这个类型应和随机文件的记录类型一致。

例如，要建立一个学生成绩的文件，则一个学生记录可以定义为名为 Score 的用户定义类型，有 5 个字段包括学号、姓名、语文、数学和英语，定义语句如下：

```
Public Type ScoreType
    学号　As String * 10
    姓名　As String * 16
    语文　As Single
    数学　As Single
    英语　As Single
End Type
```

通常对用户定义类型中的各字符串元素都定义为固定的长度，如果实际字符串的字符数比定义的字符串长度少，则会用空白来填充；如果实际字符串比定义字段的长，则就会被截断。

2．打开和关闭文件

用 Open 语句以随机访问的方式打开随机文件。

语法：

Open　文件名　[For Random]As [#]文件号　[Len=记录长度]

说明： 记录长度默认为 128B，每个记录的长度是将各字段所占的字节数相加。如果记录长度比文件记录的实际长度短，则产生一个错误；如果比记录的实际长度长，则会浪费磁盘空间。可以用 Len( )函数返回记录的长度。

关闭随机文件与顺序文件一样使用 Close 语句。

3．读写文件

读文件使用 Get 语句，写文件使用 Put 语句。

语法：

Get [#]文件号,[记录号],变量名

Put [#]文件号, [记录号],变量名

说明： 记录号是要读的记录编号，可以是整型、变体或长整型，如果省略记录号，则为最近执行 Get 或 Put 语句的下一个记录，或由 Seek 语句指定的记录。变量名是接收记录内容的记录型变量名，一般声明为用户定义类型。

4．添加记录

在随机文件中添加记录，是先找出文件的最后一个记录的记录号，然后将新的记录写在它的后面。

添加记录的步骤：

① 用 Lof 函数获取文件的长度，用 Len 函数获取记录的长度。

② 最后一个记录的记录号=文件长度/记录长度。

③ 使用 Put # 语句向最后一个记录的记录号后面添加新记录。

5．删除记录

将随机文件中记录删除的最好方法是把文件中不需要删除的记录复制到一个临时新文件中，然后删除老文件。

删除记录的步骤如下：

① 创建一个新文件。

② 把不删除的所有记录从原文件复制到新文件，而需删除的记录不复制。

③ 关闭原文件并用 Kill 语句删除原文件。

④ 使用 Name 语句把新文件重命名为原文件名。

【例 10-2】 打开文件在窗体中添加记录，输入记录内容。

界面设计：在窗体中放置 5 个文本框数组 Text1(0)～Text1(4)，用来输入 5 个字段，3 个按钮 Command1～Command3 用来"打开文件"、"添加记录"和"结束"，设置 Command2 的 Enabled 属性为 False。运行界面如图 10-2 所示。

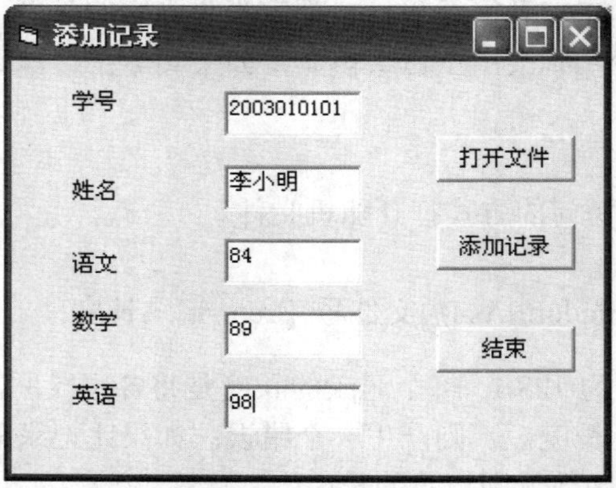

图 10-2　运行界面

程序设计：本程序使用两个模块，一个标准模块 Module1，一个窗体 Form1 模块。

（1）Module1 模块程序

```
Public Type ScoreType
    学号  As String * 10
    姓名  As String * 16
    语文  As Single
    数学  As Single
    英语  As Single
End Type
```

（2）Form1 模块程序

```
Dim Score As ScoreType
Dim RecL As Long, RecN As Long
Dim FileN As Integer
Private Sub Command1_Click()
'单击打开文件按钮
    FileN = FreeFile
    RecL = Len(ScoreType)
    '用随机访问方式打开
    Open "C:\考试成绩" For Random As #FileN Len = RecL
    Command2.Enabled = True
End Sub
Private Sub Command2_Click()
'单击添加记录按钮
    Dim i As Integer
    '找到最后记录号
    RecN = LOF(FileN) / RecL + 1
    For i = 0 To 4
        If Text1(i) = "" Then
            MsgBox "数据未输完", "输入数据"
            Exit Sub
        End If
    Next i
    With Score
        .学号  = Text1(0).Text
        .姓名  = Text1(1).Text
        .语文  = Val(Text1(2).Text)
        .数学  = Val(Text1(3).Text)
        .英语  = Val(Text1(4).Text)
    End With
    '添加记录
    Put #FileN, RecN, Score
    For i = 0 To 4
```

```
            Text1(i) = ""
        Next i
        Command1.Enabled = False
    End Sub
    Private Sub Command3_Click()
    '单击结束按钮
        Close #FileN
        End
    End Sub
```

10.1.3　二进制文件

当使用文件时，二进制访问方式具有最大的灵活性。二进制存取可以获取任何一个文件的原始字节。任何类型的文件都可以用二进制访问的方式打开。二进制访问的文件中的字节可以代表任何东西，通过使用二进制访问可以使磁盘空间的使用降到最小。

使用 Open 语句打开文件，Close 语句关闭文件。二进制访问中的 Open 语句没有指定记录长度，即使指定记录长度也被忽略。

语法：

Open　文件名　For Binary As [#]文件号

二进制存取方式与随机存取方式一样，使用 Get # 语句和 Put # 语句进行读写操作。二进制存取方式与随机存取方式的不同在于：二进制存取可以定位到文件的任一字节位置即定位到字符；二进制存取从文件中读出数据或向文件中写入数据的长度取决于 Get # 或 Put # 语句中变量的长度。

语法：

Get [#]　文件号,[字节位置序号],变量名

Put [#]　文件号, [字节位置序号], 变量名

例如，从"考试成绩.txt"文件的指定位置 40，写入一个字符串"2003010106"：

```
Dim Data As Single
Dim S1 As String
Open "c:\考试成绩" For Binary As #1
S1 = "2003010106"
Put #1, 40, S1
```

10.2　FSO 对象模型

除了使用传统的语句和命令之外，存取文件的方法有很多种，可以使用 VB 提供的函数或 Windows API 函数，最简单的方法是使用 FSO（file system object）对象模型。

FSO 模型提供了一个基于对象的工具来处理文件夹和文件，即使用属性、方法和事件的对象语法来实现。

FSO 对象模型包含在 Scripting 类型库（Scrrun.Dll）中，必须引用 Microsoft Scripting Runtime 对象模块才能使用 FSO 对象模型。选择"工程"菜单→"引用"菜单项，打开"引用"对话框，再选择 Microsoft Scripting Runtime 复选框，如图 10-3 所示。

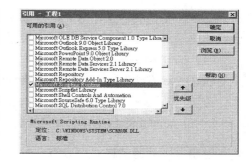

图 10-3 引用 Scripting 类型库

10.2.1 访问 FSO 对象模型

FSO 对象模型包括 FileSystemObject、Drive、Folder、Dictionary、File 和 TextStream 对象。

- FileSystemObject 对象：提供一整套用于创建、删除、收集相关信息以及操作驱动器、文件夹和文件的方法，是 FSO 的关键对象。
- Drive 对象：驱动器对象包含系统所用驱动器的信息，如驱动器的可用空间、共享名称等等。"驱动器"并不一定是硬盘，可以是 CD-ROM 驱动器等。驱动器不一定是和系统物理连接，也可以通过网络进行逻辑连接。
- Folder 对象：文件夹对象可以进行创建、删除或移动文件夹，查询文件夹的名称、路径等。
- File 对象：文件对象可以进行创建、删除或移动文件，查询文件的名称、路径等。
- TextStream 对象：文本文件对象可以进行读和写文本文件。在实际应用中，TextStream 被一个变量占位符所替代，该变量占位符表示从 FileSystemObject 返回的 TextStream 对象。

1．创建 FSO 对象

创建一个 FSO 对象可以通过将一个变量声明为 FileSystemObject 对象类型或者创建一个 FileSystemObject 对象来完成。

（1）用声明变量的方法创建一个 FileSystemObject 对象
例如：

```
Dim Fso As New FileSystemObject
```

（2）使用 CreateObject 方法来创建一个 FileSystemObject 对象
例如：

```
Dim Fso As FileSystemObject
Set Fso = CreateObject("Scripting.FileSystemObject")
```

2．FSO 对象的方法

创建一个 FSO 对象后就可以使用该对象的方法来实现新建、删除文件和文件夹，复制、移动文件和文件夹等，使用 FSO 对象中 GetDrive、GetFolder 或 GetFile 方法可以访问一个已有的驱动器、文件或文件夹，如果要访问的对象不存在，则会发生一个错误。

（1）GetDrive 方法

GetDrive 方法返回一个与指定路径中的驱动器相对应的 Drive 对象。

语法：

FileSystemObject.GetDrive(驱动器)

说明： 驱动器的格式可以有几种，例如"C"、"C:"和"C:\"都可以表示 C 驱动器。

（2）GetFolder 和 GetFile 方法

GetFolder 方法返回一个和指定路径中文件夹相对应的 Folder 对象，GetFile 方法返回一个和指定路径中文件相对应的 File 对象，文件夹路径可以是绝对的或相对的路径。

语法：

FileSystemObject.GetFolder(文件夹路径)

FileSystemObject.GetFile(文件路径)

例如，访问"考试成绩.txt"文件：

```
Dim Fso As New FileSystemObject
Dim F1 As File
Set F1 =Fso.GetFile("c:\考试成绩.txt")
```

10.2.2　驱动器和文件夹操作

1．驱动器操作

驱动器（Drive）对象可以获得系统所用驱动器的信息，这些驱动器可以是物理的，也可以是位于网络上的，Drive 对象的属性如表 10-2 所示。

表 10-2　**Drive** 对象的属性

属 性 名	功 能 描 述
TotalSize	以字节表示的驱动器空间
AvailableSpace 或 FreeSpace	以字节表示的驱动器可用空间
DriveLetter	给驱动器指定的字母号
DriveType	驱动器类型
SeriaNumber	驱动器序号
FileSystem	驱动器使用的文件类型
IsReady	驱动器是否可用
ShareName 和 VolumeName	共享名称和卷标名称
PathRootFolder	驱动器的路径或根文件夹

【例 10-3】　在窗体中使用 FSO 对象模型来显示各驱动器的信息。

首先将引用 FSO 对象模型，选择"工程"菜单→"引用"菜单项，打开"引用"对话框，再选择 Microsoft Scripting Runtime 复选框。

　　界面设计：在窗体界面中放置一个组合框 Combo1 用来显示驱动器，一个文本框 Text1 用来显示驱动器信息，Text1 的 MultiLine 属性设置为 True，ScrollBars 属性设置为 3-Both。运行界面如图 10-4 所示，显示 C 驱动器的信息。

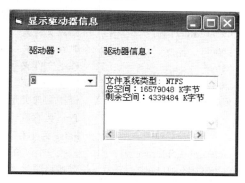

图 10-4　运行界面

程序代码如下：

```
Dim Fso As FileSystemObject
Dim Drv As Drive
```

在装载窗体时将驱动器名添加到组合框的列表中。

```
Private Sub Form_Load()
'装载窗体
    Set Fso = CreateObject("Scripting.FileSystemObject")
    For Each Drv In Fso.Drives
    '显示驱动器名
        Combo1.AddItem Drv.DriveLetter
    Next
End Sub
```

单击组合框在文本框中显示所选驱动器的文件系统类型、总空间和剩余空间信息。

```
Private Sub Combo1_Click()
'单击组合框选择驱动器
    Dim drvName As String
    drvName = Combo1.List(Combo1.ListIndex) & ":"
    Set Drv = Fso.GetDrive(Fso.GetDriveName(drvName))
    Text1.Text = "文件系统类型: " & Drv.FileSystem & Chr(13) + Chr(10)
    Text1.Text = Text1.Text & "总空间：" & Drv.TotalSize / 1024 & " K字节" & Chr(13) + Chr(10)
    Text1.Text = Text1.Text & "剩余空间：" & Drv.FreeSpace / 1024 & " K字节"
End Sub
```

2．文件夹操作

文件夹的操作可以通过 Folder 对象属性和方法来实现，Folder 对象的属性和方法如

表 10-3 所示。

表 10-3　Folder 对象的属性和方法

	名　称	描　述
属性	Name	文件夹的名称
	Path	返回指定文件夹的路径
方法	CreatFolder	创建文件夹
	Delete	删除文件夹
	Move	移动文件夹
	Copy	复制文件夹
	FolderExist	查找文件夹是否在驱动器
		True 为存在返回
		False 为不存在返回
	GetParentFolderName	查找文件夹的父文件夹名称
	GetSpecialFolder	查找系统文件夹的路径

10.2.3　文件操作

FSO 对象模型中使用的是 TextStream 对象，创建的文件属于顺序文件，要创建随机文件和二进制文件，要使用带 Random 或 Binary 标志的 Open 命令。

1．文件对象属性

文件（File）对象属性如表 10-4 所示。

表 10-4　File 对象的属性

属　性	描　述
Name	文件的名称
Path	指定文件的路径
DateCreated	指定文件或文件夹的创建日期和时间
Drive	指定文件或文件夹所在的驱动器符号
Size	以字节为单位的指定文件大小
Type	关于某个文件或文件夹类型的信息
DateLastModified	最后一次修改指定文件或文件夹的日期和时间
Attributes	文件或文件夹的属性

2．访问文件

所有的文件都必须先打开，才能进行读写，最后关闭文件。

（1）创建文本文件

在 FSO 对象模型的使用中有很多功能是冗余的，创建文件可以使用 FileSystemObject 或 File 对象的 CreateTextFile 方法。

语法：

Set TextStream 对象　= FSO 对象.CreateTextFile(文件名, 是否覆盖原文件)

Set TextStream 对象　= Folder 对象.CreateTextFile(文件名, 是否覆盖原文件)

说明： 是否覆盖原文件，为 True 表示覆盖，否则是不覆盖。如果文件名已存在，则是否覆盖原文件参数是 False 或者没有提供，则发生一个错误。

例如，创建一个"考试成绩.txt"文件的程序代码如下：

```
Dim Fso As New FileSystemObject
Dim TextFile As TextStream
Set TextFile =Fso.CreateTextFile("c:\考试成绩.txt",True)
```

（2）打开文本文件

打开文件可以使用 FileSystemObject 对象的 OpenTextFile 方法或 File 对象的 OpenAsTextStream 方法。

语法：

Set TextStream 对象 = Fso 对象.OpenTextFile(文件名，[输入输出方式, [是否创建新文件,[打开文件的格式]]])

Set TextStream 对象 = File 对象.OpenAsTextStream([输入输出方式, [打开文件的格式]])

说明：

- File 对象的 OpenAsTextStream 的输入输出方式有 3 种：ForReading、ForWriting 和 ForAppending。FSO 对象的 OpenTextFile 方法的输入输出方式有两种：ForReading 或 ForAppending。ForReading 表示打开一个只读文件，不能对其写操作，ForWriting 表示打开一个用于写操作的文件，如果已有则将其覆盖，ForAppending 表示打开一个文件并在其末尾添加数据。
- 打开文件的格式如果省略，则文件以 ASCII 格式打开。
- FSO 对象的 OpenTextFile 方法的是否创建新文件是 Boolean 型，如果为 True 表示当指定的文件名不存在创建新文件，否则不创建，默认值为 False。

例如，以只读方式打开一个"c:\考试成绩.txt"文件：

```
Dim Fso As New FileSystemObject
Dim TextFile As TextStream
Set TextFile =Fso.OpenTextFile("c:\考试成绩.txt",ForReading)
```

或者

```
Dim Fso As New FileSystemObject
Dim F1 As File
Dim TextFile As TextStream
Set F1 = Fso.GetFile("c:\考试成绩.txt")
Set TextFile = F1.OpenAsTextStream(ForReading)
```

（3）关闭文件

使用完文件后需要关闭文件，关闭文件可以使用 TextStream 对象的 Close 方法。

例如，关闭"考试成绩.txt"文件的程序代码如下：

```
TextFile.Close
```

3．写数据到文件

文本文件一旦创建，就可以向其中添加数据，向打开的文件中写入数据，可以使用 TextStream 对象的 Write 或 WriteLine 方法。

（1）Write 方法

Write 方法用于向文件中添加文本。

语法：

TextStream 对象.Write(文本)

（2）WriteLine 方法

WriteLine 方法也是向文件中添加文本，不同的是 WriteLine 在文本的末尾添加换行符。

语法：

TextStream 对象.WriteLine(文本)

（3）WriteBlankLines 方法

WriteBlankLines 方法用于向文本文件中添加指定行数的空行。

语法：

TextStream 对象. WriteBlankLines(行数)

4．读取文件数据

从文本文件中读取数据，可以使用 TextStream 对象的 Read、ReadLine 和 ReadAll 方法。

- Read 方法：从一个文件中读取指定数量的字符。
- ReadLine 方法：读取一整行，但不包括换行符。
- ReadAll 方法：读取一个文本文件的所有内容。

用 Read 和 ReadLine 方法时，可以使用 Skip 和 SkipLine 方法跳过部分的内容。

语法：

TextStream 对象.Read(字符)

TextStream 对象.ReadLine

TextStream 对象.ReadAll

TextStream 对象.Skip(字符数)

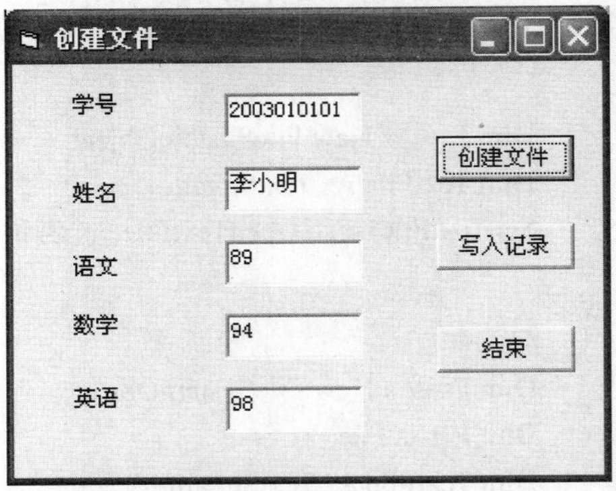

【**例 10-4**】 使用 FSO 对象模型在窗体中输入学生成绩到"考试成绩.txt"文件中。

界面设计：在窗体中放置5个文本框Text1(0)～Text1(4)控件数组，用来输入 5 个字段。3 个按钮 Command1～Command3，分别用来"创建文件"、"写入记录"和"结束"。运行界面如图 10-5 所示。

图 10-5　运行界面

程序代码如下：

```
Dim Fso As New FileSystemObject
Dim TextFile As TextStream
```

单击"创建文件"按钮创建一个新文本文件。

```
Private Sub Command1_Click()
'单击创建文件按钮
    Set Fso = CreateObject("Scripting.FileSystemObject")
    '创建新文件
    Set TextFile = Fso.CreateTextFile("c:\考试成绩.txt", True)
    Command2.Enabled = True
End Sub
```

单击"写入记录"按钮将文本框中的内容组合成一个字符串写入文件中，每个记录为一行即一个字符串。

```
Private Sub Command2_Click()
'单击写入记录按钮
    Dim LineString As String
    Dim i As Integer
    For i = 0 To 4
        If Text1(i) = "" Then
            MsgBox "数据未输完", "输入数据"
            Exit Sub
        End If
    Next i
    LineString = "学号  " & Text1(0).Text
    LineString = LineString & " 姓名" & Text1(1).Text
    LineString = LineString & " 语文" & Val(Text1(2).Text)
    LineString = LineString & " 数学" & Val(Text1(3).Text)
    LineString = LineString & " 英语" & Val(Text1(4).Text)
    TextFile.WriteLine LineString
    Command1.Enabled = False
    For i = 0 To 4
        Text1(i) = ""
    Next i
End Sub
Private Sub Command3_Click()
'单击结束按钮
    TextFile.Close
    End
End Sub
```

用记事本打开"c:\考试成绩.txt"文件，显示的文件内容如图 10-6 所示。

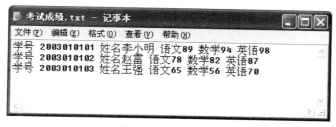

图 10-6　文件内容

5．移动、复制和删除文件

（1）移动文件

使用 File.Move 或 FileSystemObject.MoveFile 方法可以移动一个文件。

语法：

File.Move 目标路径

FileSystemObject.MoveFile 源路径,目标路径

说明：

- File.Move 方法是将一个指定的文件从一个路径移动到另一个路径。
- FileSystemObject.MoveFile 方法是将一个或多个文件从一个路径移动到另一个路径，如果目标路径的文件或文件夹已存在，则会出现错误。

（2）复制文件

使用 File.Copy 或 FileSystemObject.CopyFile 方法可以复制文件。

语法：

File.Copy 目标路径[,是否覆盖]

FileSystemObject.CopyFile 源文件,目标路径[,是否覆盖]

说明：

- File.Copy 方法把一个指定的文件从一个地方复制到另一个地方。FileSystemObject.CopyFile 方法是把一个或多个文件从一个地方复制到另一个地方。
- 是否覆盖，如果为 True（默认），则已存在的文件或文件夹将被覆盖。如果为 False，则它们不被覆盖。

（3）删除文件

使用 File.Delete 或 FileSystemObject.DeleteFile 方法都是删除一个指定的文件。

语法：

File.Delete[删除设置]

FileSystemObject.DeleteFile 文件名,目标路径[,删除设置]

说明：

删除设置为 True，表示可删除具有只读属性设置的文件或文件夹，当其值为 False 时（默认），不能删除具有只读属性设置的文件或文件夹。如果没有发现相匹配的文件，则产生一个错误。

例如，删除"c:\"的所有的"*.txt"文件：

```
Dim Fso As New FileSystemObject
Fso.DeleteFile "c:\*.txt"
```

【例 10-5】 在窗体中放置 3 个文件系统控件驱动器列表框、目录列表框和文件列表框，创建菜单实现"新建文件夹"、"复制文件"、"删除"功能。

（1）设计菜单，菜单编辑器如图 10-7 所示。

（2）设计界面，在窗体中放置驱动器列表框 Drive1、目录列表框 Dir1 和文件列表框 File1。运行界面如图 10-8 所示。

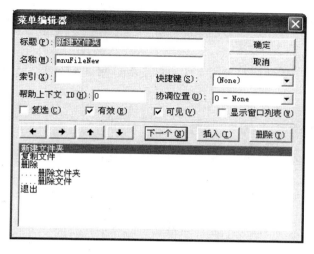

图 10-7　菜单编辑器

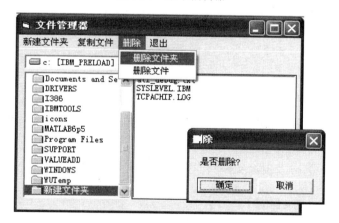

图 10-8　运行界面

（3）程序设计

```
Dim Fso As New FileSystemObject
Dim Folder1 As Folder
Dim TextF1 As TextStream
Private Sub Form_Load()
'装载窗体
    Set Fso = CreateObject("Scripting.FileSystemObject")
End Sub
Private Sub Dir1_Change()
'改变目录
    File1.Path = Dir1.Path
    Set Folder1 = Fso.getfolder(Dir1.Path)
```

```
End Sub4
Private Sub Drive1_Change()
'改变驱动器
    Dir1.Path = Drive1.Drive
End Sub
```

选择"复制文件"菜单，在所选文件的目录中复制一个文件，文件名为"新建文件"，如果文件已存在则覆盖。

```
Private Sub mnuCopyFile_Click()
'复制文件
    Fso.CopyFile Dir1.Path & "\" & File1.FileName, Dir1.Path & "\" & "新建文件"
    File1.Refresh
End Sub
```

选择"删除"菜单→"删除文件"菜单项，删除所选择的文件。

```
Private Sub mnuDelFile_Click()
'删除文件
    Dim Ans As Integer
    Ans = MsgBox("是否删除?", vbOKCancel, "删除")
    If Ans = 1 Then
        Fso.DeleteFile Dir1.Path & "\" & File1.FileName
    End If
    File1.Refresh
End Sub
```

选择"删除"菜单→"删除文件夹"菜单项，删除所选择的文件夹。

```
Private Sub mnuDelFolder_Click()
'删除文件夹
    Dim Ans As Integer
    Ans = MsgBox("是否删除?", vbOKCancel, "删除")
    If Ans = 1 Then
        Fso.DeleteFolder Dir1.Path
    End If
    Dir1.Refresh
End Sub
```

选择"新建文件夹"菜单，在所选择的目录中创建文件夹名为"新建文件夹"。

```
Private Sub mnuFileNew_Click()
'新建文件夹菜单
    Fso.CreateFolder (Dir1.Path & "新建文件夹")
    Dir1.Refresh
```

```
End Sub4
Private Sub mnuExit_Click()
'退出菜单
        End
End Sub
```

习　　题

一、选择题

1．在 VB 中 3 种文件访问的类型是＿＿＿＿＿。
　　A．顺序、随机、文本　　　　　　　　B．顺序、随机、二进制
　　C．数据库、表格、文本　　　　　　　D．文本、随机、二进制

2．用 Open 语句打开文件时，如果省略"For 方式"，则打开文件的存取方式是＿＿＿＿。
　　A．顺序输入方式　　　　　　　　　　B．顺序输出方式
　　C．随机存取方式　　　　　　　　　　D．二进制方式

3．向一个顺序文件中写数据时，＿＿＿＿是从文件末尾添加的方式打开顺序文件。
　　A．Output　　　　B．Input　　　　C．Write　　　　D．Append

4．下面叙述不正确的是＿＿＿＿。
　　A．对顺序文件中的数据操作只能按一定的顺序执行
　　B．顺序文件结构简单
　　C．能同时对顺序文件进行读写操作
　　D．顺序文件的数据以字符（ASCII 码）形式存储的

5．顺序访问适合于普通的文本文件，文件中的数据是以＿＿＿＿方式存储的。
　　A．Boolean　　　　B．数组　　　　C．ASCII 码　　　　D．二进制数

6．随机访问的文件是由一组相同长度的记录组成。记录可以由标准的数据类型的单一字段（域）组成，或者由用户自定义类型变量所创建的各种各样的字段（域）组成。每个字段的数据类型可以不同，但长度是＿＿＿＿。
　　A．不固定的　　　　B．数组　　　　C．ASCII 码　　　　D．固定的

7．下面能够正确打开文件的一组语句是＿＿＿＿。
　　A．Open "data1" For Output As #5　　　Open "data1" For Input As #5
　　B．Open "data1" For Output As #5　　　Open "data1" For Input As #6
　　C．Open "data1" For Input As #5　　　　Open "data1" For Input As #6
　　D．Open "data1" For Input As #5　　　　Open "data1" For Random As #6

8．创建一个 FSO 对象可以通过将一个变量声明为＿＿＿＿对象类型来实现。
　　A．FileSystemObject　　　B．File　　　C．TextStream　　　D．Folder

9．为了把一个记录型变量的内容写入文件中指定的位置，所使用的语句格式是＿＿＿＿。
　　A．Get 文件号,记录号,变量名
　　B．Get 文件号,变量名,记录号
　　C．Put 文件号,变量名,记录号
　　D．Put 文件号,记录号,变量名

10．在 FSO 对象模型中使用的 TextStream 对象，创建的文件是＿＿＿＿文件。
　　A．顺序　　　　B．随机　　　　C．二进制　　　　D．各种文件

二、上机题

1. 创建一个顺序文件 Temp.dat，写入"hello world"字符串，然后打开文件将每个单词的开头字母都改为大写，重新写入文件。

2. 有一个文件名为 Test.txt 的学生成绩随机文件，它有 4 个字段：学号、姓名、平时成绩和考试成绩，各字段的长度为：学号为 String*6，姓名为 String*10，平时成绩为 Single，考试成绩为 Single，从窗体中输入学生成绩到文件中。

3. 建立一个随机文件 Data.dat，存放学生的姓名和学号，在窗体中输入记录，并将该文件中的数据读出显示在窗体上。

4. 在随机文件 Data.dat 中查找学号"No"为"0001"的学生，并将该学生的姓名修改。

5. 用 FSO 对象模型显示所有驱动器的信息。

6. 用 FSO 对象模型在 C 盘中创建目录和文件，创建 C 盘下两个文件夹，每个文件夹创建两个文件。

7. 用 FSO 对象模型在"C:"目录下创建一个文件 Test1.txt，将其复制为 Test2.txt，并删除 Test1.txt 文件。

8. 用 FSO 对象模型创建文件 Test1.txt 并写入两行文字。

部分习题答案

第 1 章　Visual Basic 概述

一、选择题
1. D　2. B　3. B

二、填空题
1. 对象
2. 内容，索引，搜索
3. 属性
4. 事件
5. 生成.EXE 文件

三、上机题
1. 略
2. 程序代码：

```
Private Sub Command1_Click()
    Label1.Caption = "第一"
End Sub

Private Sub Command2_Click()
    Label1.Caption = "第二"
End Sub
```

3. 略

第 2 章　Visual Basic 语言基础

一、选择题
1. A　2. B　3. C　4. B　5. B　6. A　7. B　8. A　9. B　10. B　11. D　12. C　13. A　14. D　15. B

二、填空题
1. '　_　:
2. "　#
3. $　%
4. UCase
5. (log(1+d^2)–Exp(2))^(5/2)
6. &O113　&H4B
7. –2　–1　1.23456　–1
8. (x<100) And (x>=0)
9. MsgBox "是否删除？", vbOKCancel + vbQuestion, "删除"

10. The Length of 12345=5

三、使用 VB 表达式来表示以下各题

1. int((99–11+1)*rnd)+11
2. (x mod 10)*10+int(x/10)
3. int(x*100)/100
4. right(string1,5)

第 3 章　Visual Basic 语言基本结构

一、选择题

1. C　2. C　3. C　4. D　5. B　6. D　7. D　8. B　9. B　10. C

二、填空题

1. Ctrl +Break
2. 第一行是 2　5　8，第二行是 11，若将 C 的值改为 2.5，则结果分别是 2　4　6　8　10、　12
3. 5 15
4. 执行下面的程序，单击窗体后在窗体上显示的第一行结果是 Bb；第三行结果是 BbCcEe
5. 36 18
6. 窗体输出第一行 1，窗体输出第二行 H，窗体输出第三行 B
7. 窗体输出第一行 6 5 4 3，窗体输出第二行 6 0 4，窗体输出第三行 6 0 0。
8. c<=50 And c=Int(c)
9. 2 2 3
10. 3 3　3 5
11. 窗体输出第一行 EQB，窗体输出第二行 4，窗体输出第三行 qb。
12. BASIC
13. 在窗体上显示的第一行是 5，第二行是 45，第三行是 54。

三、上机题

略。

第 4 章　窗体和常用控件

一、选择题

1. B　2. C　3. D　4. A　5. B　6. D　7. B　8. C　9. B　10. C　11. D　12. A　13. B

二、填空题

1. （1）To List1.ListCount – 1（2）Anw = List1.List(i)（3）Scor = Scor + 1
2. 500
3. Additem
4. Caption & Alt
5. Pattern
6. Index

三、上机题

略。

第 5 章　应用界面设计

一、选择题

1. A　2. D　3. C　4. A　5. D　6. C　7. D　8. C　9. C　10. C

二、填空题

1. （1）Unload me（2）"口令非法"，，，"学生管理信息系统"（3）end
2. PopupMenu
3. 打开对话框
4. MDIChild
5. –

第6章　过程

一、选择题

1．D　2．B　3．D　4．C　5．B　6．C　7．A　8．C　9．D　10．C

二、填空题

1. x >= 1　　x = x \ 2　　　　Len(cov)　　　Val(Text1.Text)　　　　1–Right　　True
2. 第一行打印结果3　5，第二行打印结果15　5
3. 文本框 Text1 的内容是 AFT，文本框 Text2 的内容是 AatF
4. 单击窗体后在窗体上显示的第一行结果是3；　第二行结果是2
5. 窗体输出第三行$$$，窗体输出第四行$$$$
6. 写出下面程序执行结果的第一行8，最后一行40
7. ～

m=20,n=10

x=10,y=15

m=20,n=10

x=20,y=10

8.

p=6

p=13

9. 窗体上显示的内容的第一行是23，第二行是47
10. 运行程序单击3次按钮后，窗体显示的结果为15　6

第7章　数据库应用

一、选择题

1．D　　2．A　　3．D　　4．B　　5．B　　6．C

二、填空题

1. 关系　层次　网状
2. SELECT Student.学号,Student.姓名 FROM Student WHERE (Student.学号 >'2003010103')
3. 前一个　后一个　第一个　最后一个
4. EOF　BOF　NoMatch
5. 快照记录集　动态记录集　表类型记录集
6. mdb
7. ADO DAO RDO
8. Connection　Command　RecordSet

三、上机题

略。

第8章　图形和文本

一、选择题

1．D　　2．A　3．B　　4．C　　5．B　　6．C　　7．C　　8．C

二、填空题

1．500　−200

2．左上角

3．TextHeight

4．Line (ScaleLeft, ScaleTop)−(ScaleWidth, ScaleHeight)

5．Circle (1000, 1000), 500, ,−2 ∗ 3.14,−3.14

6．2

三、上机题

略。

第9章　鼠标和键盘

一、选择题

1．A　　2．D　　3．D　　4．C　　5．C　　6．D

二、填空题

1．ASCII　下档　　ASCII

2．****

　　####

3．65　97

4．KeyAscii = 0

5．DragOver

6．MousePionter

三、上机题

略。

第10章　文　　件

一、选择题

1．B　2．C　3．D　4．C　5．C　6．D　7．C　　8．A　9．D　10．A

二、上机题

略。

附录 A

程 序 调 试

在程序设计过程中，无论程序员编程时如何谨慎，程序中也难免总会有这样或那样的错误。程序调试就是对程序的正确性进行检查，查找程序中隐藏的错误并将这些错误修正或排除。VB 提供了便捷有效的程序调试工具和处理错误的方法。

A.1 错误类型

程序运行过程中的错误有 3 种基本类型：编译错误、运行错误和逻辑错误。

1．编译错误

编译错误是指在编程时，使用了错误的代码违反了 VB 的有关语句语法而产生的。例如，关键字不正确，标点符号遗漏，分支结构或循环结构不完整或不匹配，内置常数拼写出错等。

可以通过选择"工具"菜单→"选项"菜单项，出现"选项"对话框如图 A-1 所示，在"编辑器"选项卡中选择"自动语法检测"。这样对于编译错误，系统就可以自动检测出来。

如图 A-2 所示，在程序中 For 循环没有写 Next 语句，当运行时就会出现错误提示消息框，指出错误的原因，并将出错误代码行加亮。如果想了解详细的错误原因，可单击"帮助"按钮。

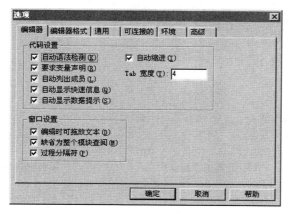

图 A-1　选项卡

图 A-2　错误提示

2．运行错误

运行错误是指虽然语句本身正确但却是非法的操作而不能正确执行，从而导致程序产生错误。例如，使用一个不存在的对象，或数据类型范围出错等。

运行错误系统只能在运行时检测到并终止程序的运行，系统有自己特定的错误代码和错误提示信息。如图 A-3 所示，当整型数据类型赋值超过整型数据的范围时，出现的错误提示，错误代码为"实时错误'6'"，单击"调试"按钮回到出错程序行。

图 A-3　错误提示

3．逻辑错误

逻辑错误是设计中的错误。程序中的语句是合法的而且能够执行，但由于编写的程序代码不能实现设计的目标而产生的错误。

这种错误很难查找，需要通过检测程序并分析运行的结果才能查找出来。

A.2　Visual Basic 的调试工具

程序的调试就是定位和修改那些使程序不能正确运行的错误，VB 提供了功能强大的调试工具，可以便捷有效地查找错误产生的位置和原因。

1．程序调试工具栏

VB 提供了一个专用的程序调试工具栏。默认的集成开发环境中该工具栏不可见，可以选择"视图"菜单→"工具栏"菜单项→"调试"菜单项，或者在任何工具栏上单击鼠标右键，在弹出式菜单中选择"调试"菜单项都可以打开调试工具栏。

如图 A-4 就是调试工具栏，可以利用该工具栏提供的按钮运行要测试的程序、中断程序的运行、在程序中设置断点、监视变量、单步调试和过程跟踪等，以查找并排除代码中存在的逻辑错误。

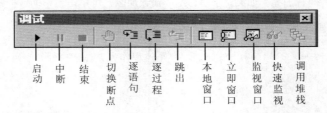

图 A-4　调试工具栏

2．调试菜单

除了通过打开调试工具栏可以进行调试以外，VB 还提供了"调试"菜单，在"调试"菜单中也有启动、中断、结束等命令。

A.3　调试程序

A.3.1　中断模式的进入和退出

VB 共有 3 种工作模式：设计模式、运行模式和中断模式。VB 的标题栏总是显示当前的工作模式。

程序在执行中被停止，称为"中断"状态。在中断状态下，用户可查看各变量及属性的当前值、观察界面状况，从而了解程序执行是否正常。还可以修改程序代码、修改变量及属性值等。

下列几种情况可以使系统进入中断模式:

- 程序运行时发生错误,被系统检测到而中断。
- 程序运行中,单击 Ctrl+Break 键,或单击"运行"菜单→"中断"菜单项。
- 在程序代码中设置了断点,当程序运行到断点处。
- 采用逐语句或逐过程运行,每执行完一行语句或一个过程后。
- 在程序代码中使用 Stop(暂停)语句,当执行到 Stop 语句时也会产生中断,但这种方法已很少使用了。

进入中断模式后,最简便的查看变量或属性的方法是将鼠标指针停留在要查看的变量上,稍等一会儿系统就会弹出一个小方框显示当前变量的值。

进入中断模式后,退出中断模式的方法:

- 如果要退出并继续运行程序,则可选择"运行"菜单→"继续"菜单项。
- 如果要结束运行,则可选择"运行"菜单→"结束"菜单项。

A.3.2　控制程序的运行

在调试过程中,VB 提供了方便地调试工具,可以控制程序的运行。

1．启动

启动是通过选择"运行"菜单→"启动"菜单项实现。程序从头开始运行,如果设置了断点就运行到断点处停止,否则就运行到程序结束。如果在"工程"菜单→"工程属性"菜单项中设置了"启动对象",则工程从"启动对象"开始运行。

2．逐语句运行

逐语句运行即单步运行,是指一条语句一条语句地执行代码。每执行一条语句就发生中断,因此可逐个语句地检查执行状况或执行结果。当程序执行到过程调用语句时,逐语句将进入到被调过程的开始语句继续运行。

按 F8 键或选择"调试"菜单→"逐语句"菜单项都可以单步运行。在代码编辑器窗口中,执行的语句前面有箭头和彩色背景,如图 A-5 所示。

3．逐过程运行

逐过程运行是当程序运行到调用过程时,将整个过程作为整体来执行。当确认某些过程不存在错误时使用逐过程运行可以不必对该过程中的语句逐个运行,运行更高效。

按 Shift+F8 键或选择"调试"菜单→"逐过程"菜单项来实现逐过程运行,如图 A-6 所示。

在 A-6 图中,逐过程在运行 Call Sort(a)语句后,直接运行下一句,而不进入 Sort 子过程。

图 A-5　逐语句运行

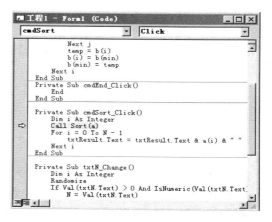

图 A-6　逐过程运行

4．从过程中跳出

从过程中跳出是当逐语句执行进入过程内部后，希望跳出该过程时选择的。

按 Ctrl+Shift+F8 键或选择"调试"菜单→"跳出"菜单项来实现从过程中跳出。

5．运行到光标处

运行到光标处是让程序直接跳到光标所在处停止，这样就不需要单步执行每一行。

先将光标移到问题可能发生的代码行，然后按 Ctrl+F8 键或选择"调试"菜单→"运行到光标处"菜单项来实现运行到光标处。

6．设置下一条要执行的语句

设置下一条要执行的语句是指运行时只执行想要执行的代码行，可以跳过一些不想执行的代码行。

单击想执行的代码行，然后按 Ctrl+F9 键或选择"调试"菜单→"设置下一条要执行的语句"菜单项，然后，按 F5 键或选择"运行"菜单的"继续"命令来恢复执行。

7．结束程序

结束程序是立即停止程序运行，并返回到设计状态。

选择"启动"菜单→"结束"菜单项或单击工具栏中的 ■ "结束"按钮来结束程序。

A.3.3 断点的设置

使用断点是调试的重要手段。断点是使程序在需要中断的地方自动停止执行，并进入中断模式。断点通常安排在程序代码中能反映程序执行状况的关键代码行。例如，可以在循环体中设置断点，以了解每次循环中变量值的变化。

1．设置断点

设置断点非常容易，在代码编辑器窗口中，单击将要设置断点的代码行的边框位置，或者将光标放置在代码行上，然后单击"调试"菜单→"切换断点"菜单项。被设置的断点代码行加粗且反白显示，并在边框出现圆点。如图 A-7 所示设置了两个断点。

图 A-7 设置断点

2．清除断点

当使用过断点进行检查后，需要清除断点。

清除断点可以直接单击断点代码行前的边框上的圆点来清除；或者选择"调试"菜单→"切换断点"菜单项都可以清除一个断点；或者选择"调试"菜单→"清除所有断点"菜单项可以清除所有断点。

A.3.4　调试窗口

VB 提供了 3 个用于调试的窗口：本地窗口、立即窗口和监视窗口。调试窗口的打开通过选择"视图"菜单→"本地"窗口、"立即"窗口或"监视"窗口菜单项。

1．本地窗口

本地窗口可以显示当前过程中所有变量的值，本地窗口只能显示本过程中的变量，其他窗口的变量看不到。

如图 A-8 所示为"工程 1.Form1.Sort"过程，单击 b 前面的⊞图标可以看到 b 数组的所有变量值，单击 Me 前面的⊞图标可以看到窗体的所有信息。

2．立即窗口

立即窗口可以显示程序运行时当前过程的有关信息，可以显示某个变量或属性值，或执行单个过程或表达式。在进入中断模式后，可以按 Ctrl+G 键显示立即窗口。

立即窗口可实现以下功能。

- 用 Debug.Print 方法输出信息

调试时在程序代码中添加 Debug.Print p1,p2,…语句，将变量或表达式的值输出到立即窗口中。当程序调试完成后，应将 Debug.Print 语句删除。

例如，使用 Debug.Print 语句：

Debug.Print "p=";p

如图 A-9 所示的立即窗口，显示了每次循环中的 p 变量的值。

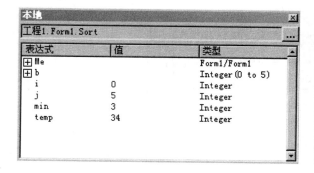

图 A-8　本地窗口

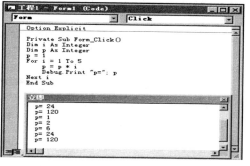

图 A-9　立即窗口

- 在设计时用来测试表达式

在设计模式下，立即窗口可以使用 Print 方法或 ? 用来像打草稿一样运行一些表达式。

例如，在立即窗口中输入：

?sin(1)

按回车键立即显示该表达式的值。

- 直接从立即窗口打印

进入中断模式后，在立即窗口中使用 Print 方法或 ? 来检查变量或表达式的值。

例如，在立即窗口中输入：

?a+b

- 从立即窗口设置变量或属性值

进入中断模式后，可以在立即窗口中设置变量或属性的值。

例如，当程序中断时在立即窗口中给变量赋新值：

a(i)=5

然后继续运行时，就可以使用新赋值的变量测试程序。

- 从立即窗口测试过程

从立即窗口可以通过指定参数值来调用过程，以便测试程序的正确性。

例如，使用新的参数来计算调用过程 Sum 的结果：

a =10
? Sum(a)

将 a 作为 Sum 函数的参数，然后调用 Sum 函数并显示返回值。

3．监视窗口

监视窗口用于在进入中断模式后监视多个表达式的值。

下面是使用监视窗口监视表达式的步骤。

（1）添加监视表达式

选择"调试"菜单→"添加监视"菜单项，则显示如图 A-10（a）所示的对话框。

然后在显示的"对话框"中输入表达式，在"上下文"输入表达式所在的"过程"名和"模块"名。则表达式就添加到监视窗口中，如图 A-10（b）所示。

（2）编辑或删除监视表达式

要编辑监视表达式，在监视窗口（图 A-10（b））中双击该表达式，或选定该表达式后选择"调试"菜单→"编辑监视"菜单项，从弹出的对话框中进行编辑。

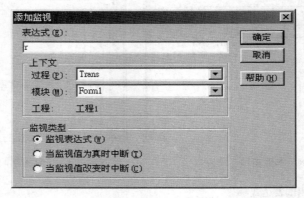

(a) "添加监视"对话框

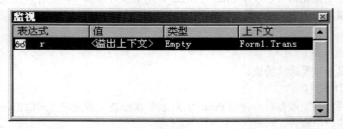

(b) "监视"窗口

图 A-10 "添加监视"和"监视"窗口

（3）快速监视

要监视未添加表达式的值，可以采用快速监视的方法。在中断模式下，在代码编辑器窗口中选择需要监视的表达式或属性，选择"调试"菜单→"快速监视"菜单项或按 Shift+F9 键，就可在弹出的对话框中查看相应的值，如图 A-11 所示。

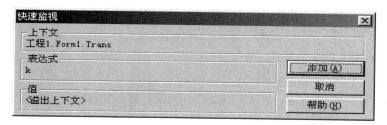

图 A-11 "快速监视"窗口

4．调用堆栈

调用堆栈用于显示一个调用的所有活动过程列表，调用活动过程是指已经启动但还未执行完的过程。

调用堆栈是在中断模式下，选择"视图"菜单→"调用堆栈"菜单项，或按 Ctrl+L 键，就出现调用堆栈对话框，如图 A-12 所示。

在对话框中底部显示的是最早调用的过程，依次向上。如果要显示调用过程的语句则单击"显示"按钮。

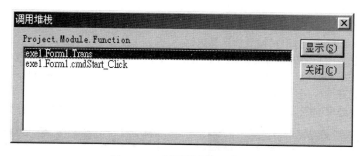

图 A-12 "调用堆栈"窗口

A.4　出错处理程序

运行时引发的任何错误都是致命的，都会导致程序运行的中止。因此可以在编程时就事先将错误考虑进去，事先处理掉。

出错处理程序实际上是要在程序中捕获错误，对于可能出错的地方都要添加相应的出错处理。

1．On Error Resume Next 语句

On Error Resume Next 语句的作用是当运行程序发生错误时，可以置错误于不顾，简单地跳过错误继续执行下面的语句。当错误发生时，On Error Resume Next 语句忽略掉所有可捕获的错误。

例如，在文本框 Text1 中输入数据，单击按钮 Command1 运算并显示在文本框 Text2：

```
Private Sub Command1_Click()
    Dim a As Integer
    On Error Resume Next
    a = Text1.Text / 2
    Text2.Text = a
```

End Sub

当输入字符或其他数据时，就忽略错误继续运行下一句，运行界面如图 A-13 所示，当输入 .fdd 时就忽略 a = Text1.Text / 2 语句。

2．设置错误陷阱

On Error 语句用来设置错误陷阱，处理可捕获的错误。

语法：

On Error Goto　　语句标号

说明：语句标号是指向错误处理代码的。

当程序的执行过程中出现错误，运行到 On Error 语句时，将自动定向到 On Error 语句标号指定的错误处理例程中，即指向所设置的错误陷阱去处理错误。

使用 On Error 语句需要编写相应的错误处理程序和退出错误处理的程序。

（1）错误处理程序

错误处理程序是过程中一段语句标号后加 ：引导的代码。错误处理程序依靠 Error 对象的 Number 属性值确定错误发生的原因，通常用 Case 或 If…Then…Else 语句的形式确定可能会发生什么错误并对每种不同的错误提供处理方法。

为了防止正常运行的代码进入错误处理程序，在错误处理代码前面都应添加 Exit Sub 语句。

（2）退出错误处理

错误处理程序处理完后，需要退出错误处理并恢复程序的执行，可采用以下语句。

* Resume：重新执行产生错误的语句。
* Resume Next：重新执行产生错误的语句的下一条语句。
* Resume 语句标号：从语句标号处恢复执行。
* Err.Raise 错误号：触发错误号的运行时错误，VB 将在调用列表中查找其他的错误处理例程。

在错误处理程序中，当遇到 Exit Sub、Exit Function、Exit Property、End Sub、End Function 或 End Property 语句时将退出错误处理。

例如，使用错误处理程序当输入不是数字时，在文本框中显示"输入出错"，运行界面如图 A-14 所示。

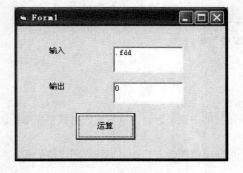

图 A-13　运行界面

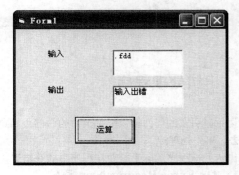

图 A-14　运行界面

```
Private Sub Command1_Click()
    Dim a As Integer
    On Error GoTo line1
    a = Text1.Text / 2
    Text2.Text = a
    Exit Sub
```

```
line1:
      Text2.Text = "输入出错"
End Sub
```

程序分析：

- line1 为语句标号。
- 在语句标号前添加 Exit Sub 语句，防止正常程序进入错误陷阱。

3．关闭错误例程

用 On Error Goto 0 语句在当前过程正在执行时关闭已经启动的错误陷阱，在过程中到处都可以用 On Error Goto 0 语句来关闭错误陷阱。